卫星定轨理论与方法

刘伟平　杜　兰　编著

科学出版社

北　京

内 容 简 介

本书以卫星定轨基本理论与方法为主要研究对象，将定轨理论与导航卫星定轨实践相结合，希望能为广大读者提供一定参考。本书首先对定轨基本概念、作用意义与发展历程进行综述，并在此基础上，介绍定轨中常用的时空系统和定轨观测量。而后，按照两条主线介绍卫星定轨技术：一是初轨确定，在介绍二体问题的基础上，重点介绍拉普拉斯方法和高斯方法两类典型初轨确定方法；二是轨道改进，突出与初轨确定的主要不同，重点介绍卫星受摄运动及受摄运动方程解算方法，并在此基础上，给出轨道改进的基本原理。最后，以导航卫星定轨为牵引，介绍定轨理论的具体应用。

本书可作为普通高等院校导航工程等相关专业高年级本科生或研究生的教材，也可以作为从事卫星定轨技术研究的科研人员和工程技术人员的参考书。

审图号：GS京（2025）0110号

图书在版编目（CIP）数据

卫星定轨理论与方法 / 刘伟平，杜兰编著. -- 北京 : 科学出版社，2025. 3. -- ISBN 978-7-03-080514-0

Ⅰ. P123.46

中国国家版本馆CIP数据核字第20247WA922号

责任编辑：杨 红 郑欣虹/责任校对：杨 赛

责任印制：张 伟/封面设计：迷底书装

科学出版社 出版

北京东黄城根北街16号

邮政编码：100717

http://www.sciencep.com

三河市骏杰印刷有限公司印刷

科学出版社发行 各地新华书店经销

*

2025年3月第 一 版 开本：787×1092 1/16

2025年3月第一次印刷 印张：10 1/2

字数：256 000

定价：59.00元

（如有印装质量问题，我社负责调换）

前　言

人造地球卫星的成功应用，对人类生产生活产生了重要影响。后续随着卫星导航系统、星基互联网、对地观测卫星等不断建设发展，在轨卫星数量不断创出新高，卫星应用领域更加广泛，卫星与整个人类社会的联系也更加紧密。卫星定轨是获取卫星轨道的重要技术手段，对各类卫星应用具有基础支撑作用。自 1957 年第一颗人造卫星发射升空，人类就同步开启了卫星定轨技术研究。经过近 70 年发展，卫星定轨技术得到长足进步，其理论体系逐渐成形。在此过程中，国内外一批优秀论著相继面世，进一步促进了相关技术的凝练、沉淀和传承。

导航卫星作为一类特殊的应用卫星，一经问世，就彻底改变了人类获取时空信息的方式和手段，并在近 30 年得到飞速发展。2020 年 7 月 31 日，“北斗三号”正式开通运行，标志着中国成为世界上第三个独立拥有全球卫星导航系统的国家。导航卫星发挥功用的前提是首先获取自身位置，因此其定轨技术的发展和完善历来受到研究人员的关注。目前，导航卫星广播星历精度已达米级水平，事后精密星历更是达到厘米级，在技术不断成熟的过程中，许多论著也对相关理论方法进行了系统总结和梳理。

与已有论著不同，作者编写本书的立足点是：为广大读者提供一本卫星定轨技术的入门级基础著作，为读者将卫星定轨的基本理论方法应用于具体实践提供参考。在编写本书过程中，作者尽量将定轨理论与导航卫星定轨实践相结合，以期为两类读者群提供富有特色的阅读学习体验：一是想要学习卫星定轨基本理论，但空学理论略感枯燥，希望能与具体卫星定轨实践结合的；二是想要学习导航卫星定轨具体技术，但基础较为薄弱，希望将基本理论与入门技术相结合学习的。

本书按照“总—分—总”结构设计。全书共 9 章，由刘伟平和杜兰共同编写，其中第 1、3、6～8 章及第 9 章的前三节由刘伟平编写，第 2、4、5 章及 9.4 节由杜兰编写，两位作者共同完成了全书的检校工作。各章内容具体如下：第 1 章主要阐述了卫星定轨基本概念、作用及意义，以及卫星定轨技术发展历程；第 2 章系统介绍了定轨中常用的时间系统、空间坐标系以及计算单位；第 3 章主要介绍定轨观测量，重点论述了导航系统观测量，并简要介绍了其他几类常用的定轨观测量；第 4 章详细论述最为经典的卫星轨道力学模型——二体问题，该模型既可直接应用于初轨确定，又是进一步深入学习卫星定轨理论的基础；第 5 章介绍初轨确定方法，包括拉普拉斯方法和高斯方法；第 6 章介绍卫星受摄运动，主要介绍受摄运动方程和各种摄动力；第 7 章按照分析解法和数值解法两大类给出受摄运动方程的解算方法；第 8 章从动力学模型、观测模型和参数估计方法三个方面介绍卫星轨道改进方法；第 9 章主要结合导航卫星定轨应用实例讨论定轨理论的具体应用方法。

编写本书得到了信息工程大学地理空间信息学院导航工程教研室领导和同事们的热心帮助和大力支持，郝金明教授、吕志伟教授审阅了书稿，并提出了许多宝贵意见，田英国、师一帅等研究生的前期研究工作为本书编写提供了一定支撑。同时，在编写过程中，参考了大量的论文图书，还向许多业内同行请教了不少问题，在此一并表示衷心的感谢。

鉴于作者水平能力有限，书中难免存在不足之处，敬请各位读者批评斧正。

作　者

2024年12月

目　录

第1章 绪 论

相比地面运动载体，卫星轨道运动具有明显特点，通过适当的观测和求解，人们可以掌握其运行规律，这也是研究卫星定轨技术的魅力所在(许其凤，1989)。如果从1957年第一颗人造地球卫星发射升空算起，卫星定轨应该不算历史特别厚重的技术门类，它从一开始就与太空技术、计算机技术等相伴而生，骨子里透着“高新”。但实际上，在此前的两个世纪，人类就已经对地球唯一天然“卫星”——月球的“定轨”问题做了很深入的研究(Montenbruck and Gill, 2000)，这些研究自然对人造地球卫星定轨技术产生了很好的反哺，而更早时候人们对于天体力学的研究也为卫星定轨技术发展奠定了良好基础，从这个角度上讲，卫星定轨技术也称得上“厚重”。从本章开始，我们将开启对既“高新”又“厚重”的卫星定轨技术的学习。

1.1 卫星定轨基本概念

1.1.1 卫星

本书讨论的定轨对象主要是人造地球卫星。人造地球卫星是由人类建造，由太空飞行运载工具(如火箭、航天飞机等)发射到太空中，像天然卫星一样环绕地球运行的无人航天器(如无特别说明，本书后续论及的卫星均指人造地球卫星)。大部分的人造地球卫星运行在近圆轨道，按照卫星轨道距离地面的高度，可以将人造地球卫星划分为如下几类(张洪波，2015)。

第一类：临界轨道卫星。能维持卫星自由飞行的最低高度称为临界轨道高度，一般认为此高度为110～120km，运行于此高度的卫星称为临界轨道卫星，在已有的卫星中，此类卫星较少。当高度低于此值时，卫星不能绕地球自由飞行，但可以利用星上的控制系统和动力装置抵消大气阻力的影响，使卫星在低于临界轨道的高度飞行，这种轨道称为超低轨道，相应卫星称为超低轨道卫星。

第二类：低轨道地球卫星(low earth orbit satellite, LEO)。运行于临界轨道高度到1000km左右的卫星，称为低轨道地球卫星，简称为低轨卫星，是目前人类应用最为广泛的卫星。低轨卫星高度低、周期短，因此具有地面分辨率高、天线发射功率低、延迟小等优点，但也存在覆盖范围小、用户可视时间短等不足。

第三类：中轨道地球(medium earth orbit, MEO)卫星。运行于1000～25000km高度的卫星，称为中轨道地球卫星，简称中轨卫星。中轨卫星覆盖范围和可视时间都比较适中，地球非球形影响变弱、大气阻力可以忽略，卫星轨道稳定性较高，便于开展精密星历预报。因此，主要卫星导航系统都选用了MEO卫星。

第四类：高轨道地球卫星。运行于25000km以上轨道的卫星，称为高轨道地球卫星，简称高轨卫星。其中，地球静止轨道(geostationary earth orbit, GEO)卫星和倾斜地球同步轨道（inclined geosynchronous earth orbit, IGSO）卫星最为常用，两者的轨道高度都在36000km左右，前者与赤道夹角为零，相对地球静止，而后者与赤道夹角非零，相对地球运动。北斗导航卫星系统（BeiDou navigation satellite system, BDS）除了采用MEO卫星，还选用了GEO卫星和IGSO卫星共同构成导航星座（刘伟平和郝金明，2016a）。

1.1.2 卫星定轨

卫星定轨即卫星轨道确定（orbit determination, OD），就是确定卫星位置速度（或轨道根数）的技术方法（Vetter, 2007）。卫星的轨道运动是在各种作用力影响下的运动，包括地球引力、第三体（日、月等）引力、大气阻力、太阳光压等，一方面这决定了卫星的轨道运动势必是有规律可循的，另一方面由于各种作用力难以精准建模，导致卫星的动力学信息又无法完全准确获知。所幸，通过地面跟踪站或星载观测设备等手段，我们可以获得卫星的距离、角度等观测量，但是这些观测信息不可避免地受到各类观测误差及噪声的影响。卫星定轨实际上就是要充分发掘和利用卫星动力学信息和观测信息，以达到对卫星位置速度（或轨道根数）的最优估计。在后续学习中，我们会知道卫星位置速度与轨道根数之间是等价的，在定轨中两者又通常通称为卫星状态矢量。

卫星定轨技术大体可分为初轨确定（initial orbit determination, IOD）和精密定轨（precise orbit determination, POD）（刘林等，2005）。初轨确定最初的定义是指用最少的观测资料在二体问题意义下的定轨问题，顾名思义，它主要是为卫星定轨提供一个初始轨道，但是，这一方法本身已经在空间目标探测及编目管理等领域得到广泛应用，并且随着应用深入，产生了一些改进和变化。为了方便理解和掌握基本理论方法，本书在论及初轨确定时仍按经典定义进行讲授，可以看到，初轨确定在动力学信息方面应用了相对简化的二体问题模型，在观测信息方面仅应用最少的观测资料，所以方法本身是相对初级和简单的。精密定轨是指利用带有误差的观测信息和并非精确的动力学信息，使用统计学原理对卫星位置、速度（或轨道根数）进行估值的过程，又称为轨道改进。精密定轨通常需要首先提供初始轨道（或称为参考轨道，可以来源于初轨确定或其他先验信息），主要目的是对非线性的观测信息和动力学信息进行线性化处理，而后就可以借助线性估值理论，得到相对参考轨道的最优改进量，这也是将精密定轨又称为轨道改进的由来。同时，从精密定轨的定义也可以看到，精密定轨主要涉及观测信息、动力学信息和参数估计方法，这是研究精密定轨技术的三个主要着力点。

需要说明的是，精密定轨中需要考虑的动力学信息通常可表述为受摄二体问题。二体问题研究的是惯性系中两个质点在万有引力作用下的动力学问题，而受摄二体问题研究的是惯性系中两个质点在万有引力和各种摄动力作用下的动力学问题，具体到卫星精密定轨，这里的两个质点通常是指地球和卫星。在本书论述中，卫星受摄二体问题通常也简称为卫星受摄运动问题。为了求解卫星受摄运动问题，需要建立对应的卫星受摄运动方程，其解法有多种，大体可划分为分析解法和数值解法两大类。分析解法主要是借助各种理论分析方法，求解卫星运动变化的解析解；数值解法则是将历元时刻的卫星位置、速度（或轨道根数）作为初始值，采用数值方法精确地求得任意时刻的卫星位置、速度（或轨道根数）。对应地，采用了分析解法的精密定轨方法，我们常称为分析法定轨，而采用了数值法的精密定轨方法，我们常称为数值法定轨。

1.2 卫星定轨的作用及意义

卫星定轨是卫星跟踪、控制和应用的基础，通过卫星定轨，可以确定卫星在过去、当前和未来一段时间内任一时刻的运动状态(中国人民解放军总装备部军事训练教材编辑工作委员会，2003)。初轨确定、事后精密定轨、实时定轨以及轨道预报是卫星定轨方法四个主要的应用场景，由此获得的轨道信息对卫星各类应用具有重要的支撑作用，具体来讲，包括以下几点。

(1)初轨确定能够快速确定卫星在轨位置，可为高精度定轨提供初值，其本身定轨结果也可直接应用于多种特殊场景。初轨确定可依赖较少观测量，不涉及复杂的动力学建模，能够在较短时间内快速获取卫星轨道，其结果可以作为后续进一步高精度定轨的初值，这也是初轨确定的主要应用场景。同时，在很多情况下，必须根据所获得的少量观测信息进行卫星轨道确定，此时应用初轨确定方法也是合适的。这些应用场景包括国外航天器在未知入轨误差下的跟踪，对卫星、火箭等上面级留下的空间碎片进行探测，以及空间目标编目等。

(2)事后精密定轨能够提供高精度轨道产品，可为各类高精度卫星应用提供空间基准。事后精密定轨主要借助轨道改进方法，其目的是借助大量冗余观测以及动力学信息，通过较长时间的观测积累，获得卫星事后轨道的最优估值，由此获得的轨道产品通常精度更高、可靠性更好，成为许多高精度卫星应用的基础，例如，为拓展卫星导航系统的高精度应用，全球连续监测评估系统(international GNSS monitoring and assessment system, iGMAS)、国际GNSS服务组织(International GNSS Service, IGS)等定期发布导航卫星事后精密轨道，精度已达到2.5cm(刘伟平和郝金明，2016b)；为支持遥感、重力等低轨卫星应用，通常需要采用星载GNSS数据开展低轨卫星事后精密定轨，其中以GRACE、GOCE、JASON、Swarm等卫星为典型代表，定轨精度已经接近1cm(刘伟平等，2014a)；此外，事后精密轨道确定可提供航天器有效载荷工作时的精确位置和速度，可用于有效载荷数据处理，为分析测量设备的系统误差和随机误差以及星载测控信标稳定度等提供信息支持，同时，也是建立某些空间环境物理模型(如大气密度模型和地球重力场模型等)并精确测定其参数的重要方法。

(3)实时定轨能够获得卫星实时状态矢量，可为卫星实时应用提供支撑。实时定轨常利用滤波方法实时获取卫星在轨位置、速度等状态矢量。相对于事后精密定轨，实时定轨虽然在精度上稍逊，但其优势在于可以实时掌握卫星状态信息，这就为许多强调实时性的空间应用奠定了良好基础。例如，为支持GNSS实时应用，自2013年4月1日起，IGS正式提供实时服务(real-time service, RTS)，由IGS及各分析中心实时估计，基于NTRIP(networked transport of RTCM via internet protocol)协议，以RTCM-SSR信息格式实时播发(Caissy et al., 2013)；法国国家太空研究中心(Centre National d'Études Spatiales, CNES)于2016年率先开始提供四大全球卫星导航系统(BDS、GPS、GLONASS、Galileo)实时轨道产品。此外，随着空间卫星的增多，对卫星轨道进行实时监控管理就显得越来越重要，实时定轨可以为其提供重要信息支持(刘伟平等，2013)。在卫星编队飞行、环境监测等应用中，实时定轨也是必需的。

(4) 轨道预报能够实现对卫星轨位的提前预知，可极大拓展卫星的应用领域。卫星作为空间运动载体，其运行满足动力学条件约束，我们通常将其描述为卫星运动微分方程。定轨过程实际就是对微分方程的初值进行求解，而一旦获知了该初值，就可以借助卫星运动微分方程，提前计算卫星轨位，这就是轨道预报(刘伟平等，2012)。与地面运动载体不同，卫星这种轨位可预报的特性，为许多应用提供了非常丰富的想象空间，例如，导航卫星提供的广播星历就是典型的轨道预报产品(刘伟平等，2020；刘伟平等，2010)。此外，利用轨道预报可以推算卫星可观测弧段的时间、方位、距离和相对速度，从而便于制定跟踪计划和引导设备对卫星进行跟踪。

总之，随着航天技术的发展，卫星在科研、通信、导航、遥感、军事等领域得到广泛应用，这些应用对卫星定轨技术提出了越来越高的要求，促使卫星定轨技术不断获得新的发展。同时，无线电测量技术和电子计算机技术的巨大进步也给卫星定轨技术的发展创造了条件，使卫星定轨技术迅速发展并日趋完善。

1.3 卫星定轨技术发展历程

卫星定轨技术的发展大致可划分为探索起步、日渐成熟和蓬勃发展三个阶段，下面分别进行介绍。

1.3.1 探索起步阶段(1957 年以前)

1687 年，牛顿的《自然哲学的数学原理》出版，由此揭开了天体力学发展的帷幕。其后，欧拉首创了轨道根数变分法，开创了摄动理论的分析方法，以此为基础，许多科学家不断完善轨道分析理论，其中比较有代表性的如希尔和布朗建立的 Hill-Brown 月球运动理论等。这些研究将人类对宇宙天体运动的认识推进到了新的高度。

1794 年，高斯发明了最小二乘法，并据此解算出了人类发现的第一颗小行星“谷神星”的轨道，由此成为天体力学数值方法的开创者。沿着这条技术路线，轨道力学又迎来新的发展热潮，其中有代表性的成果包括：1900 年前后，卡尔·龙格和马丁·威尔海默·库塔提出的龙格-库塔方法；19 世纪末，分别由科威耳和亚当斯提出的 Cowell 方法和 Adams 方法。以上两类方法分别成为数值方法中单步法和多步法的代表，一直沿用至今。

虽然早期轨道力学方面的研究主要是围绕天体轨道开展的，但是也为人造卫星轨道研究奠定了坚实基础，例如，在天体轨道研究中形成的分析法和数值法两条技术路线，也基本构成了卫星轨道研究的范本。

1957 年 10 月 4 日，苏联发射了人类第一颗人造卫星 Sputnik。利用地面测站对 Sputnik 卫星的多普勒观测数据，美国的两位科学家韦芬巴赫和基尔实现了对人造卫星的首次定轨，从而正式开启了卫星定轨技术发展的新纪元(Weiffenbach, 1960; Guier and Weiffenbach, 1998)。

1.3.2　日渐成熟阶段(20 世纪 60～80 年代)

自人类发射第一颗卫星以来，卫星应用迅速升温，其中，最具代表的当属卫星导航系统的起步建设。1958 年 12 月，美国启动建设第一代卫星导航系统——美国海军卫星导航系统(navy navigation satellite system, NNSS)，又称为子午卫星导航系统。由于其全球覆盖存在时间间隙、定位时间长、精度不尽如人意等缺点，1973 年 12 月，美国又启动了第二代卫星导航系统的建设，这就是我们熟悉的全球定位系统(global positioning system, GPS)(郝金明和吕志伟，2015)。卫星应用的逐步深入促使卫星定轨技术也开始飞速发展， 20 世纪 60～80 年代，卫星定轨技术日渐成熟，定轨观测量、卫星摄动力模型、卫星分析法定轨、卫星数值法定轨等技术方法逐步趋于完善。

首先，定轨观测量种类越来越丰富，观测精度逐步提高。20 世纪 60 年代，一些原来仅用于军事目的的导弹跟踪系统开始逐渐应用到卫星定轨领域，这些系统主要是以相机跟踪和无线电多普勒跟踪为主，如 DOVAP(Doppler velocity and position)、GLOTRAC(global tracking system)、ODAP(offset UHF Doppler)等，经过不断改进，基于相机跟踪和无线电多普勒跟踪的定轨精度能够达到 10～20m。20 世纪 60 年代中后期，随着激光测距系统的发展，定轨精度逐渐达到了 5～10m 的水平。从 20 世纪 70 年代开始，随着激光技术、无线电跟踪技术的深入应用，定轨精度更是得到了长足进步。早期在定轨中用到的主要观测数据类型如表 1-1 所示。

表 1-1　早期卫星定轨观测量

观测量类型	数据来源
方位角、高度角和斜距	主动或被动雷达
赤经和赤纬	贝克-纳恩(Baker-Nunn)相机；望远镜/双筒望远镜；经纬仪
方位角	测向器
最近进近时间	雷达；无线电接收机(测量多普勒)
距离、角度和距离变率	特殊多普勒雷达
天基观测量	机载仪器(磁强计、星敏感器、重力梯度仪、GPS 接收机、加速度计等)
GPS 观测量	测码伪距和载波相位；单差/双差/三差观测量
方向余弦	干涉仪系统(如 MiniTrack、MISTRAM 等)
VLBI、DVLBI、delta DOR*	甚长基线干涉测量；差分 VLBI；差分距离和距离变化率测量

* VLBI：甚长基线干涉测量，very-long baseline interferometry；DVLBI：差分 VLBI，differenced VLBI；delta DOR：差分距离和距离变化率，delta-differenced range and range-rate

其次，卫星摄动力研究逐步深入，力学模型不断完善。卫星的广泛应用对定轨精度要求越来越高，由此对卫星摄动力模型的精度要求也越来越高，同时，定轨精度的提高也帮助人们发现了以前未曾引起注意的一些摄动力，从而促使卫星摄动力模型不断完善。1960 年，通过对“先锋一号”和“回声一号”卫星轨道的异常变化分析，人们发现了太阳辐射压力对卫星运动的影响；1977 年，通过对我国低轨卫星近地点高度异常变化进行分析，发现并建立了卫星姿控力对轨道的摄动力模型；1983 年，通过对 Lageos 卫星进行轨道分析，发现了地球反照和红外辐射压力摄动；GPS 卫星发射后，通过对 GPS 卫星轨道进行分析，发现了卫星排热孔热辐射等原因引起的沿卫星 Y 轴方向的微小摄动力，称为 Y 向偏差摄动力。除了建立新的力学模型之外，通过卫星轨道分析，还对已有力学模型进行了进一步精化和更新，其中最具代表性的是地球引力场模型和地球大气密度模型。1962 年，美国斯密松天文台使用 Baker-Nunn 相机跟踪精密测轨数据建立了第一个地球引力场模型“斯密松标准地球”。此后，美国戈达德航天中心利用多普勒测速数据和激光测距数据建立了 GEM 系统地球模型，随后，美国喷气推进实验室（Jet Propulsion Laboratory, JPL）、戈达德航天中心和得克萨斯大学共同建立了精度更高的 JGM 系列地球模型。卫星轨道分析也成为测定大气密度模型的主要手段，Kallman 等根据 1957～1961 年火箭和人造卫星观测数据建立了国际参考大气模型 CIRA-61；20 世纪 70 年代，Jacchia-71、Jacchia-77 和 DTM 等大气密度模型先后问世；随后，结合卫星轨道数据、星载质谱仪数据、不相干散射雷达数据等，研究人员还建立了精度更高的 MSIS-86、MSIS-90 等模型。地球大气密度模型的精化对大气阻力建模具有重要作用。

再次，卫星分析法定轨理论沿袭天体力学研究成果，逐步自成体系。20 世纪 50 年代末 60 年代初，分析法定轨首先由 Brouwer 和 Kozai 发展起来(Brouwer, 1959; Kozai, 1959)。Brouwer 将 Hill-Brown 月球理论应用于低轨卫星，该方法应用平均轨道根数获得二阶解，但是方法本身仅对近圆或低倾角卫星才有较高精度，Lyddane 和 Coffey 分别对方法进行了改进，使之更具普遍实用价值(Lyddane, 1963; Coffey et al., 1986)。Brouwer 等发展起来的方法后来成为原美国海军和空军空间司令部 PPT3(position and partials model 3)和 SGP4(simplified general perturbation model 4)的理论基础，它们常常用于空间目标的两行轨道根数生成，精度在 1～10km。Kozai 提出的分析法定轨理论构成了 SAO(smithonian institution astrophysical observatory)定轨程序 DOI(differential orbit improvement program)的理论基础，该程序在 19 世纪 70 年代早期和中期被用作分析较为精确的 Baker-Nunn 相机观测数据，为 1963 年 8×8 阶地球引力场以及 1966 年 16×16 阶地球引力场的生成奠定了基础。该程序后来被美国国家航空航天局 (National Aeronautics and Space Administration, NASA)的 GEODYN 所取代，后者已经成为目前精密定轨和地球物理领域著名的分析软件。在以上研究的基础上，1964 年，Kaula 利用密切(或瞬时)轨道根数进一步发展了轨道理论，使得第三体引力、固体潮、海潮等更加易于处理，为卫星分析法定轨的发展做出了重要贡献(Vetter, 2007)。

最后，卫星数值法定轨步入实用，各类定轨软件快速发展。在分析法定轨研究的基础上，卫星数值法定轨的最大区别在于采用数值方法对卫星受摄运动方程进行解算，而不再依赖传统理论分析模式，充分发挥了数值计算的优势，为高精度定轨提供了保障。在数值解算方法上，卫星数值法定轨主要沿袭了天体力学的研究成果，例如，常采用的单步法——龙格-库塔方法、多步法——Cowell 方法和 Adams 方法等。另外，参数估值方法上除了沿用高斯提出的最小二乘方法之外，还采用了序贯处理算法，其中典型代表为卡尔曼滤波方法，该方法是 1960 年卡尔曼访问美国国家航空航天局时为解决阿波罗飞船测轨问题时提出的，后经多次改进，目前常用的是扩展卡尔曼滤波方法。

在以上研究的基础上，从 20 世纪 60 年代早期开始，随着定轨研究的不断深入，不断有机构出于不同目的承担定轨任务，也研发了大量的定轨软件，比较有代表的如

表1-2所示。

表1-2 早期卫星定轨软件代表

定轨机构	软件名称	主要应用
美国航空航天公司/美国空军	TRACE	定轨评估及协方差分析
美国分析图形有限公司	STK/HPOP	集成图形和数字处理
查尔斯·斯塔克·德雷珀实验室	DSST	精密半解析定轨技术
	DGTDS	精密定轨
APL	OIP/ODP	20世纪60～80年代子午仪多普勒事后定轨
MICROCOSM	MICROCOSM	NASA GEODYN软件的商业定轨软件包
MIT/LL	DYNAMO	精密定轨，尤其适用于大椭圆轨道(highly elliptical orbit, HEO)和GEO卫星
NASA/GSFC	GTDS	适用于LEO、MEO、GEO以及月球和行星定轨
	RTOD	利用卡尔曼滤波实现星载航天器实时精密定轨
NASA/GSFC	GEODYN II	大地测量及地球物理学方面的精密定轨任务
NASA/JPL	MIRAGE	利用GPS进行多星定轨
NASA/JPL	DPTRAJ	行星际定轨
NASA/JPL	GIPSY/OASIS II (GOA)	利用GPS、SLR和DORIS观测量进行卫星精密定轨
Navy/NSWC	OMNIS/EPICA	GPS精密定轨
Navy/NSWC	PPT3	监测和空间碎片跟踪；轨道积分
Navy/NSWC	Special-K	数值法定轨
Navy/NRL	OCEANS	轨道研究、协方差分析、GPS定轨
SAO	DOI	20世纪60年代早期用于Baker-Nunn相机数据的定轨和标准地球重力模型的开发
USAF/SPACECOM	MCS	GPS定轨
USAF/SPACECOM	SGP4	监测和空间碎片跟踪；轨道积分
USAF/SPACECOM	SPADOC/ SPECTR	Shreiver和Kirkland AFBs使用的数值定轨程序
USAF/SPACECOM	ASW	工作站数值定轨程序
得克萨斯大学	UTOPIA, MSODP	使用GPS、SLR、DORIS*观测量进行精密定轨

*SLR：卫星激光测距，satellite laser ranging；DORIS：星基多普勒轨道和无线电定位组合系统，Doppler orbitography and radiopositioning integrated system by satellite

1.3.3 蓬勃发展阶段(20世纪90年代至今)

进入20世纪90年代之后，人们对卫星的应用越来越深入，卫星定轨技术也进入蓬勃发展阶段。在此期间，最具代表性的是卫星导航系统定轨技术的发展，以及低轨卫星星载GNSS精密定轨技术的进步。

1995年，美国GPS系统率先具备完全工作能力(full operational capability, FOC)(Kaplan and Hegarty, 2005)。其后，俄罗斯的GLONASS、中国的BDS、欧盟的Galileo先后发展起来，日本和印度也分别建立了区域卫星导航系统QZSS和IRNSS，从而形成了四大全球卫星导航系统和两个区域卫星导航系统的格局。在卫星导航系统加速发展的同时，导航卫星定轨技术也获得了长足进步。起初，导航卫星定轨的主要目的是生成广播星历，从而为用户的导航、定位和授时提供时空基准，这也是各导航系统地面运控的首要任务。GPS 系统精密定轨方法的研究起步最早，其创立的定轨模式成为后续导航系统的参考范本：系统依靠遍布全球的主控站、监测站和注入站来完成星历生成过程。首先，监测站收集原始的伪距、载波相位、气象等观测数据，并回传到主控站，主控站利用这些数据进行精密定轨处理，并据此产生预报轨道和钟差，而后基于最小二乘拟合将预报轨道和钟差转换成相应的轨道参数和钟差参数，再通过注入站上传到导航卫星(刘伟平和郝金明，2016b)。经过多年发展，各卫星导航系统定轨技术日趋成熟，生成的广播星历精度不断提高，以 GPS 为例，2012 年其广播星历精度就已经在 1m 左右量级，空间信号用户测距误差(signal-in-space user range error, SIS URE)达到 0.8m，如图 1-1 所示。

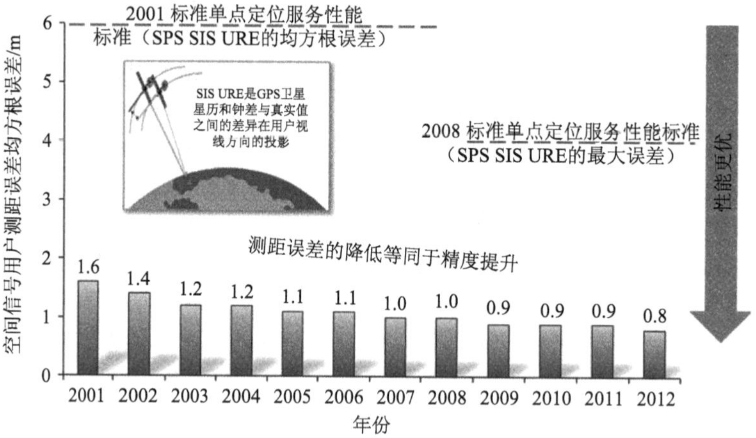

图 1-1　GPS 用户测距误差情况

20 世纪 80 年代末 90 年代初，GPS 开始逐渐应用到大地测量等学科之中，这些高精度应用领域对 GPS 轨道提出了比广播星历高得多的精度要求。在这一背景下，国际 GPS 服务(International GPS Service, IGS)组织应运而生。构建 IGS 的最初设想是由 Mueller 在 1989 年提出的(Beutler et al., 2009)，而 1992 年的 GPS 数据分析会战则直接促成了 IGS 的正式成立。1993 年，IGS 获得国际大地测量协会(International Association of Geodesy, IAG)的认证，于 1994 年开通运行。IGS 成立之初，主要是分析 GPS 数据，产生相应的精密产品。2000～2005 年，IGS 进行 GLONASS 数据解算实验取得丰硕成果，于 2005 年开始提供 GLONASS 最终精密轨道产品。2005 年 3 月，IGS 正式更名为国际 GNSS 服务(International GNSS Service)，依然简称 IGS。为了提供高质量的轨道钟差产品，IGS 设立了多家分析中心，各分析中心利用不同的定轨软件及定轨方法独立进行导航卫星精密轨道解算，最后再由 IGS 将各分析中心的结果进行综合，产生最终的轨道产品，见图 1-2。目前，IGS 分析中心已经达到 13 个，我国武汉大学也已成为其中之一。表 1-3 中给出了各分析中心的相关信息。经过各分析中心的共同努力，IGS 产品精度不断提升，表 1-4 给出了目前 IGS 轨道产品的精度情况，图 1-3 展示了各分析中心 GPS 和 GLONASS 最终精密星历的精度随时间不断提高的过程。

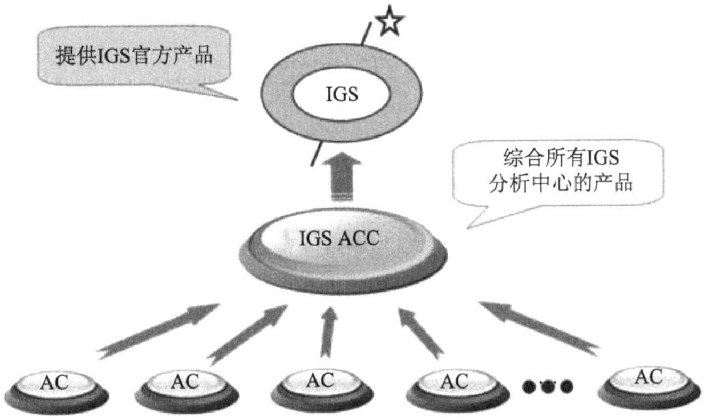

图 1-2 IGS 产品生成过程

表 1-3 IGS 分析中心

英文缩写	全称	采用软件	软件研制单位
EMR	Natural Resources Canada, Canada	GIPSY/OASISII 5.0	JPL
WHU	Wuhan University, China	PANDA	Wuhan University
GOP-RIGTC	Geodetic Observatory Pecny, Czech Republic	Bernese GPS Software 5.0 (+modif)	AIUB
GRG	Space Geodesy Team of the CNES, France	GINS；DYNAMO	CNES
ESA/ESOC	European Space Agency/European Space Operations Center, Germany	NAPEOS 3.6	ESA
GFZ	GeoForschungsZentrum, Germany	EPOS.P.V2	GFZ
CODE	Center for Orbit Determination in Europe, AIUB, Switzerland	Bernese GPS software 5.1	AIUB
JPL	Jet Propulsion Laboratory, USA	GIPSY/OASIS-Ⅱ6.1.2	JPL
MIT	Massachusetts Institute of Technology, USA	GAMIT 10.32, GLOBK 5.12	MIT/SIO
NGS	National Oceanic and Atmospheric Administration/National Geodetic Survey, USA	orb; pages; gpscom	Ohio State; NOAA/NGS
SIO	Scripps Institution of Oceanography, USA	GAMIT 10.20, GLOBK 5.08	MIT/SIO
USNO	U.S. Naval Observatory, USA	Bernese GPS Software 5.0	AIUB
JGX	Geospatial Information Authority of Japan and Japan Aerospace Exploration Agency	MADOCA V 2.1.1	JAXA

表 1-4 IGS 轨道产品

产品类别	产品名称	精度/cm	延迟	采样率/min
GPS	超快星历(预报)	～5	实时	15
	超快星历(实测)	～3	3～9 小时	15
	快速星历	～2.5	17～41 小时	15
	最终星历	～2.5	12～19 天	15
GLONASS	最终星历	～3	12～19 天	15

注：数据更新时间为 2024 年 8 月 8 日

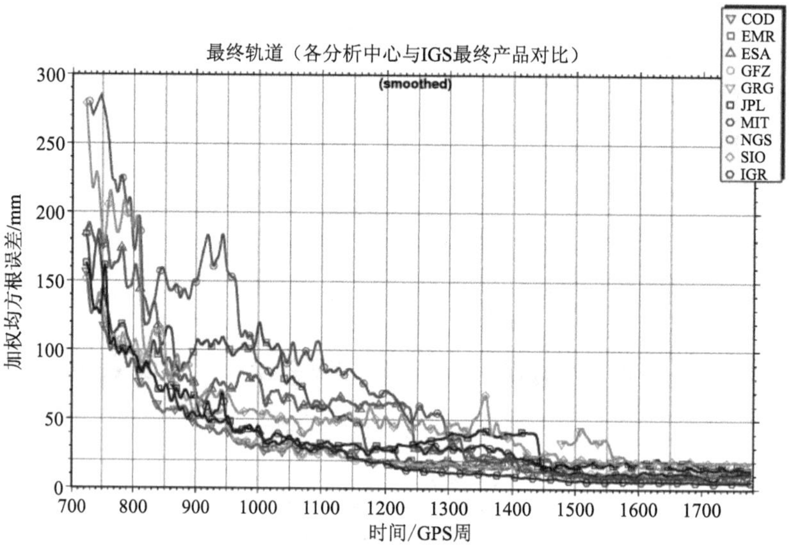

(a) GPS最终星历

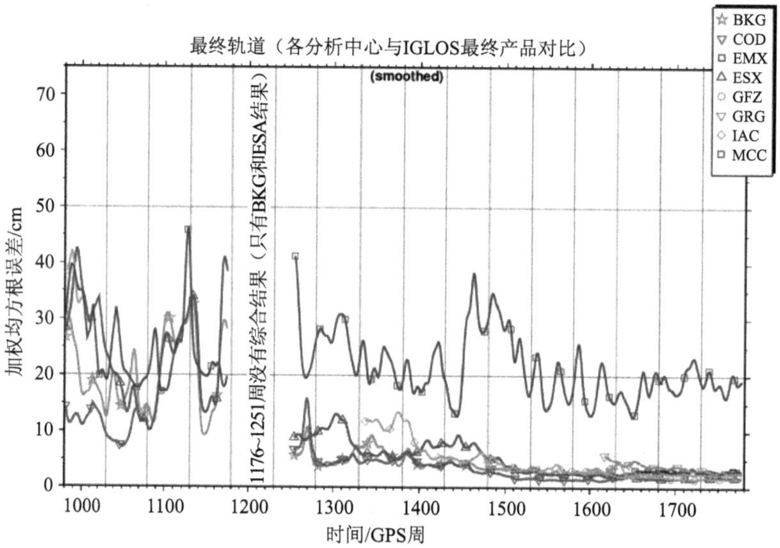

(b) GLONASS最终星历

图 1-3　IGS 最终星历精度情况

GNSS 的建立和完善为低轨卫星精密定轨提供了新的方法手段。低轨卫星星载 GNSS 精密定轨是 20 世纪 90 年代初迅速发展起来的一种新的精密定轨技术，由于其具有全天候、全弧段、高精度的特点，已成功应用于多个卫星任务，积累了比较丰富的观测数据和研究经验，正逐步成为低轨卫星精密定轨最主要的手段。1992 年，T/P 卫星成功发射，并实现了厘米级的星载 GPS 精密定轨，由此，掀起了星载 GNSS 精密定轨的研究热潮。受此鼓舞，在此之后发射的许多低轨卫星均搭载了星载 GPS 接收机，代表性的有 2000 年发射的 CHAMP 卫星，2001 年、2008 年分别发射的 JASON-1、JASON-2 卫星，2002 年发射的 GRACE 卫星，2009 年发射的 GOCE 卫星以及 2013 年发射的 Swarm 卫星等。图 1-4 给出了 Swarm 卫星的星载设备，除了必要的业务设备之外，星载 GPS 是其实现精密定轨的主要观测仪器。

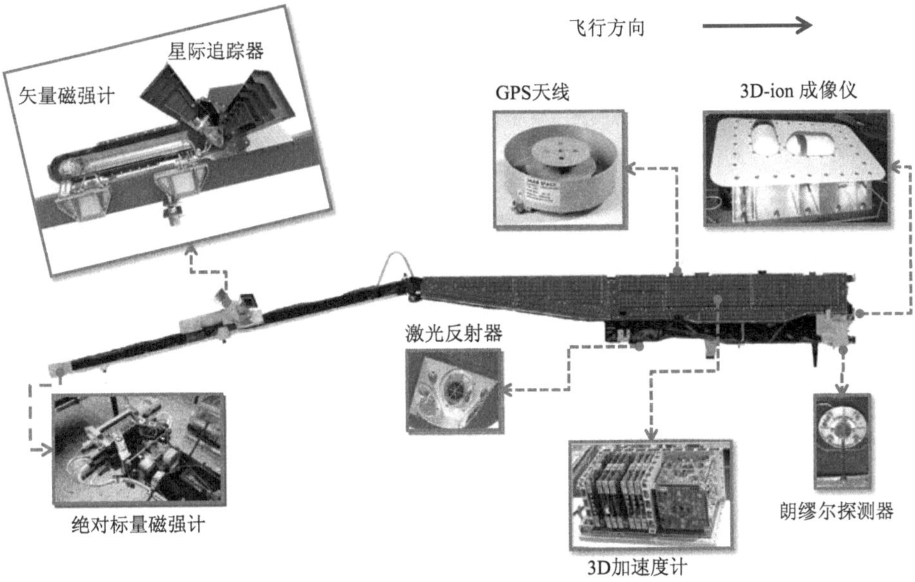

图 1-4　Swarm 卫星星载设备情况

我国于 2011 年发射的海洋二号 A（HY-2A）海洋动力环境卫星是我国首颗对轨道精度要求较高且搭载国产双频 GPS 接收机的卫星（郭靖等，2013；龚学文和王甫红，2017）。2012 年我国在民用立体测图卫星资源三号（ZY-3）上再次搭载国产双频 GPS 接收机（赵春梅和唐新明，2013）。我国 2013 年发射的风云三号 C（FY-3C）气象卫星是国际上首颗搭载北斗卫星导航系统双频接收机的低轨卫星，其搭载的 GNSS 掩星探测仪（global navigation satellite system occultation sounder, GNOS）可同时进行 BDS 和 GPS 的定位和掩星测量，并在国际上首次成功实现了星载 BDS 的低轨卫星实时定轨（王树志等，2015）。此外，风云 3D（FY-3D）卫星也于 2017 年 11 月 15 日发射成功，其搭载的 GNOS 通道数有所增加，能够同时观测更多的卫星（Cai et al., 2017）。国内外部分搭载 GNSS 接收机的低轨卫星相关信息如表 1-5 所示（师一帅，2018）。

表 1-5　部分搭载 GNSS 接收机的低轨卫星

卫星	轨道高度/km	轨道倾角/(°)	星载接收机	发射时间
TOPEX/Poseidon	1317～1331	66.1	GPSDR	1992 年 8 月
CHAMP	416～477	87.3	BlackJack	2000 年 7 月
JASON-1	1336	66.1	TRSR	2001 年 12 月
GRACE A/B	483～507	89.0	BlackJack	2002 年 3 月
TerraSAR-X	515	97.4	IGOR	2007 年 6 月
ICEsat	595～598	94.0	BlackJack	2003 年 1 月
SAC-C	687～707	98.2	BlackJack	2000 年 11 月
MetOp A/B	820	98.7	GRAC	2006 年 10 月/2012 年 9 月

续表

卫星	轨道高度/km	轨道倾角/(°)	星载接收机	发射时间
JASON-2	1336	66.1	NavstarP	2008 年 6 月
GOCE	260	96.5	Lagrange	2009 年 3 月
Swarm A/B/C	450/530/450	87.4/88.0/87.4	Inn. GNSS Navigation Recv.	2013 年 11 月
JASON-3	1336	66.1	NavstarP	2016 年 1 月
海洋二号 A	971～973	99.3	国产双频 GPS	2011 年 8 月
资源三号	506	97.4	国产双频 GPS	2012 年 1 月
风云三号 C/D	836	98.8	GNOS	2013 年 9 月/2017 年 11 月

1.4 本书结构

全书共 9 章，各章关系如图 1-5 所示。各章内容大体如下。

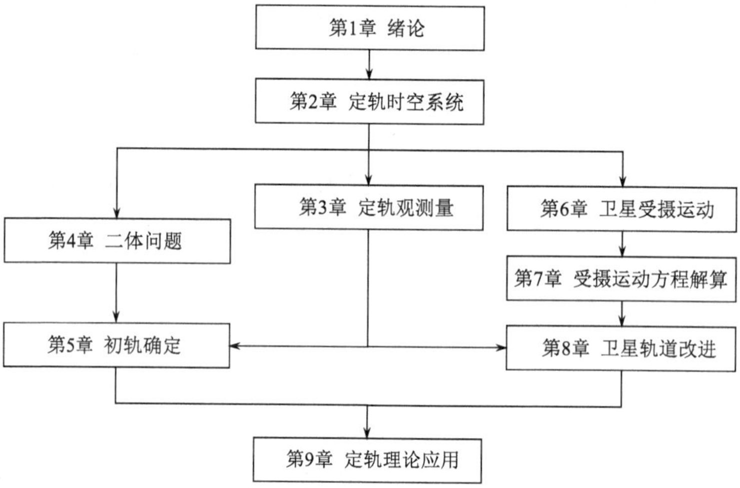

图 1-5 本书章节关系图

第 1 章，介绍卫星定轨的基本概念，阐述卫星定轨的作用及意义，并回顾卫星定轨技术的发展历程，在此基础上，对本书的主要内容、编写逻辑及章节安排做简要介绍。

第 2 章，主要介绍定轨时空系统，包括定轨中主要涉及的时间系统及其相互转换关系、空间坐标系统及其相互转换关系以及定轨中常用的计算单位。

第 3 章，论述定轨观测量。重点介绍导航卫星常用的导航系统观测量，包括基本观测量、观测量组合、组差及载波相位平滑伪距。在此基础上，简要介绍定轨中常用的几类定轨观测量及其特性。

第 4 章，论述二体问题。介绍了开普勒轨道根数的含义，给出了二体问题星历计算和轨道计算方法，并分析了卫星视运动特点。

第 5 章，论述初轨确定方法，主要包括拉普拉斯方法和高斯方法。以拉普拉斯方法为主，从动力学模型、观测模型和求解方法等三方面，详细介绍方法的基本原理，以此为基础，对比介绍高斯方法。

第 6 章，论述卫星受摄运动。首先，与二体问题进行对比，给出卫星受摄运动基本概念；其次，介绍卫星受摄运动方程，包括建立方法、主要形式和奇点问题；最后，介绍主要摄动力的概念、特性及力学模型。

第 7 章，论述受摄运动方程的解算方法，分为分析解法和数值解法两大类。在分析解法中，首先介绍小参数幂级数解法，重点论述平均根数法，并给出扁率摄动解；在数值解法中，分别介绍以 RK4 方法、RKF7(8)方法为代表的单步法和以 Adams 方法、Cowell 方法、Adams-Cowell 方法为代表的多步法。

第 8 章，论述卫星轨道改进方法。分为动力学模型、观测模型和参数估计方法三个部分，系统论述轨道改进基本原理。在动力学模型部分，主要介绍卫星运动方程、变分方程和轨道积分；在观测模型部分，主要介绍观测方程及其线性化方法；在参数估计部分，主要介绍两类常用的定轨估计方法：加权最小二乘方法和扩展卡尔曼滤波方法。

第 9 章，主要介绍定轨理论在导航卫星定轨中的典型应用，包括导航卫星几何法定轨、单星短弧法定轨、星座精密定轨以及广播星历设计及拟合。

第 2 章　定轨时空系统

导航卫星发播的导航电文为用户提供了定位、导航和授时（positioning，navigation and timing, PNT）服务的时空基准，用户依据导航电文中的广播星历参数计算卫星的钟差改正数和卫星的空间位置。以我国北斗卫星导航系统为例，经过钟差改正后的星钟时刻对应北斗时间系统，卫星的三维位置则隶属于北斗坐标系统。其他的 GNSS 各有自己的时空系统，其定义、实现和维持都不尽相同，但是各 GNSS 的时空系统最终都统一至协调世界时（coordinated universal time, UTC）和国际地球参考系（international terrestrial reference system, ITRS）。

本章介绍与卫星轨道运动密切相关的时间系统和空间参考系，以及相应的溯源或对齐机制。

2.1 时 间 系 统

在卫星导航中，既要求有瞬时卫星位置测量的时间系统，又要求有反映卫星轨道运动的均匀时间尺度。地球自转曾作为时刻与时间尺度的统一基准，但是，随着对地球自转不均匀性认识的加深和测量精度的不断提高，均匀时间基准和天体量测时刻（与地球自转相协调）逐渐分离，但实际应用过程中又需要相互结合，时间系统变得复杂化。

2.1.1 节简要介绍时间尺度的演化和原子秒的实现方式，2.1.2～2.1.4 节分别介绍卫星轨道理论中的三种重要时间系统：协调世界时（UTC）、GNSS 系统时以及地球时（terrestrial time, TT）。此外，在 2.1.5 节的时间系统换算中，还涉及与卫星导航密切相关的世界时（universal time 1, UT1）和国际原子时（international atomic time, TAI）。

需要说明的是，本章不再把世界时系统单列出来介绍。一方面，传统的世界时系统已经退出高稳时间尺度的舞台；另一方面，世界时系统中涉及最多的是世界时（UT1）和格林尼治恒星时（Greenwich sidereal time, GST），它们更为重要的作用是反映地球定向，即地球自转角。因此，这里希望淡化世界时系统的时间属性，更关注其角度属性。例如，在特定场景下，将格林尼治恒星时更为贴切地理解为格林尼治恒星时角。

此外，在相对论框架下讨论轨道力学，要求采用坐标时，如地心坐标时（geocentric coordinate time，TCG）和质心坐标时（barycentric coordinate time，TCB）。这部分内容超出本书范围，不再具体介绍。

2.1.1　时间尺度

时间系统需要定义原点和时间尺度（time scale）。若理想化地把时间看作一维匀速变化量，时刻就是时间在一维坐标轴上的度量。时间系统的原点即时刻起算点，通常是人为规定的，且与日常习惯有关，如我们常说的“天”或“日”，就是从太阳下中天的子夜开始计量的；时间尺度的选取则是物质运动变化的度量，要求相应的物质运动具有均匀性、重复性、可量测性等特性。

按照时间计量的历史发展，简要介绍两种最为经典的时间尺度。

1. 世界时——“日”

世界时是以地球自转周期为单位的时间尺度。参考“平太阳”的地球自转周期定义为一个平太阳日，平太阳日的 86400 分之一，即对应了一个天文秒。天文秒作为世界时的尺长，优点是符合日常习惯，缺点是均匀性差。由于地球自转速度具有长期变慢、季节性变化和不规则变化的特点，世界时不是一个均匀的时间系统。即使是精细改正后的世界时，其尺度的日稳定性也仅能达到 10^{-8}～10^{-9} 量级，即 1 天内有 3 毫秒的误差。因此，世界时作为时间尺度，于 1960 年被历书时（ephemeris time, ET）取代。历书时的秒长在理论上是均匀的，但要得到这样的秒长需经过长期观测。历书秒作为时间尺度仅存在了数年，就于 1967 年被更为精准的原子秒正式取代。

2. 原子时——“秒”

1955 年，世界第一台铯原子钟诞生。1967 年，第 13 届国际计量大会通过了基于铯原子跃迁的秒定义，即铯 133 原子基态的两个超精细能阶间跃迁对应辐射的 9192631770 个周期的持续时间。至此，来自物理微观世界的秒尺（原子秒），取代了宏观世界的日尺（天文秒）。2018 年，第 26 届国际计量大会修订了国际标准单位制的秒定义，增加了假设的理想物理条件，即在平均海平面的铯原子不受任何外界干扰（零磁场）。

除了定义，还需要进一步了解原子秒的实现方式。原子秒的实现复杂，需要国际协调和持续维护。主要概括为以下三步。

(1)“基准频标”：国际上有约 10 个左右的一二级频率源，称为“基准频标”，它们是用来直接实现原子时秒长基准的设备。但是，这些设备是如此之精密和复杂，导致它们不能连续运行。

(2) 自由“秒钟”：原子秒的物理实现是通过时标基准设备，即一组优选的原子钟。目前，参与的原子钟包括国际上约 80 个守时实验室的近 450 台连续运行的商用铯束原子钟等（还在不断增加）。这些“实验室级”的原子钟或钟组，通过本地或远程高精度时间频率比对技术和优化算法，能够实现和维持一个加权平均意义下稳定性更优的自由“秒钟”。

(3) 秒长驾驭。利用“基准频标”定期/不定期地校准自由“秒钟”的频率绝对值，这个操作被称为秒长驾驭。驾驭后，时间尺度的准确度会提高至少两个数量级，目前，原子秒的准确度达到 2×10^{-16}。

以下介绍基于原子秒的三种重要时间系统：协调世界时、GNSS 系统时和地球时。

2.1.2　协调世界时

协调世界时（UTC）的定义简单，但是管理和实现 UTC 的机构和流程复杂。本节对其梳理，有助于理解 GNSS 系统时间向 UTC 的对齐。

国际上，负责协调和管理时间系统的组织机构主要有两家。一个是国际计量局（Bureau International des Poids et Measures, BIPM），另一个是国际电信联盟（International Telecommunications Union，ITU）。其中，TAI、UTC 和 TT（BIPM）的实现和发布就是由

BIPM 负责的。此外，国际地球自转与参考系统服务(International Earth Rotation and Reference System Service, IERS)决定和发布闰秒(leap second)。

1. 国际原子时(TAI)的定义

国际原子时(TAI)定义了一种均匀的时间计量系统。它的尺度是原子秒，它的起算点靠近 1958 年 1 月 1 日的世界时(UT1)零时(有 0.0039 秒的偏差)。1971 年第 14 届国际计量大会通过了国际原子时的定义和使用。

定义之初的 TAI 有个缺点，就是与民用时(长期以来就是世界时)脱钩。民用时始终以地球自转为基础，由于地球自转长期变慢等，从定义之初的 1958 年到 1972 年初，TAI 时刻与民用时的偏差已累计多达 10 秒。该原因推动了民用时的改进版本，即协调世界时(UTC)。

2. 协调世界时(UTC)的定义

协调世界时(UTC)是国际规定的统一民用参考时。1972 年由国际电信联盟(ITU)无线电咨询委员会定义，是一种均匀非连续时标。它的尺度是原子秒(均匀性)，它的时刻采用闰秒机制来满足与地球自转角的累积偏差不能超过 1 秒的规定(阶跃性)。顾名思义，这里的“协调”，充分结合了微观世界的原子秒时间尺度和宏观世界的天文时刻。

闰秒调整机制规定，UTC 给出与 TAI 相同准确度的时间间隔，而在时刻上则尽可能与 UT1 靠近，两者的相互偏差不超过 0.9 秒。一旦偏差接近 0.9 秒时，就要对 UTC 进行闰秒调整，即对 UTC 的时刻调慢或调快 1 秒。调慢称为正闰秒，调快称为负闰秒。但是，何时进行闰秒，却又涉及另一家国际机构，即国际地球自转与参考系统服务 (IERS)。IERS 决定和发布闰秒，通常选择下一个 6 月份或 12 月份的最后 1 分钟进行。截至 2025 年 1 月，UTC 和 TAI 之间总的闰秒为 37 秒，最近的一次闰秒在 2016 年 12 月 31 日。闰秒具体信息参见 IERS 网站相关页面(https://www.iers.org/IERS/EN/DataProducts/EarthOrientationData/eop.html)。

因此，UTC 与 TAI 的转换公式为

$$\mathrm{TAI} = \mathrm{UTC} - \mathrm{ls} \quad 或 \quad \mathrm{ls} = \mathrm{UTC} - \mathrm{TAI} \tag{2-1}$$

式中，ls 表示闰秒。

3. TAI 和 UTC 的物理实现

协调世界时(UTC)是引入闰秒修正的国际原子时(TAI)。但是，TAI 和 UTC 都不是“实时”和“实体”的，而是通过国际计量局(BIPM)事后计算得到的一种纸面时间。这与原子秒的实现紧密相关，其过程概括如下(https://www.bipm.org/en/time-ftp/circular-t)。

(1) UTC 的本地物理实现 UTC(k)。即贡献 UTC 的国际上各守时实验室(约 80 个)产生和保持的实时时标，记为 UTC(k) (k 为实验室代码)。目前中国有三家，分别是中国计量科学研究院国家时间频率计量中心(NIM)、中国科学院国家授时中心(NTSC)和北京无线电计量测试研究所(BIRM)。

(2) BIPM 计算 UTC。所有贡献方的 UTC(k) 将时间频率比对数据每月报送至 BIPM，后者首先通过加权平均得到更高稳定性的自由钟，然后通过一二级基准频标定期校准自由钟的绝对频率得到 TAI，再通过 IERS 的闰秒调整机制得到 UTC。

(3) UTC(k) 向 UTC 对齐。BIPM 在其事后时间公报(Circular T)上每月发布 UTC-UTC(k)每 5 天时差及不确定度，见图 2-1 的样例。

Bureau International des Poids et Mesures　　*CIRCULAR T* 415　　ISSN 1143-1393

2022 AUGUST 11, 14h UTC

BUREAU INTERNATIONAL DES POIDS ET MESURES
THE INTERGOVERNMENTAL ORGANIZATION ESTABLISHED BY THE METRE CONVENTION
PAVILLON DE BRETEUIL F-92312 SEVRES CEDEX TEL. +33 1 45 07 70 70 tai@bipm.org

The contents of the sections of BIPM *Circular T* are fully described in the document " Explanatory supplement to BIPM Circular T " available at https://webtai.bipm.org/ftp/pub/tai/other-products/notes/explanatory_supplement_v0.6.pdf

1 - Difference between UTC and its local realizations UTC(k) and corresponding uncertainties. From 2017 January 1, 0h UTC, *TAI-UTC* = 37 s.

Date 2022 0h UTC		JUN 29	JUL 4	JUL 9	JUL 14	JUL 19	JUL 24	JUL 29	Uncertainty/ns			Notes
	MJD	59759	59764	59769	59774	59779	59784	59789	u_A	u_B	u	
Laboratory *k*					[*UTC-UTC(k)*]/ns							
AGGO (La Plata)		711.2	740.6	772.3	763.3	784.3	791.8	808.6	1.0	20.0	20.0	
AOS (Borowiec)		-1.0	-0.7	-1.2	-1.8	-2.4	-2.8	-3.2	0.3	3.1	3.1	
APL (Laurel)		0.4	0.9	0.4	-0.4	-1.1	-1.5	-1.9	0.3	20.0	20.0	
AUS (Sydney)		-508.5	-508.5	-495.5	-487.7	-471.6	-493.6	-505.9	0.3	11.2	11.2	
BEV (Wien)		5.7	6.3	15.4	21.0	19.5	20.9	17.6	0.3	2.7	2.7	

图 2-1　BIPM 时间公报(Circular T)的部分 UTC-UTC(k)每 5 天时差及不确定度(2022 年 7 月)

图 2-2 给出了中国计量科学研究院国家时间频率计量中心 UTC(NIM)与 UTC 的时间偏差时序。

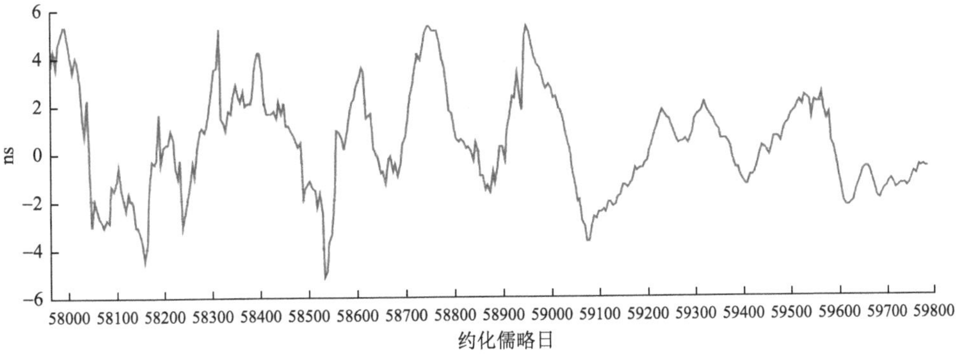

图 2-2　UTC(NIM) 与 UTC 的时间偏差时序

粗略地说，UTC(k)是守时的“实体表”，向 UTC 对齐是改善其准确度的定期“对表”。“对表”的方式则是落实在时间公报的纸面时。关于这部分内容，想了解更多具体信息，可查阅 BIPM 网站(https://www.bipm.org/en/time-ftp/circular-t)。

2.1.3　GNSS 系统时

各 GNSS 的系统时 GNSST 定义略有不同。它们的时间尺度均基于原子时秒长，但是时间起点存在差异。表 2-1 和图 2-3 列出了四大 GNSS 的系统时与时间起点(UTC)和 TAI 的关系。可以看出，除了 GLONASS 仍采用 UTC(加 3 小时的区时)，其他三家均直接关联 TAI，从而不受 UTC 无预测性的闰秒机制干扰。需要指出的是，GPS 和 BDS 在时间起点处都选择与该历元 UTC 对齐，Galileo 系统在时间起点处并没有选择与 UTC 对齐，而是与该历元 GPS 的系统时(GPST)对齐。因此，Galileo 系统时(GST)与 GPST 在定义上是一致的。

表 2-1　四大 GNSS 的系统时与时间起点(UTC)和 TAI 的关系

GNSS	时间系统	时间起点(UTC)	与 TAI 关系
GPS	GPST	1980 年 1 月 6 日 0 时	GPST=TAI–19s
GLONASS	GLONASST	俄罗斯国家标准时间 UTC_R	GLONASST=UTC+3h
BDS	BDT	2006 年 1 月 1 日 0 时	BDT=TAI–33s
Galileo	GST	1999 年 8 月 22 日 0 时	GST=TAI–19s

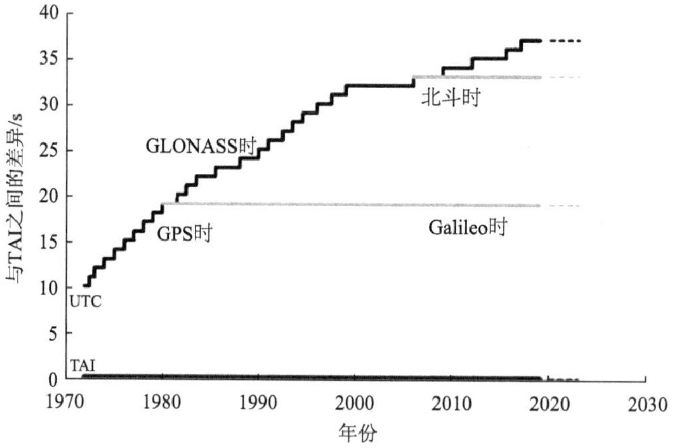

图 2-3　GNSST 与 UTC 和 TAI 的闰秒累积偏差绝对值

各 GNSS 系统时对外都统一至 UTC。在 PNT 服务中，最基本的时间服务是为用户提供与自身系统时 GNSST 同步，即发布历元钟差、钟速和钟飘参数，进行二次多项式的卫星钟差改正。此外，还发播系统时 GNSST 相对于指定 UTC(k)的预报偏差(包括闰秒数和秒以下小数部分)，并根据这些时钟参数统一至 UTC。

以 GPS 为例，首先系统内部的钟均同步至 GPST。若用户需要进一步的精密 UTC 时间服务，可按如下流程操作。

(1)通过导航解，获得相对于 GPST 的接收机钟差，记为 User clock-GPST。

(2)通过导航电文，获得发播的 GPST 相对于美国海军天文台 UTC(USNO)_GPS 的预报偏差，记为 GPST- UTC(USNO)_GPS。

(3)发播的 UTC(USNO)_GPS 向 UTC 对齐，记为 UTC- UTC(USNO)_GPS。这个偏差在 BIPM 时间公报的第四小节给出，样例见图 2-4。

4 - Relations of UTC and TAI with predictions of UTC(k) disseminated by GNSS.

[UTC-UTC(USNO)_GPS] = C_0', [TAI-UTC(USNO)_GPS] = 37 s + C_0'
[UTC-UTC(SU)_GLONASS]= C_1', [TAI-UTC(SU)_GLONASS]= 37 s + C_1'

For this edition of *Circular T*, σ_0'= 0.7 ns, σ_1'= 6.5 ns

2022	0h UTC	MJD	C_0'/ns	N_0	C_1'/ns	N_1'
	JUN 29	59759	-0.1	89	44.4	88
	JUN 30	59760	2.0	90	48.4	86
	JUL 1	59761	1.1	89	47.5	82
	JUL 2	59762	0.0	89	42.2	83
	JUL 3	59763	-0.2	89	40.2	86
	JUL 4	59764	-0.9	90	41.0	85
	JUL 5	59765	-0.9	89	40.0	89

图 2-4　GPS 和 GLONASS 发播 UTC 信息与 UTC 的偏差(BIPM 时间公报样例)

因此，GPS 的时间用户向 UTC 对齐的过程为

$$\{\text{User clock–UTC(USNO)\_GPS}\} = \{\text{User clock–GPST}\}+\{\text{GPST–UTC(USNO)\_GPS}\} \tag{2-2}$$

$$\text{User clock–UTC} = \{\text{User clock–UTC(USNO)\_GPS}\} -\{\text{UTC–UTC(USNO)\_GPS}\} \tag{2-3}$$

需要注意，这里的 UTC(USNO)_GPS 与 UTC(USNO)略有不同。它们都由 BIPM 在时间公报(Circular T)发布，UTC(USNO)是实验室的 UTC 本地实现，即 UTC(*k*)；UTC(USNO)_GPS 是基于数年的 UTC(USNO)数据的预报值，并由 GPS 发播，它与 UTC(USNO)保持在几个纳秒的水平。

注意，最后一步的对齐 UTC，目前 BIPM 仅对 GPS 和 GLONASS 提供支持(图 2-5)，后续计划将进一步支持 BDS 和 Galileo。

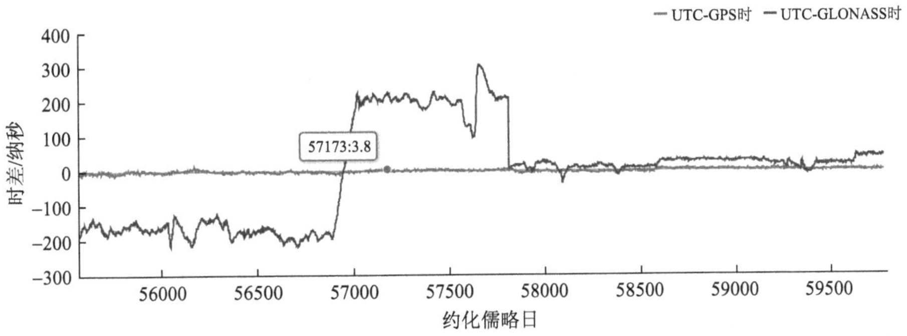

图 2-5　UTC 与 GNSST 的偏差

除了 GNSS，其他区域导航或导航增强系统为了便于实现和统一管理，也可以定义各自的系统时间，通过 UTC 对齐机制，实现各系统的时间统一。当然，也可以通过求解系统时之间的相对偏差，实现多 GNSS 数据处理的内部时间一致性。

对任意原子钟而言，其性能的两个重要指标是稳定度和准确度。从原子秒尺长实现

的评估角度来看，稳定度指的是特定尺长的自身伸缩变化的不确定度，即频率稳定度，有秒（尺）稳定度、天（尺）稳定度、月（尺）稳定度等；准确度则是指其秒尺长与标准秒尺长的偏差的不确定度。

GNSS 涉及各类高性能原子钟，包括星载铷钟和氢钟、守时氢钟和铯钟以及地面喷泉基准钟等，它们各有其长/短稳定度性能特点，例如，我国自主研制的北斗三号星载氢原子钟天稳定度已达到 10^{-15} 量级。因此，原子钟已成为地面主控站、监测站网和导航卫星的关键设备和载荷，发挥着至关重要的作用。

2.1.4　地球时

地球时（TT）作为一种抽象的、严格均匀的时间尺度和独立的变量，用于描述卫星的轨道运动。地球时是国际天文学联合会（International Astronomical Union，IAU）规定的地心参考系的坐标时之一，也是基于天体动力学理论的动力学时之一，是地球和近地空间研究的标准时间。因此，GNSS 导航卫星轨道运动方程的时间参数就是 TT。

1. TT 的定义

动力学时是指以天体动力学理论为基础、建立运动方程并进行编算、采用独立变量时间参数定义的时间系统。动力学时主要有两种，相对于太阳系质心的运动方程，其时间变量称为太阳系质心动力学时（TDB）；相对于地球质心的运动方程，其时间变量称为地球动力学时［TDT，1992 年修改后，称为地球时（TT）］。TDB 与 TT 之间没有长期漂移，只存在相对论周期项变化，且最大不超过 2ms。

2. TT 的实现

目前地球时（TT）的实现是基于国际原子时，记为 TT（TAI）。TT 与 TAI 尺度一致，起始时刻与 1977 年 1 月 1 日 0 时的 TAI 保持固定零点差 32.184s。因此，TAI 是 TT 的一种实现，有

$$\mathrm{TT(TAI)} = \mathrm{TAI} + 32.184\mathrm{s} \tag{2-4}$$

此外，BIPM 还提供了一种更完美的 TT 实现，即 TT（BIPM）。TT（BIPM）是准确度高于 TAI 的事后原子时，且每年推出一个版本。

但是，TT（TAI）和 TT（BIPM）都依赖原子钟。目前还有一种更具前景的 TT 实现，即基于脉冲星时的 TT（pulsar）。它可以与原子频标进行独立比对分析，甚至综合脉冲星时与原子钟建立新的时间尺度。

为便于使用，IAU 推荐基于 TT 的连续日数累积的时刻表征方式。

（1）儒略日（Julian day, JD）。儒略日是从公元前 4713 年世界时 1 月 1 日 12 时开始累计的日数，推荐采用 JD（TT）。若需要采用其他时间系统，则应标注，如 JD（TDB）、JD（UT1）和 JD（UTC）等。这样一来，时差就是儒略日数。对于 JD（UTC），若精度要求高，需要顾及期间的闰秒累积。

（2）约化儒略日（modified Julian day, MJD）。对于起始时刻是从子夜开始的日数累积，IAU 推荐采用约化儒略日（MJD = JD–2400000.5）。

（3）儒略世纪（Julian century）。对于天文计算中的慢变化累计，采用儒略世纪更为方便。儒略历的平均年是 365.25 个儒略日，因此，1 个儒略世纪的天数等于 36525 JD（TT）。

2.1.5　时间系统间的转换

测量和确定 GNSS 导航卫星的轨道，其数据处理涉及多种时间系统。如 GNSS 有内部自治的系统时间(GNSST)，测量时标通常是 UTC(也常采用区时，如北京时间，即 UTC+8h)，卫星轨道动力学则是基于 TT。时空坐标转换通常还需要地球定向参数，其中地球自转角和格林尼治恒星时(角)，都基于 UT1 进行计算。

1. 定义间转换关系

从各种时间系统的定义出发，以 TAI 为中心，可以获得时间转换关系，总结如图 2-6 所示。需要注意，只有闰秒和相邻两次闰秒之间的时差 ΔUT1(ΔUT1=UT1−UTC)不具备固定值特性或建模计算，推荐通过 IERS 或其他机构获得发布的 ΔUT1 事后测定值或概略预报值。

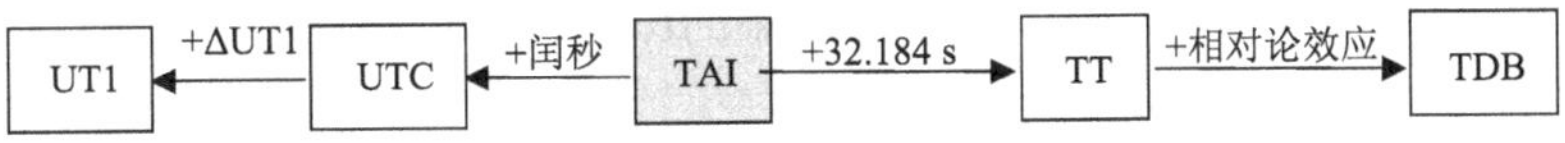

图 2-6　各种常见时间系统的转换关系

2. 物理实现和溯源间关系

从各种时间系统的物理实现和溯源出发，可将各时间系统分为以下三类。

(1) BIPM 为主、IERS 为辅负责的纸面时间，即 TAI、UTC 和 TT(BIPM)。

(2) 国际标准民用时的物理实现，即 UTC(k)。

(3) 时间用户系统，如导航系统时间(GNSST)，通常通过导航电文向 UTC(k)的某种预报值溯源。

2.2　空间坐标系

在卫星导航系统中，导航卫星的运动点位信息为 PNT 用户提供了精确的动态空间基准。为了理解和分析星座的空间分布和轨道运动特性，经常用到如下三个坐标系：①描述轨道真运动的地心惯性系(earth-centered inertial, ECI)；②描述卫星星下点运动(地心视运动)及对地覆盖的地心地固系(earth-centered earth-fixed, ECEF)；③描述卫星可见性(站心观测运动)及其空间观测几何的站心地平系，如东-北-天(east-north-up，ENU)坐标系。

本节围绕导航卫星的轨道运动描述，主要介绍这三种坐标系及其转换关系。以北斗星座为例，对应于上述三种坐标系下的某 IGSO 卫星的运动样例如图 2-7 所示。可以看出，卫星轨道的真运动即摄动椭圆运动，满足了牛顿力学对惯性系的要求，其力学运动表征最为简单清晰；其余两种坐标系均为非惯性系，其中星下点运动叠加了地球自转运动，站心观测运动还叠加了坐标原点的平移和三轴的偏转，因此，反映出来的卫星视运动更为复杂，需要一定的轨道力学知识才能够从中分辨出轨道的真运动特性信息。

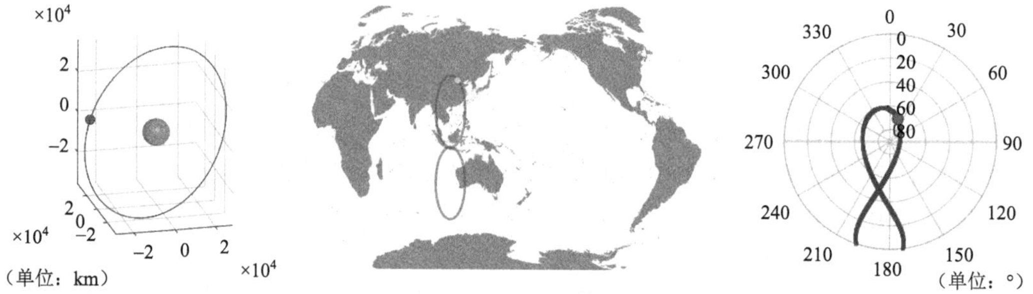

图 2-7　北斗三号 IGSO-3 导航卫星的轨道运动描述

与时间系统一致，坐标系统也涉及定义、实现与维持。坐标系统的建立，自古以来就与地球及其运动紧密相连。例如，若坐标系的原点选择地球质心，Z 轴与地球自转轴保持一致，XY 平面与地球赤道面一致，则对空间点位及其运动的描述可大为简化。

但是，地球的自转运动和空间定向并非规则化，于是，导致了与之相关的空间坐标系的复杂化。

(1) 地球自转轴相对惯性空间的指向变化。日、月和大行星对地球非球形部分的力矩效应使地球像陀螺那样出现进动与章动，地球相对惯性空间的这种摆动称为岁差章动。通常可以构建力学模型给出岁差章动的计算公式。

(2) 地球自转轴相对地球本体的指向变化。由于地球内部和表面物质运动引起的自转轴在地球内部的位置也不固定，若将瞬时自转轴在地球北半球的指向称为真北极，则真北极相对地表的不断运动称为极移现象。

(3) 地球自转速率的非均匀性。地球自转具有长期变慢、季节性变化和不规则变化的特点，因此，常用 UT1 相对 UTC 的变化进行表征；还常用天文观测确定的一天的时间长度与 86400 秒之间的差值，即日长变化(length of day，LOD)等表征。

需要指出，由于造成地球自转不规律的成因复杂，上述的极移和 DUT1 (DUT1=UT1−UTC)、LOD 通常都是基于观测且事后提供的。

下面介绍与卫星运动有关的几种空间坐标系以及它们的转换关系。

2.2.1　协议天球参考系

天球参考系(celestial reference system，CRS) 是基于运动学建立的惯性参考系，原则是其三轴指向相对宇宙中遥远天体保持不变。依据国际天文学联合会(IAU)的建议，CRS 的原点取为太阳系质心，坐标轴固定指向类星体。为便于使用，强烈建议其基本平面和基本方向尽可能与 J2000.0 历元的平赤道和春分点保持一致。1997 年 IAU 采纳了 IERS 给出的天球参考系，并命名为国际天球参考系(international celestial reference system，ICRS)。

根据质心选取不同，ICRS 有基于太阳系质心(barycentric)的质心天球参考系(BCRS)和基于地球质心(geocentric)的地心天球参考系(GCRS)。其中，BCRS 地位极其重要，它是其他天球参考系 CRS 的衍生来源。

ICRS 的具体实现称为国际天球参考架(international celestial reference frame，ICRF)。ICRS 目前精度最高的是在射电波段的实现，其次是光学波段的实现，此外，还有基于太阳系内天体测量的动力学实现。ICRF 的汇总如下。

(1)射电星表。目前是由 4536 个全天区分布的、有精确坐标的河外射电源组成的第三代射电星表，记为 ICRF-3，历元为 J2000.0(TDB)。射电星表由 IERS/IVS 工作组和 IAU 相关组织联合维护。

(2)光学星表。目前采用依巴谷天球参考架(Hipparcos celestial reference frame，HCRF)，历元为 J1991.25。注意 HCRF 基于依巴谷星表(包含 117955 颗恒星)，但是删除了该星表中标记为 C、G、O、V 和 X 的恒星。此外，最大的星表是 PPMXL，有超过 9 亿颗恒星，其中包含了 2MASS 红外巡天星表(两微米巡天计划)给出的 4.7 亿颗恒星。

(3)月球/行星历表。推荐采用美国喷气推进实验室推出的 DE 系列数值历表，目前常用的历表有 DE421(IERS2010 推荐)和 DE405(IERS2003 推荐)等。历表的时间引数是 TDB，用于内插太阳系大天体的位置和速度。

需要说明的是，光学星表和 DE 历表都通过高精度联测手段与 ICRF-3 对齐。

卫星轨道力学中还有许多其他惯用叫法，如空间固定坐标系、地心惯性系、J2000 平赤道坐标系等。ICRS 名义上对齐到 J2000.0 平赤道坐标系，但两者存在大约 23 毫角秒(mas)的剩余框架偏差，许多应用中可以忽略此差异。此外，ICRS 采用一个新的赤经零点 CIO(参见 2.2.3 节)取代了春分点，从此零点位置与黄道不再有联系。

2.2.2　协议地球参考系

地球参考系(terrestrial reference system，TRS) 是与地球固连且与地球共同平动和旋转的空间参考系统。地球参考系的主要任务是用于描述地面点在地球上的位置，也可用于描述卫星在近地空间中的位置变化。但是，由于 TRS 随地球在惯性空间的自转运动，TRS 是非惯性坐标系。

由于地球自转的不规则性，通常采用协议地球参考系(conventional terrestrial reference system，CTRS)进行定义和实现。目前，CTRS 采用国际地球参考系(ITRS)，它是依据国际大地测量学与地球物理学联合会(International Union of Geodesy and Geophysics，IUGG)决议，由 IERS 负责维护的。

ITRS 的定义为：原点在包括海洋和大气的整个地球的质量中心；长度单位为国际单位制米，并且是在广义相对论框架下的定义；定向的初始时刻要求与国际时间局(Bureau International de I'Heure, BIH) 1984.0 时刻的定向一致，定向的时间演变要求保证整个地球的水平构造运动无净旋转(no-net-rotation，NNR)。

ITRS 的理想实现是国际地球参考框架(international terrestrial reference frame，ITRF)。ITRF 通过框架的定向、原点、尺度和框架时间演变基准的明确定义来实现，由 IERS 中心局利用多种高精度空间大地测量技术，如甚长基线干涉测量(VLBI)、激光测月(lunar laser ranging, LLR)、卫星激光测距(SLR)、GNSS 和星基多普勒轨道和无线电定位组合系统(DORIS)的观测数据，综合分析得到的一组全球基准站坐标/速度场和地球定向参数(earth orientation parameter, EOP)进行表征。

ITRF 是国际公认的应用最广泛、实现精度最高的地心坐标框架，并为其他全球和区域参考框架提供基准。目前，最新发布是 ITRF2020，框架维持精度为厘米级。随着 ITRF 版本的提升，顾及基准站非线性变化的毫米级地球参考框架的建立与维持正在不断完善和进步中。ITRS 和 ITRF 各版本及其转换关系可参考 IERS 规范（https://www.iers.org/IERS/EN/Publications/TechnicalNotes/tn36.html）。

我国采用 2000 国家大地坐标系 CGCS2000（蒋志浩等，2018）。它是以国际地球框架 ITRF1997 为参考，采用 J2000 历元建立的区域性地心坐标系统，于 2008 年正式启用。2000 国家大地控制网是定义在 ITRF2000 地心坐标系统中的区域性地心坐标框架。这种区域性地心坐标框架一般由三级构成。第一级为连续运行站构成的动态地心坐标框架，它是区域性地心坐标框架的主控制；第二级是与连续运行站定期联测的大地控制点构成的准动态地心坐标框架；第三级是加密大地控制点。

CGCS2000 正在不断完善和精化。在启用后的十余年间，随着与参考历元的时距越来越长，框架点位的坐标变化也越来越大。因此，国家先后开展了多次框架加密和精化工作，不久的将来可以把历元向前发展，提高整体框架的密度和精度。此外，我国先后开展了板块模型、速度场模型和非线性速度场模型研究，这些模型的高精度研究成果可以为坐标框架点的运动提供参考，从而维持坐标系统的更高精度的实现（宁津生等，2015）。

CGCS2000 还将推动其全球参考框架的建设。目前 CGCS2000 只能满足我国区域性坐标参考框架应用服务，随着北斗卫星全球化应用的逐步开展，还必须有中国独立自主的全球坐标参考框架作为基础。

若需要保持 CGCS2000 点位信息与 ITRS 相一致，可利用多种方法。①直接采用 ITRF 的站坐标和速度；②采用 IGS 产品（如轨道和卫星钟差），通常认为其名义上与 ITRS 一致，但是要注意与相关的 ITRF 版本是否一致；③GNSS 数据处理时，固定或约束某些相关的 ITRF 的站坐标；④求解自己的 TRF 与某特定 ITRF 的转换参数，并转换站坐标。

2.2.3　天球参考系与地球参考系之间的转换

地球参考系（ITRS）与天球参考系（GCRS）的原点均为地心，但三轴指向不同。我们知道，对于三轴中任意两两坐标轴不重合的坐标系，总能够通过至多三次旋转将它们调整为一致。在这里，这三个旋转角确定了地球参考系相对于天球参考系的空间定向，称为欧拉角。事实上，除地球以外，太阳系其他大行星的定向方式之一就是采用欧拉角形式。

但是，作为快自转天体，地球的定向参数（EOP）采用了更为合理和精细的表达方式。其思路是引进一个瞬时天球极，从而将地球自转轴的指向运动变化分解为天球部分和地球部分，即任意时刻，ITRS 与 GCRS 之间的转换关系为

$$[\mathrm{GCRS}] = \boldsymbol{Q}(t) \cdot \boldsymbol{R}(t) \cdot \boldsymbol{W}(t)[\mathrm{ITRS}] \tag{2-5}$$

其中，三个旋转矩阵 $\boldsymbol{Q}(t)$、$\boldsymbol{R}(t)$ 和 $\boldsymbol{W}(t)$ 分别描述瞬时天球极在天球坐标系的运动（即岁差章动）、地球绕瞬时天球极轴的转动（地球自转）以及瞬时天球极轴相对地球本体的地极运动（即极移）。显然，$\boldsymbol{R}(t)$ 表征了地球周日自转的主体运动，$\boldsymbol{Q}(t)$ 和 $\boldsymbol{W}(t)$ 则分别吸收了地球自转轴的各种复杂的非周日周期运动。

式(2-5)中，$\boldsymbol{Q}(t)$ 的时间参数 t 规定为关于 TT 的儒略世纪数，即

$$t = [\mathrm{JD(TT)} - 2451545.0]/36525 \tag{2-6}$$

该时间单位从侧面表明了 $\boldsymbol{Q}(t)$ 的慢变特征。

这里的天球参考系就是通常所说的 J2000.0 历元地心天球坐标系，也就是地心惯性系(ECI)，而地球参考系就是通常所说的地心地固坐标系(ECEF)。

需要注意的是，式(2-5)并未规定瞬时天球极及其相应赤道上的经度零点的选取，表明该转换关系具备通用性。事实上，依据 IERS2010 规范，瞬时天球极目前统一采用天球中介极(celestial intermediate pole，CIP)，而经度零点则给出两种选取方式：

(1)完全基于非旋转原点(零点)。依据 IAU2000/2006 规范，IRES 推荐 CIP 赤道的经度零点均采用“非旋转零点”，其中瞬时天球坐标系上的经度零点称为天球中介零点(celestial intermediate origin，CIO)，瞬时地球坐标系上的经度零点称为地球中介零点(terrestrial intermediate origin，TIO)。在 CIP 赤道上，CIO 与 TIO 之间的夹角称为地球自转角(earth rotation angle，ERA)。

(2)不完全基于非旋转原点(零点)。依据 IAU2000 规范，瞬时地球坐标系上的经度零点仍为地球中介零点 TIO，但是瞬时天球坐标系上的经度零点沿袭经典的定义，为瞬时真春分点。真春分点没有遵守 IAU2006/2000 规范对“非旋转零点”的要求，此时地球自转的角度对应的是格林尼治真恒星时角(Greenwich apparent sidereal time，GAST)，但是要求 GAST 的计算方法应遵从 IAU2000/2006 规范，由地球自转角 ERA 给出。

相应地，IERS 给出了 ITRS 与 GCRS 的两种具体转换实现方法。其区别如下。

方法 1：基于 CIO 的转换。其中，岁差章动矩阵 $\boldsymbol{Q}(t)$，采用 IAU2000/2006 规范推荐采用的岁差章动模型，地球自转矩阵 $\boldsymbol{R}(t)$ 的转角为地球自转角 ERA。

方法 2：基于春分点的转换。其中，岁差章动矩阵 $\boldsymbol{Q}(t)$，采用 IAU2000A 或 IAU2000B 岁差章动模型，地球自转矩阵 $\boldsymbol{R}(t)$ 的转角为格林尼治真恒星时角(GAST)。

可以看出，这两种转换方法对极移矩阵 $\boldsymbol{W}(t)$ 无影响，但是导致式(2-5)的 $\boldsymbol{Q}(t)$ 和 $\boldsymbol{R}(t)$ 矩阵的具体形式不同。在微角秒精度意义下，两种转换方法的实用公式计算结果等价。

需要说明一点，2003 年以前，采用 IAU1980 规范，IERS 给出的是一套更为经典的转换关系。在一些早期经典教科书上介绍得较为详细，这里不再赘述。相关分析和算例表明，与 IAU2000 规范间的转换结果差别在米级和毫秒程度上(刘林和侯锡云，2012)。因此，若能够满足特定的应用需求，不必追随 IAU 规范而频繁修改软件采用的相关模型和参数。

下面分别给出各个转换矩阵的表达式。注意 $\boldsymbol{R}_1(\theta)$、$\boldsymbol{R}_2(\theta)$、$\boldsymbol{R}_3(\theta)$ 分别表示绕 X、Y、Z 轴旋转 θ 角的 3×3 旋转矩阵，即

$$\boldsymbol{R}_1(\theta) = \begin{bmatrix} 1 & 0 & 0 \\ 0 & \cos\theta & \sin\theta \\ 0 & -\sin\theta & \cos\theta \end{bmatrix} \tag{2-7}$$

$$\boldsymbol{R}_2(\theta)=\begin{bmatrix}\cos\theta & 0 & -\sin\theta\\ 0 & 1 & 0\\ \sin\theta & 0 & \cos\theta\end{bmatrix} \tag{2-8}$$

$$\boldsymbol{R}_3(\theta)=\begin{bmatrix}\cos\theta & \sin\theta & 0\\ -\sin\theta & \cos\theta & 0\\ 0 & 0 & 1\end{bmatrix} \tag{2-9}$$

1. 极移矩阵

极移矩阵是瞬时地球坐标系(基于 CIP 和 TIO)相对 ITRS 的旋转关系。因为极移变化幅度一般不超过 0.3″，仅有篮球场大小，所以可在一个关于 ITRS 地极原点的切平面上描述地极运动，即 CIP 的二维极移坐标分量$\left(x_p, y_p\right)$。极移矩阵的表达式为

$$\boldsymbol{W}(t)=\boldsymbol{R}_3\left(-s'\right)\cdot\boldsymbol{R}_2\left(x_p\right)\cdot\boldsymbol{R}_1\left(y_p\right) \tag{2-10}$$

$$s'(t)=\frac{1}{2}\int_{t_0}^{t}\left(x_p\dot{y}_p-\dot{x}_p y_p\right)\mathrm{d}t \tag{2-11}$$

式中，s'为 TIO 偏差(TIO locator)，反映 TIO 随着 CIP 的极移运动相对于其非旋转零点(NRO)的偏移小量。若用线性公式表征s'，有

$$s'(t)=-\left(47''\times10^{-6}\right)t \tag{2-12}$$

式中时间t的定义同前，即与标准历元 J2000.0 之间的儒略世纪数。显然，旋转量s'量级很小，通常不必考虑。极坐标$\left(x_p, y_p\right)$的相关信息见 2.2.4 节。

2. 地球自转矩阵

1)基于 CIO 的地球自转矩阵

基于 CIO 的地球自转矩阵为

$$\boldsymbol{R}(t)=\boldsymbol{R}_3(-\mathrm{ERA}) \tag{2-13}$$

$$\mathrm{ERA}(\mathrm{UT1}) = 2\pi(0.7790572732640 + 1.00273781191135448d) \tag{2-14}$$

显然，地球自转角(ERA，弧度单位)由非均匀的 UT1 计算获得；式中d是从历元 J2000.0 起算的儒略日数(对应世界时 UT1 时刻)，即

$$d=\mathrm{JD}(\mathrm{UT1})-2451545.0 \tag{2-15}$$

2)基于春分点的地球自转矩阵

基于春分点的地球自转矩阵为

$$\boldsymbol{R}(t)=\boldsymbol{R}_3(-\mathrm{GAST}) \tag{2-16}$$

注意，依据 IAU2000/2006 规范，格林尼治真恒星时角(GAST)应由地球自转角(ERA)获得，计算公式为

$$\mathrm{GAST}(\mathrm{UT1},\mathrm{TT})=\mathrm{ERA}(\mathrm{UT1})-\mathrm{EO}(t) \tag{2-17}$$

式中，$\mathrm{EO}(t)$为零点差(equation of the origins)，即真春分点相对 CIO 的赤经，主要是吸收岁差章动在赤经上的累积，其表达式为

$$\mathrm{EO}(t) = -0.014506'' - 4612.156534''t - 1.3915817''t^2 + 0.00000044''t^3 - \Delta\psi\cos\varepsilon_A - \sum_k C_k'\sin\alpha_k \tag{2-18}$$

式中，时间参数 t 采用 TDB 或 TT 时间系统。

因此，满足 IAU2000/2006 规范的格林尼治平恒星时角（Greenwich mean sidereal time，GMST）取 ERA 和 EO 的多项式部分，即

$$\begin{aligned}\mathrm{GMST} = {} & \mathrm{ERA}(\mathrm{UT1}) + 0.014506'' + 4612.156534''t + 1.3915817''t^2 \\ & - 0.00000044''t^3 - 0.000029956''t^4 - 0.0000000368''t^5\end{aligned} \tag{2-19}$$

需要注意，很多教科书上提供的还是直接基于 UT1 而非 ERA 的 GMST 计算公式。若将这种经典计算得到的 GMST 记为 $\mathrm{GMST}_{1982}(\mathrm{UT1})$，其与基于 ERA 计算的 GMST 有一定的偏差，即[47+1.5（TAI−UT1）]μas（微角秒），其中 TAI−UT1 以时秒为单位。例如，在 2003 年 1 月 1 日，该偏差约为 94 μas。

3. 岁差章动矩阵

1）基于 CIO 的岁差章动矩阵

基于 CIO 的岁差章动矩阵为

$$\boldsymbol{Q}(t) = \begin{pmatrix} 1 - aX^2 & -aXY & X \\ -aXY & 1 - aY^2 & Y \\ -X & -Y & 1 - a\left(X^2 + Y^2\right) \end{pmatrix} \cdot \boldsymbol{R}_3(s) \tag{2-20}$$

式中，(X,Y) 是 CIP 在 GCRS 中的二维极坐标；s 为 CIO 偏差，反映 CIO 随着 CIP 的岁差章动运动相对于其非旋转零点（NRO）的偏移小量。偏移小量 s 是极坐标的函数，系数 a 也是极坐标的函数，在微角秒精度下，有 $a = 1/2 + 1/8\left(X^2 + Y^2\right)$。

2）基于春分点的岁差章动矩阵

这是基于真赤道和真春分点的瞬时天球坐标系与 GCRS 的旋转关系。依据参数化选择的不同，IERS2008 给出了两种转换形式。

（1）经典的岁差、章动和框架偏转的组合形式

$$\boldsymbol{Q}(t) = \boldsymbol{B}(t) \cdot \boldsymbol{P}(t) \cdot \boldsymbol{N}(t) \tag{2-21}$$

框架偏转 $\boldsymbol{B}(t)$ 非差小，通常可忽略。岁差矩阵和章动矩阵分别为

$$\boldsymbol{P}(t) = \boldsymbol{R}_1(-\varepsilon_0)\boldsymbol{R}_3(\psi_A)\boldsymbol{R}_1(\omega_A)\boldsymbol{R}_3(-\chi_A) \tag{2-22}$$

$$\boldsymbol{N}(t) = \boldsymbol{R}_1(-\varepsilon_A)\boldsymbol{R}_3(\Delta\psi)\boldsymbol{R}_1(\varepsilon_A + \Delta\varepsilon) \tag{2-23}$$

式中，ε_0=84381.448″，为 J2000.0 历元的平黄赤交角；ε_A 为瞬时平黄赤交角；$\Delta\psi$ 和 $\Delta\varepsilon$ 分别为黄经章动和交角章动；χ_A 为赤经岁差；ψ_A 和 ω_A 分别是相对于瞬时黄道的黄经和黄赤交角的岁差分量。

（2）简洁的四次转换形式

$$\boldsymbol{Q}(t) = \boldsymbol{R}_1(-\varepsilon) \cdot \boldsymbol{R}_3(-\psi) \cdot \boldsymbol{R}_1(\bar{\varphi}) \cdot \boldsymbol{R}_3(\bar{\gamma}) \tag{2-24}$$

式中，ε 和 ψ 分别为综合了岁差、章动和框架偏转效应的黄赤交角和黄经；$\bar{\varphi}$ 是瞬时黄

道与 GCRS 赤道的黄赤交角；$\bar{\gamma}$ 是瞬时黄道与 GCRS 赤道交点的 GCRS 赤经。式(2-24)不区分岁差和章动，也没有框架偏转问题。

2.2.4　地球定向参数

由天球参考系和地球参考系的坐标变换可以看出，借助天球中介极(CIP)，地球运动的精确描述被分为三个部分：轴在惯性空间的运动(岁差章动)、轴在地球本体内的运动(极移)和绕轴旋转(自转)。

地球的定向参数(EOP)是一组表示地球参考系相对天球参考系的定向参数，提供了 ICRF 与 ITRF 的永久连接。

(1) CIP 在天球参考系中的定向参数：极偏差坐标(X,Y)。

(2) CIP 在地球参考系中的定向参数：极移坐标(x_p,y_p)。

(3) 地球关于 CIP 轴的定向参数：UT1 变化的快变量 UT1−UTC。

EOP 由可建模部分和实测部分组成。岁差章动的绝大部分可以物理建模，且模型精度还在不断提高。但是极移和 UT1 变化由于地球运动的复杂性只能实测，事后给出精确测定值或短期预报值。此外，实际中章动和极移之间有一个物理模糊带，若将章动模型和极移纠缠在一起，会使问题变复杂。

目前，权威的 EOP 由国际地球自转与参考系服务(IERS)提供，精度为±0.1 mas。IERS 通过分布在全球各地的观测网获得各种观测数据，根据各分析中心的处理结果进行综合分析，得出 ICRF、ITRF 和 EOP 的最终结果，以 IERS 年度报告和技术备忘录的形式向全世界发布。

事实上，IERS 发布的 EOP 文件参数，主要是无法建模的实测部分，也就是地球自转参数(earth rotation parameter，ERP)。ERP 就是一组表示地球自转速率、自转轴相对于地球本体的方向及其变化的参数，主要包括极移及其速率、UT1−UTC，以及天文测定的日长差 LOD 等。

EOP of today

- Taken from Bulletin A -

Date: 2021-10-29
MJD: 59516

x pole [marcsec] :	172.6
y pole [marcsec] :	253.8
UT1-UTC [msec] :	-103.83

图 2-8　EOP 参数样例

由于造成地球自转不规律的成因复杂，目前最精确的 ERP 都是基于观测且事后提供的。为便于用户使用，IERS 提供了多种 ERP 参数产品，其中部分产品提供观测部分和预测部分，它们的迟滞和精度等不同。在实际工作中，可以根据对时间及精度的要求，选取不同类型的文件来使用。以 DUT1(DUT1=UT1−UTC)为例，从 IERS 的 EOP 网站下载最新的 EOP 数据时，对于过去 1 个月以上的时间，采用 B 公报数据，其他时间则采用 A 公报。图 2-8 是 IERS 的 A 公报的 ERP 样例。

IERS 除了提供 EOP 参数文件，还在其官网上提供了坐标转换的各个旋转矩阵的权威算法程序和常数数值，即基础天文标准库(standards of fundamental astronomy, SOFA)。SOFA 是 IAU 赞助的项目，下设发布代码的 SOFA 中心。依据 IERS 系列决议推荐的模型，IERS 官网和 SOFA 官网均给出了模型说明文档及相应代码，各类用户可根据需要下载 Fortran 或 C 源程序。

国际 GNSS 服务(IGS)也提供 ERP 数据。ERP 与精密星历数据放在一个目录中。类似于 IGS 精密星历，ERP 参数文件也分为三种：最终 ERP 参数(IGS final，标识为 IGS)、快速 ERP 参数(IGS rapid，标识为 IGR)，以及超快速 ERP 参数(IGS ultra-rapid，标识为 IGU)。

2.2.5　GNSS 坐标系统

各 GNSS 的坐标系统都遵守 ITRS 的定义，属于地心地固坐标系 ECEF。原点位于地球质心，Z 轴指向 BIH1984.0 定义的协议地极 (conventional terrestrial pole, CTP)方向，X 轴指向 BIH1984.0 的零子午面和 CTP 赤道的交点，Y 轴与 Z 轴和 X 轴构成右手坐标系。

但是，对应的大地坐标系采用的标准椭球参数略有不同，各 GNSS 所用的参考框架也均与其指定 ITRF 框架(ITRF 框架间有极微小的差异)对齐，它们是各自广播星历的参考框架。

为了便于直观对比说明 GNSS 坐标系统，这里给出北斗坐标系统和 GPS 坐标系统的具体定义，其他 GNSS 坐标系统可参见各系统的接口控制文档。

1. BDS 坐标系统

北斗系统采用北斗坐标系(BeiDou coordinate system, BDCS)。北斗坐标系的定义符合 IERS 规范，与 2000 中国大地坐标系 CGCS2000 定义一致(具有完全相同的参考椭球参数)，具体定义如下。

1) 原点、轴向及尺度定义

原点位于地球质心；Z 轴指向 IERS 定义的参考极(IERS reference pole，IRP)方向；X 轴为 IERS 定义的参考子午面(IERS reference meridian，IRM)与通过原点且同 Z 轴正交的赤道面的交线；Y 轴与 Z、X 轴构成右手直角坐标系；长度单位是国际单位制米。

2) 参考椭球定义

BDCS 参考椭球的几何中心与地球质心重合，参考椭球的旋转轴与 Z 轴重合。BDCS 参考椭球定义的基本常数见表 2-2。

表 2-2　BDCS 参考椭球基本常数

序号	参数	定义
1	长半轴	$a = 6378137.0\text{m}$
2	地心引力常数(包含大气层)	$\mu = 3.986004418 \times 10^{14}\ \text{m}^3/\text{s}^2$
3	扁率	$f = 1/298.257222101$
4	地球自转角速度	$\dot{\Omega}_e = 7.2921150 \times 10^{-5}\ \text{rad/s}$

2. GPS 坐标系统

GPS 采用的坐标系统为 WGS 84(world geodetic system 1984)。其定义如下。

1) 原点、轴向及尺度定义

原点位于地球质心；Z 轴指向 IERS 定义的参考极 IRP 方向，该方向与 BIH 协议地极 CTP 方向一致，误差为 0.005″；X 轴为 IERS 定义的参考子午面 IRM 与通过原点且同

Z 轴正交的赤道面的交线，其中，IRM 与 BIH 定义的零子午面(1984.0 历元)一致，误差为 0.005″。Y 轴满足右手直角坐标系。

2) 参考椭球定义

WGS 84 参考椭球基本常数见表 2-3。

表 2-3　WGS 84 参考椭球基本常数

序号	参数	定义
1	长半轴	$a = 6378137.0\text{m}$
2	地心引力常数(包含大气层)	$\mu = 3.986004418 \times 10^{14}\ \text{m}^3/\text{s}^2$
3	扁率	$f = 1/298.257223563$
4	地球自转角速度	$\dot{\Omega}_e = 7.292115 \times 10^{-5}\ \text{rad/s}$

2.2.6　站心地平坐标系

站心地平坐标系，即东-北-天坐标系，是一种符合地理位置认知的局部坐标系，主要用于了解以观察者为中心的卫星轨道运动规律。其空间直角坐标系的定义为：原点 O 为测站中心；Z 轴与过站心的参考椭球面的法线重合，指向椭球外侧；XOY 平面与 Z 轴垂直，Y 轴指向参考椭球的短半轴，向北为正，X 轴指向东，构成右手坐标系。

若仅以轨道空间几何特性及其变化为观察目的，通常可忽略地球椭球特性，直接采用球形地球作为参考面。且常采用站心极坐标系，其定义为：以本地水平面为基本面，基本面的极指向天顶，基本轴(即 X 轴)指向东，构成右手坐标系。卫星的站心极坐标可表示为站星距、高度角和方位角。

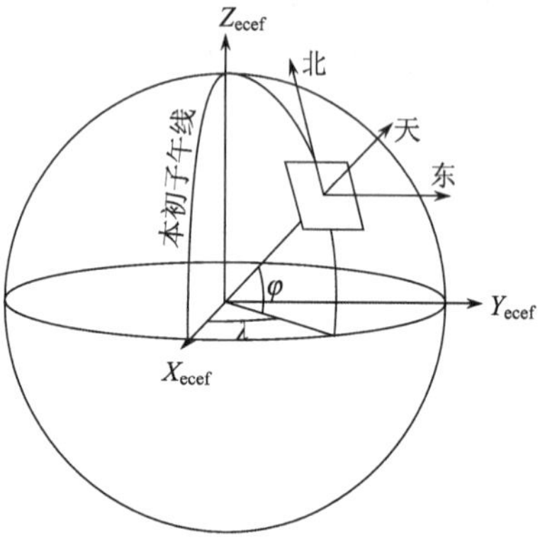

图 2-9　ENU 与 ECEF 的关系

如图 2-9 所示，ENU 与 ECEF 之间原点和三轴指向通常均不一致。

已知测站的经度 λ 和地心纬度 φ，卫星位置向量从 ECEF 转换到 ENU 的转换关系为先平移再旋转，即

$$\tilde{\boldsymbol{r}}^{\mathrm{s}} = \boldsymbol{R}_1(90^\circ - \varphi) \cdot \boldsymbol{R}_3(\lambda + 90^\circ)\left(\boldsymbol{r}^{\mathrm{s}} - \boldsymbol{r}_0\right) \tag{2-25}$$

式中，$\boldsymbol{r}^{\mathrm{s}}$ 和 $\boldsymbol{r}_0$ 分别为 ECEF 下卫星和测站位置向量；$\tilde{\boldsymbol{r}}^{\mathrm{s}}$ 为卫星在 ENU 的位置向量。

需要注意，由于式(2-25)转换关系不显含时间，卫星的运动轨迹可以整批转换至站心地平坐标系。

2.3　计 算 单 位

在卫星定轨中，常用的计算单位有两种，包括国际标准单位和人卫单位。

2.3.1 国际标准单位

定轨主要涉及质量、长度和时间，对应的国际标准单位为千克(kg)、米(m)和秒(s)。在国际标准单位制下，按照国际大地测量学与地球物理学联合会第 16 届大会的推荐，定轨中经常用到以下数值。

(1) 引力常数：$G=(6672\pm 4.1)\times 10^{-14}\ \mathrm{m^3/(s^2\cdot kg)}$。

(2) 地心引力常数：$GM=(3986005\pm 3)\times 10^{8}\ \mathrm{m^3/s^2}$。

(3) 地球赤道半径：$a_\mathrm{e}=(6378140\pm 5)\mathrm{m}$。

(4) 地球自转角速度：$\omega=7.292115\times 10^{-5}\ \mathrm{rad/s}$。

(5) 真空光速：$C=(299792458\pm 1.2)\mathrm{m/s}$。

2.3.2 人卫单位

除了采用国际标准单位之外，还常采用人卫单位。在人卫单位中，选取地球质量 M（$M=5.974\times 10^{24}\mathrm{kg}$）和地球赤道半径 a_e（$a_\mathrm{e}=6378140\mathrm{m}$）分别作为质量单位和长度单位，而时间单位 T 则作为导出单位，以使该单位系统中引力常数 $G=1$。由此导出时间单位：

$$T=\left(\frac{a_\mathrm{e}^3}{GM}\right)^{1/2}=806.8116347\mathrm{s} \tag{2-26}$$

编程时需要注意，T 不应简单取为式(2-26)中的不完全数值，而应采用式中的公式形式。

采用人卫单位有一定的便利之处。首先，轨道高度表示更具化，如常见的低轨道卫星约为 1.01，地球同步轨道卫星约为 6.6，月球则约是 60。其次，编程时数值稳定性更好，计算精度更高。

第3章　定轨观测量

在卫星定轨技术中，无论是较为简单的初轨确定，还是稍微复杂的轨道改进，都离不开定轨观测量。定轨技术的进步很大程度上也得益于定轨观测量类型不断丰富和观测精度不断提高。本章首先介绍导航卫星定轨中主要采用的观测量，包括导航系统基本观测量、观测量组合与组差以及载波相位平滑伪距，在此基础上，简要介绍其他几种主要的定轨观测量。

3.1　导航系统观测量

3.1.1　基本观测量

测码伪距和载波相位作为卫星导航系统的两种基本观测量，不仅在精密定位领域应用广泛，实际上在导航卫星精密定轨中也发挥着重要作用(刘伟平和郝金明，2016b；Liu et al., 2023)。测码伪距和载波相位的基本观测方程可分别表示为

$$P_{i,F}^{k}(t)=\rho_{i}^{k}(t)+c\cdot \mathrm{d}t_{i}(t)-c\cdot \mathrm{d}t^{k}(t)+\Delta T_{i}^{k}(t)+\Delta I_{i,F}^{k}(t)+\varepsilon_{P}{}_{i,F}^{k}(t) \tag{3-1}$$

$$L_{i,F}^{k}(t)=\rho_{i}^{k}(t)+c\cdot \mathrm{d}t_{i}(t)-c\cdot \mathrm{d}t^{k}(t)+\Delta T_{i}^{k}(t)-\Delta I_{i,F}^{k}(t)+\lambda_{F}\cdot N_{i,F}^{k}+\varepsilon_{\Phi}{}_{i,F}^{k}(t) \tag{3-2}$$

式中，t为观测历元；i、k为接收机和卫星的编号；F为频率号；$P_{i,F}^{k}(t)$、$L_{i,F}^{k}(t)$分别为t历元接收机i对卫星k的伪距和载波相位观测量，单位为m；$\rho_{i}^{k}(t)$为t历元接收机i与卫星k之间的星地几何距离，隐含测站坐标、卫星轨道等参数，是利用伪距和载波相位进行定位定轨的物理基础，在导航卫星定轨中，通常测站坐标是已知量，卫星轨道是未知量；$\mathrm{d}t_{i}(t)$、$\mathrm{d}t^{k}(t)$分别为t历元的接收机钟差和卫星钟差；c为光速；$\Delta T_{i}^{k}(t)$、$\Delta I_{i,F}^{k}(t)$分别为t历元的对流层延迟、电离层延迟，其他如相对论效应等误差项不再在方程中表示，各误差项改正方法可参阅书后以下文献：刘伟平等(2014b)，郝金明和吕志伟(2015)，李征航和黄劲松(2024)；λ_F为F频点的载波波长；$N_{i,F}^{k}$为对应的模糊度参数；$\varepsilon_{P}{}_{i,F}^{k}(t)$、$\varepsilon_{\Phi}{}_{i,F}^{k}(t)$分别为伪距和载波相位的观测噪声。

以北斗三号系统为例，可以在5个公开服务信号上提供载波相位和测码伪距观测量(黄文德等，2019；Liu et al., 2022)，其中包括B1I和B3I两个平稳过渡信号，主要是为了向下兼容北斗二号，以及B1C、B2a、B2b三个新信号，信号参数如表3-1所示。

3.1.2　观测量组合

在精密数据处理中，为了提高解算精度及效率，通常需要借助观测量之间的不同组合，以获得新的更优性质的观测量(刘伟平和郝金明，2016a；周建华等，2020)。因为双频观测量在导航卫星精密定轨中也会经常用到，所以本节将对导航系统双频观测量的组合方法及其特性进行简单介绍。

表 3-1　北斗三号导航信号参数

	信号	中心频率/MHz	带宽/MHz	波长/cm
过渡信号	B1I	1561.098	4.092	19.20
	B3I	1268.52	20.46	23.63
新信号	B1C	1575.42	32.736	19.03
	B2a	1176.45	20.46	25.48
	B2b	1207.14	20.46	24.83

用 ϕ_1 和 ϕ_2 表示同一历元同一接收机对同一卫星的双频载波相位观测量，则其线性组合可表示为

$$\phi = i \cdot \phi_1 + j \cdot \phi_2 \tag{3-3}$$

式中，ϕ_1、ϕ_2 为载波相位观测量，单位为周；i、j 表示组合系数；ϕ 为组合后的相位观测量。

组合观测量的模糊度可表示为

$$N = i \cdot N_1 + j \cdot N_2 \tag{3-4}$$

因为相位与频率具有对应关系：$\phi = ft$，t 为时间参数。所以组合观测量的频率可表示为

$$f = i \cdot f_1 + j \cdot f_2 \tag{3-5}$$

组合观测量的波长为

$$\lambda = c/f \tag{3-6}$$

式中，c 为光速。

假定 ϕ_1、ϕ_2 观测噪声不相关，且有 $\sigma_{\phi_1} = \sigma_{\phi_2} = \sigma$，则组合后的噪声为

$$\sigma_\phi = \sigma \cdot \sqrt{i^2 + j^2} \tag{3-7}$$

为了推导组合观测量的对流层延迟和电离层延迟影响与单频观测量延迟影响之间的关系，首先假定 ϕ_1、ϕ_2 具有系统误差 $\delta\phi_1$、$\delta\phi_2$，则组合观测量的系统误差可表示为

$$\delta\phi = i \cdot \delta\phi_1 + j \cdot \delta\phi_2 \tag{3-8}$$

若系统误差有线性性质，即

$$\delta\phi_2 = r \cdot \frac{f_2}{f_1} \cdot \delta\phi_1 \tag{3-9}$$

式中，r 为线性系数。

则式(3-8)变形为

$$\delta\phi = i \cdot \delta\phi_1 + j \cdot r \cdot \frac{f_2}{f_1} \cdot \delta\phi_1 \tag{3-10}$$

对流层延迟对两个频率信号的影响是相同的，即 $r = 1$，则

$$\delta\phi_{\mathrm{trop}} = i \cdot \delta\phi_{1,\mathrm{trop}} + j \cdot \frac{f_2}{f_1} \cdot \delta\phi_{1,\mathrm{trop}} \tag{3-11}$$

电离层延迟与信号频率有关，即 $r = f_1^2 / f_2^2$ ，则

$$\delta\phi_{\text{iono}} = i \cdot \delta\phi_{1,\text{iono}} + j \cdot \frac{f_1}{f_2} \cdot \delta\phi_{1,\text{iono}} \tag{3-12}$$

如果载波相位观测量使用长度单位(m)，对应的观测量记为 l_1 和 l_2，则其与 ϕ_1 和 ϕ_2 的关系可表示为

$$l_1 = \lambda_1 \phi_1 \tag{3-13}$$

$$l_2 = \lambda_2 \phi_2 \tag{3-14}$$

对应的组合观测量可表示为

$$l = \alpha \cdot l_1 + \beta \cdot l_2 \tag{3-15}$$

式中，α 、 β 与式(3-3)中 i 、 j 的关系可表示为

$$\alpha = i \cdot \frac{\lambda}{\lambda_1} \tag{3-16}$$

$$\beta = j \cdot \frac{\lambda}{\lambda_2} \tag{3-17}$$

则由以上推导可知，与 l 对应的观测量噪声、对流层延迟和电离层延迟分别为

$$\sigma_l = \sigma_{l_1} \cdot \sqrt{\alpha^2 + \frac{f_1^2}{f_2^2}\beta^2} \tag{3-18}$$

$$\delta l_{\text{trop}} = (\alpha + \beta)\delta l_1 \tag{3-19}$$

$$\delta l_{\text{iono}} = \left(\alpha + \frac{f_1^2}{f_2^2}\beta\right)\delta l_1 \tag{3-20}$$

以 P_1 和 P_2 表示同一历元同一接收机对同一卫星的双频伪距观测量，则其线性组合可表示为

$$P = \alpha \cdot P_1 + \beta \cdot P_2 \tag{3-21}$$

通常，有价值的组合观测量应具有如下性质：具有整数模糊度，或具有合理的波长，或具有较小的电离层延迟，或具有较小的观测噪声。目前，常用的组合观测量有以下几种。

(1)消电离层组合。令 $\alpha = \dfrac{f_1^2}{f_1^2 - f_2^2}$ ， $\beta = -\dfrac{f_2^2}{f_1^2 - f_2^2}$ ，则可获得消电离层组合观测量：

$$\text{LC} = \frac{1}{f_1^2 - f_2^2}\left(f_1^2 l_1 - f_2^2 l_2\right) \tag{3-22}$$

$$\text{PC} = \frac{1}{f_1^2 - f_2^2}\left(f_1^2 P_1 - f_2^2 P_2\right) \tag{3-23}$$

式中，LC 为载波相位消电离层组合观测量；PC 为伪距消电离层组合观测量。

该组合观测量的特点是能够消除一阶电离层影响，但会放大观测噪声，同时使得对应的双差相位模糊度不再具有整数特性，适用于中长基线解算。

(2)无几何组合。令 $\alpha = 1$ ， $\beta = -1$ ，则可获得无几何组合观测量，又称为电离层残

差组合观测量，即

$$L_{\mathrm{I}} = l_1 - l_2 \tag{3-24}$$

$$P_{\mathrm{I}} = P_1 - P_2 \tag{3-25}$$

式中，L_{I}为载波相位无几何组合观测量；P_{I}为伪距无几何组合观测量。

该组合观测量与卫星至接收机的几何距离无关，同时消除了接收机钟差、卫星钟差、轨道误差及对流层误差的影响。伪距组合观测量仅包含电离层延迟，相位组合观测量仅包含电离层延迟及实数相位模糊度组合，常用于电离层研究及周跳探测。

(3)宽巷组合。令$\alpha = \dfrac{f_1}{f_1 - f_2}$，$\beta = -\dfrac{f_2}{f_1 - f_2}$，则可获得宽巷组合观测量：

$$L_{\mathrm{w}} = \frac{1}{f_1 - f_2}\left(f_1 l_1 - f_2 l_2\right) \tag{3-26}$$

式中，L_{w}为宽巷组合观测量。

该组合观测量具有较长的波长，且对应的双差模糊度具有整数特性，常应用于中长基线的模糊度解算。

(4)窄巷组合。令$\alpha = \dfrac{f_1}{f_1 + f_2}$，$\beta = \dfrac{f_2}{f_1 + f_2}$，则可获得窄巷组合观测量：

$$L_{\mathrm{n}} = \frac{1}{f_1 + f_2}\left(f_1 l_1 + f_2 l_2\right) \tag{3-27}$$

式中，L_{n}表示窄巷组合观测量。

该组合观测量的特点是波长较短，对应的双差模糊度也具有整数特性，其包含的电离层延迟影响与宽巷组合观测量大小相等，符号相反，经常与宽巷组合观测量一起应用于中长基线的模糊度解算。

(5)MW 组合。MW 组合观测量是由伪距和相位组合而成的一类特殊的观测量，由 Melbourne 和 Wubbena 于 1985 年提出，其形式为

$$L_{\mathrm{MW}} = \frac{1}{f_1 - f_2}\left(f_1 l_1 - f_2 l_2\right) - \frac{1}{f_1 + f_2}\left(f_1 P_1 + f_2 P_2\right) \tag{3-28}$$

式中，L_{MW}为 MW 组合观测量。

该组合观测量与卫星至接收机的几何距离无关，消除了接收机钟差、卫星钟差、轨道误差、对流层误差及电离层误差的影响，仅包含宽巷模糊度，广泛应用于模糊度解算及周跳的探测和修复。

表 3-2 给出了北斗三号 B1C 和 B2a 双频相位观测量各种线性组合具有的特性，组合中载波相位观测量使用长度单位。

表 3-2 北斗卫星导航系统组合观测量特性

观测量	波长/cm	对流层偏差	电离层偏差	观测噪声
B1C	19.03	1	1	1
B2a	25.48	1	1.79	1.34
LC	19.03	1	0	2.82

续表

观测量	波长/cm	对流层偏差	电离层偏差	观测噪声
L_I	∞	0	−0.79	1.67
L_w	75.14	1	−1.34	5.58
L_n	10.89	1	1.34	0.81

注：表中给出的对流层偏差、电离层偏差及观测噪声是相对于 B1C 相应量的比例因子

3.1.3 观测量组差

从 3.1.2 节可知，观测量组合处理的对象通常是同一历元单个测站对单个卫星的不同频率观测量，而观测量组差通常是同频观测量在不同历元、不同测站和不同卫星之间的差分处理，主要目的是消除或减弱某些误差的影响。常用的组差模式包括测站之间的单差相位，测站与卫星之间的双差相位，测站、卫星、历元间的三差相位(李征航和黄劲松，2024)。测码伪距和载波相位都可以根据需要进行组差处理，只是测码伪距组差不涉及模糊度等问题，相对简单。这里仅以载波相位观测量为例说明观测量组差方法。

1. 站间单差相位

测站间的单差相位 $\mathrm{SD}(m,n;j;i)$ 定义为同一历元(i)两台接收机(m、n)对同一卫星(j)的相位观测量之差，可以模型化为

$$\begin{aligned}\mathrm{SD}(m,n;j;i)&=\lambda\cdot\phi_{m,i}^{j}-\lambda\cdot\phi_{n,i}^{j}\\&=(\rho_{m,i}^{j}-\rho_{n,i}^{j})+c\cdot(\mathrm{d}t_{m,i}-\mathrm{d}t_{n,i})\\&\quad+(\Delta T_{m,i}^{j}-\Delta T_{n,i}^{j})-(\Delta I_{m,i}^{j}-\Delta I_{n,i}^{j})\\&\quad+\lambda\cdot N_{m}^{j}-\lambda\cdot N_{n}^{j}+\varepsilon_{m,i}^{j}-\varepsilon_{n,i}^{j}\end{aligned}\tag{3-29}$$

式中，λ 为载波波长；$\phi_{m,i}^{j}$、$\phi_{n,i}^{j}$ 分别为 i 历元接收机 m、n 对卫星 j 的相位观测量；$\rho_{m,i}^{j}$、$\rho_{n,i}^{j}$ 分别为 i 历元接收机 m、n 与卫星 j 之间的星地几何距离；$\mathrm{d}t_{m,i}$、$\mathrm{d}t_{n,i}$ 分别为 i 历元接收机 m、n 的接收机钟差；$\Delta T_{m,i}^{j}$、$\Delta T_{n,i}^{j}$ 分别为 i 历元接收机 m、n 观测卫星 j 的对流层延迟；$\Delta I_{m,i}^{j}$、$\Delta I_{n,i}^{j}$ 分别为 i 历元接收机 m、n 观测卫星 j 的电离层延迟；N_{m}^{j}、N_{n}^{j} 分别为接收机 m、n 观测卫星 j 的载波相位模糊度；$\varepsilon_{m,i}^{j}$、$\varepsilon_{n,i}^{j}$ 分别为接收机 m、n 观测卫星 j 的观测噪声。

测站间单差可以消除卫星钟差的影响。当测站相距较近时，卫星信号到两台接收机的传播路径上的大气条件类似，电离层和对流层延迟的大部分影响也可以消除。

2. 站星间双差相位

站星间双差相位 $\mathrm{DD}(m,n;j,k;i)$ 定义为同一历元(i)两个测站(m、n)观测两个卫星(j、k)得到的测站间单差相位之差，其模型为

$$
\begin{aligned}
\mathrm{DD}(m,n;j,k;i) &= \mathrm{SD}(m,n;j;i)-\mathrm{SD}(m,n;k;i)\\
&=(\lambda\cdot\phi_{m,i}^{j}-\lambda\cdot\phi_{n,i}^{j})-(\lambda\cdot\phi_{m,i}^{k}-\lambda\cdot\phi_{n,i}^{k})\\
&=(\rho_{m,i}^{j}-\rho_{n,i}^{j}-\rho_{m,i}^{k}+\rho_{n,i}^{k})\\
&\quad+(\Delta T_{m,i}^{j}-\Delta T_{n,i}^{j}-\Delta T_{m,i}^{k}+\Delta T_{n,i}^{k})\\
&\quad-(\Delta I_{m,i}^{j}-\Delta I_{n,i}^{j}-\Delta I_{m,i}^{k}+\Delta I_{n,i}^{k})\\
&\quad+\lambda\cdot(N_{m}^{j}-N_{n}^{j}-N_{m}^{k}+N_{n}^{k})\\
&\quad+(\varepsilon_{m,i}^{j}-\varepsilon_{n,i}^{j}-\varepsilon_{m,i}^{k}+\varepsilon_{n,i}^{k})\Delta
\end{aligned}
\tag{3-30}
$$

式中，各项符号与式(3-29)相似，通常将$\Delta\nabla N_{mn}^{jk}=N_{m}^{j}-N_{n}^{j}-N_{m}^{k}+N_{n}^{k}$称为双差模糊度。

与单差相比，双差进一步消除了接收机钟差的影响。需要指出的是，双差模糊度具有整数特性，可在求解中通过适当算法进行固定求解。双差观测量常用作基线解算等。

3. 站星和历元间三差相位

三差相位$\mathrm{TD}(m,n;j,k;i,l)$定义为相邻两个历元（i、l）上两个测站（m 、n）和两个卫星（j、k）之间的双差相位之差，可模型化为

$$
\begin{aligned}
\mathrm{TD}(m,n;j,k;i,l) &= \mathrm{DD}(m,n;j,k;i)-\mathrm{DD}(m,n;j,k;l)\\
&=[(\lambda\cdot\phi_{m,i}^{j}-\lambda\cdot\phi_{n,i}^{j})-(\lambda\cdot\phi_{m,i}^{k}-\lambda\cdot\phi_{n,i}^{k})]-[(\lambda\cdot\phi_{m,l}^{j}-\lambda\cdot\phi_{n,l}^{j})-(\lambda\cdot\phi_{m,l}^{k}-\lambda\cdot\phi_{n,l}^{k})]\\
&=(\rho_{m,i}^{j}-\rho_{n,i}^{j}-\rho_{m,i}^{k}+\rho_{n,i}^{k}-\rho_{m,l}^{j}+\rho_{n,l}^{j}+\rho_{m,l}^{k}-\rho_{n,l}^{k})\\
&\quad+(\Delta T_{m,i}^{j}-\Delta T_{n,i}^{j}-\Delta T_{m,i}^{k}+\Delta T_{n,i}^{k}-\Delta T_{m,l}^{j}+\Delta T_{n,l}^{j}+\Delta T_{m,l}^{k}-\Delta T_{n,l}^{k})\\
&\quad-(\Delta I_{m,i}^{j}-\Delta I_{n,i}^{j}-\Delta I_{m,i}^{k}+\Delta I_{n,i}^{k}-\Delta I_{m,l}^{j}+\Delta I_{n,l}^{j}+\Delta I_{m,l}^{k}-\Delta I_{n,l}^{k})\\
&\quad+(\varepsilon_{m,i}^{j}-\varepsilon_{n,i}^{j}-\varepsilon_{m,i}^{k}+\varepsilon_{n,i}^{k}-\varepsilon_{m,l}^{j}+\varepsilon_{n,l}^{j}+\varepsilon_{m,l}^{k}-\varepsilon_{n,l}^{k})
\end{aligned}
\tag{3-31}
$$

式中，各项符号与式(3-30)相似。

三差不仅可以消除卫星和接收机钟差，而且还可消除模糊度参数。此外，周跳仅对包含该观测的三差观测有影响，对其他三差观测没有影响，因此，三差观测量也常用作周跳探测。

3.1.4　载波相位平滑伪距

对于导航系统的两类观测量，载波相位处理中涉及整周模糊度问题，处理起来较为复杂；测码伪距虽然处理较为简单，但精度有限。实用中，经常用载波相位对伪距观测量进行平滑处理，获得载波相位平滑伪距观测量(Dach et al., 2007)。

在对原始观测量进行了粗差标记、周跳探测与修复等预处理后，可以获得“干净”的载波相位数据，而后利用式(3-32)和式(3-33)可以获得精度更高的相位平滑伪距观测量：

$$
\hat{P}_1(t)=l_1(t)+\overline{P}_1-\overline{l}_1+2\cdot\frac{f_2^2}{f_1^2-f_2^2}\cdot\left\{\left[l_1(t)-\overline{l}_1\right]-\left[l_2(t)-\overline{l}_2\right]\right\}
\tag{3-32}
$$

$$\widehat{P}_2(t) = l_2(t) + \overline{P}_2 - \overline{l}_2 + 2 \cdot \frac{f_1^2}{f_1^2 - f_2^2} \cdot \left\{ \left[l_1(t) - \overline{l}_1 \right] - \left[l_2(t) - \overline{l}_2 \right] \right\} \tag{3-33}$$

式中，$\widehat{P}_i(t)$ 为 t 时刻第 i 频率信号上伪距平滑结果；$l_i(t)$ 为 t 时刻第 i 频率信号上载波相位观测值；f_i 为第 i 频率信号的频率值；$\overline{P}_i$、$\overline{l}_i$ 为第 i 频率信号上整弧段内所有伪距、载波相位观测量的平均值。

对于载波相位平滑伪距观测量，仍然可以借助 3.1.2 节的观测量组合方法，构建各类组合观测量，例如，载波相位平滑伪距的消电离层组合观测量可表示为

$$\widehat{P}_3 = \frac{1}{f_1^2 - f_2^2}(f_1^2 \widehat{P}_1 - f_2^2 \widehat{P}_2) \tag{3-34}$$

式中，$\widehat{P}_3$ 为载波相位平滑伪距的消电离层组合观测量；$\widehat{P}_1$、$\widehat{P}_2$ 分别为两个频率上的载波相位平滑伪距观测量；f_1、f_2 分别为双频载波的频率值。

3.2　其他定轨观测量

除了导航系统观测量之外，在各类人造卫星定轨中，还会用到许多其他类型的观测量(Montenbruck and Gill, 2000；周建华和徐波，2015)。这里对其中比较有代表性的几类观测量进行简要介绍。

3.2.1　雷达跟踪系统

自人类开始航天活动之初，雷达技术就用于搜集人造地球卫星位置和速度的测量信息，通过雷达跟踪，至少可以获得如下信息用于卫星轨道确定。

(1) 地面站站心坐标系中的指向角：通过测量航天器的最大信号幅度的方向获得。

(2) 斜距或者卫星至测站的距离：根据雷达信号从地面站天线发射至卫星再由卫星反射回地面站的往返双程光行时计算。

(3) 距离变化率(测速)或者航天器对于地面站的视线速度：可以通过计算雷达微波从地面站发射，经卫星转发，再由地面站接收的多普勒频移获得。

3.2.2　精密测距测速系统

精密测距测速系统(precise range and range rate equipment, PRARE)是一种能进行高精度双程测距测速的天基跟踪系统，可以应用于卫星轨道确定。PRARE 系统由德国斯图加特大学导航学院开发，自 1995 年在欧洲遥感卫星 ERS-2 上开始投入运行。该系统测量由卫星发射、经 PRARE 地基用户站转发再被卫星接收的 X 波段测距信号传输时间，这里测量的是双程信号传输时间，根据该值能推导出测距数据；对 X 波段载波频率的多普勒频移进一步测量得到精确的测速数据。整个系统构成如下。

1) *卫星段*

天基 PRARE 单元尺寸为 40cm×21cm×18cm，工作模式下的功耗为 30W。两个交叉的偶极天线以 X 波段(8489MHz)和 S 波段(2248MHz)发射连续的测距信号以及测站相关信号。4 个独立的相关处理器和 4 个多普勒计数器在码分多址技术模式下可以进行 4 个站的数据采集。

2) 地面段

由 30 个小的活动站及自主式地面站组成的全球网络，配备有 60cm 天线。将接收到的 X 频段信号转换为 7225MHz 信号，而后将可重复的 PN 码调制其上，再将该信号和双频时延、地面站的气象数据及业务数据一起上行发送。

3) 控制段

控制段包括一个指挥站、一个主站和一个校准站。其中，指挥站主要负责空间系统的监视及指挥，主站作为中心接收站主要负责接收跟踪测量数据、各站之间的钟差数据以及来自全球测站网络的气象数据。这些数据经过处理，打上 UTC 时标，存档并发送给用户。校准站利用激光跟踪系统确定 PRARE 系统硬件的系统偏差。

3.2.3 星基多普勒轨道和无线电定位组合系统

星基多普勒轨道和无线电定位组合系统(DORIS)由法国国家太空研究中心、法国空间大地测量组和法国国家地理研究所共同开发。第一个 DORIS 接收机于 1990 年用于 SPOT2 任务，之后接收机相继用于 TOPEX/Poseidon、SPOT3 及 SPOT4 等任务，为这些低轨卫星的轨道确定提供了良好支撑。

DORIS 系统利用多普勒原理，采用单程双频测速体制，使用的两个信号频率分别为低频 401.25MHz 和高频 2036.25MHz，其中，高频信号用于测量卫星的多普勒频移，低频信号用于修正电离层折射误差。星载接收机直接测量一段时间内(约 10s)卫星相对于地面测站的多普勒积分，然后将其转换为平均距离变化率。DORIS 为单向多普勒跟踪系统，其中地面信标发射的无线电信号频移在星上进行测量。

DORIS 系统由星上部分和地面部分组成。

星上部分包括双频全向天线、接收机和超稳晶体振荡器(ultra-stable oscillator, USO)。卫星收集的跟踪数据存储在接收机的遥测存储器中，一天两次下传到地面站，在地面站进行时间标记、预处理和轨道计算。

地面部分主要包括测高、定轨和定位多功能数据处理中心(Altimetry Orbitography and Positioning Multi-mission Center, SSALTO)、地面站网和国际 DORIS 服务(International DORIS Service, IDS)。其中，SSALTO 位于法国的图卢兹，它主要用于地面站的监控、遥测数据接收和预处理、技术存档、定轨、地面站的精确定位以及 DORIS 完整性控制；地面站网由主控测站、定轨测站和普通测站组成，目前定轨测站增加至约 60 个，均匀分布在 30 多个国家；IDS 主要用于发布 DORIS 数据、更新 DORIS 状况和加强国际交流与合作。IDS 提供的 DORIS 测量数据有两种格式：一种是 DORIS2.2 格式，称为预处理测量数据；一种是 DORIS3.0 格式，称为原始测量数据。DORIS2.2 格式数据是经过了预处理后公布给用户的，可以直接获取电离层修正量、对流层修正量以及质心偏差修正量；DORIS3.0 格式数据包括原始伪距、相位数据等，没有经过预处理。

3.2.4 跟踪与数据中继卫星系统

跟踪与数据中继卫星系统(tracking and data relay satellite system, TDRSS)由美国 NASA 建设，可为卫星、飞船等航天器提供中继和测控服务。简单来说，TDRSS 是将地面测控终端“搬到”太空，将跟踪与数据中继卫星(tracking and data relay satellite，TDRS)

作为“中间商”，实现对其他中、低轨航天器更大覆盖率的测控、通信。对于配备有超稳定频率标准的用户航天器，TDRSS 可以对用户星进行中继双向测距和测速跟踪，同时也能精确进行中继单向测速。整个系统构成如下。

1) 卫星段

通常由运行于 36000km 的地球同步轨道卫星构成。第一颗 TDRSS 卫星于 1983 年开始运行，每颗 TDRSS 星都能对地面站和用户星之间的声音、电视和数字信号进行中继。

2) 地面段

地面段包括新墨西哥州白沙地面终端(WSGT)和第二个 TDRSS 地面终端(STGT)。通过 NASA 地面终端建立了与戈达德航天飞行中心(GSFC)的网络控制中心(NCC)之间的通信，通过系统调度及 TDRSS 监控管理天网。

3) 用户段

用户段包括中、低轨道航天器，如人造卫星、空间探测器等。

需要说明的是，我国于 2008 年、2011 年、2012 年先后发射了三颗“天链一号”卫星，构建了我国自主可控的跟踪与数据中继卫星系统，为神舟、天宫、嫦娥等航天任务的顺利开展提供了有效的跟踪与数据中继服务。

3.2.5 统一 S 波段航天测控网

统一 S 波段(unified S band，USB)航天测控网是指使用 S 波段的微波统一测控系统，可以对运行中的航天器(运载火箭、人造地球卫星、宇宙飞船和其他空间飞行器)进行跟踪、测量和控制。一般由天线跟踪/角测量系统、发射系统、接收系统、遥测终端等设备组成，其基本工作原理为：先将各种信息分别调制在不同频率的副载波上，然后相加共同调制到一个载波上发出，在接收端先对载波解调，然后用不同频率的滤波器将各副载波分开，解调各副载波信号得到发送时的原始信息。S 波段为空间飞行器的专用测控频段，统一测控系统是在一个载波上，调制多个测控副载波，用以完成多种功能的综合测控设备，即把跟踪、遥测、遥控、通信等信号调制在统一的上(下)行载波上，这样可大大简化地面设备，已经成为无线电测控的主要手段。S 波段统一测控系统和空间飞行器上的 S 波段应答机相配合，提供飞行器相对于测站的方位角、俯仰角、斜距、径向速度等测量元素，这些观测量可应用于卫星轨道的确定。

USB 航天测控网最早是在 20 世纪 60 年代美国执行阿波罗登月计划时首先使用的。60 年代初，为了改变多种频段设备进行不同工作造成的天线多、重量大、可靠性差等问题，美国国家航空航天局提出采用统一 S 波段(2000～4000MHz)系统作为阿波罗登月计划的地面保障系统，并在 60 年代中期建成了以统一 S 波段为主体的跟踪测控网，从而使航天测控从单一功能分散体制改进为综合多功能体制。

从 1967 年开始，我国开始筹建航天测控网，目前已建成包括北京、西安、酒泉以及远望测量船等组成的 USB 航天测控网，主要完成对航天器跟踪测轨、遥测接收、遥控发令、语音和图像收发任务，先后完成了我国多种卫星以及“神舟”系列飞船的测控任务。

3.2.6 卫星激光测距

卫星激光测距(satellite laser ranging, SLR)是精确测量激光站和搭载后向反射镜的卫星之间距离的技术。SLR 技术早在 1964 年就开始进行应用，从那之后激光跟踪网络不断扩展，同时测量精度也稳步提高。目前有超过 40 个激光测控站用于跟踪 GFZ-1、TOPEX/Poseidon 等卫星，测距精度在 1cm 以内。

SLR 观测是双程测距模式。地面激光站发射激光测距信号，经卫星的激光反射镜反射，最后再由地面激光设备接收回波信号，实现星地激光测距，对应观测模型为

$$\rho_{\mathrm{SLR}} = R_{\mathrm{up}} + R_{\mathrm{down}} + c\cdot\tau_{\mathrm{delay}} + 2\Delta D_{\mathrm{trop}} + 2\Delta D_{\mathrm{rel}} + 2\Delta D_{\mathrm{ant}} + 2\Delta D_{\mathrm{tide}} + \varepsilon \tag{3-35}$$

式中，ρ_{SLR} 为 SLR 观测距离；R_{up} 为上行几何距离；R_{down} 为下行几何距离；τ_{delay} 为地面设备时延；ΔD_{trop} 为对流层延迟；ΔD_{rel} 为广义相对论改正；ΔD_{ant} 为卫星和测站天线相位中心偏差；ΔD_{tide} 为地球潮汐改正；ε 为观测噪声。

卫星激光测距的优点：测距精度高；不存在明显的系统差。缺点：受天气条件影响大，无法实现全天候观测。通常不作为常规定轨手段，只作为系统差检校手段和轨道外符合评估手段。

3.2.7　转发式测距

转发式测距是双程测距模式，在北斗卫星定轨中经常使用这类观测量(周建华和徐波，2015)。转发式测距跟踪站发射无线电测距信号，经卫星转发器转发，最后再由原跟踪站接收卫星转发信号实现距离测量，观测模型为

$$\rho_{\mathrm{CC}} = R_{\mathrm{up}} + R_{\mathrm{down}} + c\cdot\tau_{\mathrm{delay}} + 2\Delta D_{\mathrm{trop}} + 2\Delta D_{\mathrm{ion}} + 2\Delta D_{\mathrm{rel}} + 2\Delta D_{\mathrm{ant}} + 2\Delta D_{\mathrm{tide}} + \varepsilon \tag{3-36}$$

式中，ρ_{CC} 为转发式距离观测量；R_{up} 为上行几何距离；R_{down} 为下行几何距离；τ_{delay} 为设备时延；ΔD_{trop}、ΔD_{ion} 分别为对流层延迟和电离层延迟；ΔD_{rel} 为广义相对论改正；ΔD_{ant} 为卫星和测站天线相位中心偏差；ΔD_{tide} 为地球潮汐改正；ε 为观测噪声。

转发式测距的优点：发射设备和接收设备使用同一个钟，因此测距值中并不包含站钟和星钟的误差，跟踪站之间也并不需要严格的时间同步(只需要精确到 1μs)。缺点：观测量数目受限，以北斗卫星导航系统为例，系统中仅有少数 GEO 卫星配备了 C 波段转发器设备；设备时延(包括卫星转发器时延和地面天线发射与接收时延在内的设备时延)制约着该模式下的定轨精度，需要定期利用激光测距数据对各设备进行时延标定。

第4章　二 体 问 题

二体问题(two-body problem，2BP)是牛顿质点力学中最简单也是最为经典的力学模型，也是进一步学习受摄二体问题的基础。二体问题指的是两个质点仅在相互的万有引力作用下绕共同质心的轨道运动；特别地，若其中小质点的质量远小于大质点的质量，则可忽略小质点对大质点的引力作用，此时仅关心小质点在万有引力作用下绕大质点的运动规律，称为限制性二体问题(restricted two-body problem，R2BP)。在本章中，若无特别说明，均考虑的是卫星(简化为小质点)绕地球质心(即大质点)的限制性二体问题。

牛顿质点力学要求在惯性系下描述卫星的真运动。在限制性二体问题中，通常以地球质心为原点，此时只需要描述卫星(一体)在地心惯性系下的运动状态。限制性二体问题的轨道求解对应了一个常微分方程的定积分问题。因此，需要确定定积分的三大要素，即状态量及其运动微分方程、状态初值、积分求解算法。

最常见的两种描述卫星运动的状态量分别是几何状态量和物理状态量。4.1 节从行星运动三大定律出发，介绍卫星运动的几何状态量，即 6 个轨道根数，以及其描述的空间不变椭圆运动。4.2 节则是从万有引力作用下的运动微分方程出发，介绍描述卫星运动的物理状态量，即卫星的位置和速度向量，以及积分常数的求解。4.3 节是两类状态量的相互转换关系，即轨道计算和星历计算，同时包含了轨道外推的间接计算方法。包括导航在内的各类卫星应用，主要服务于地表和近地空间，为此还需要理解卫星的对地视运动，4.4 节介绍两种常见的视运动，分别是卫星轨道在地心地固坐标系下的投影，即星下点轨迹，以及在站心地平坐标系下的观测运动，即卫星的可见性。

4.1　椭圆运动和几何状态量

德国天文学家开普勒早在 1609 年和 1618 年提出了行星三大定律，它们描述了太阳系各大行星的绕日运动规律。为此，开普勒被称为“天空的立法者”。

开普勒提出的三大定律分别为椭圆定律、面积定律以及调和定律。虽然三大定律没有真正揭示运动背后的源头——万有引力，但却正确描述了限制性二体问题模型下的椭圆平面运动。

4.1.1　开普勒轨道根数

在地心惯性系下，卫星绕地心的空间不变椭圆运动，同样遵循开普勒三大定律。通常用 6 个独立参数进行轨道空间运动的几何表征。

1. 椭圆及其平面运动参数

依据开普勒第一定律，如图 4-1 所示，不推导给出椭圆运动的圆锥曲线方程：

$$r = \frac{p}{1 + e\cos f} \tag{4-1}$$

在这个平面极坐标方程中，原点在地心，极径 r 为卫星的地心距，极角 f 为从近地点沿运动方向起算的角快变量，称为真近点角；p 为半通径，且 $p=a(1-e^2)$，a 和 e（$0\leqslant e<1$）分别为椭圆的半长轴和偏心率。因此，式(4-1)包含了椭圆及其平面运动的三个参数，即 (a,e,f)。

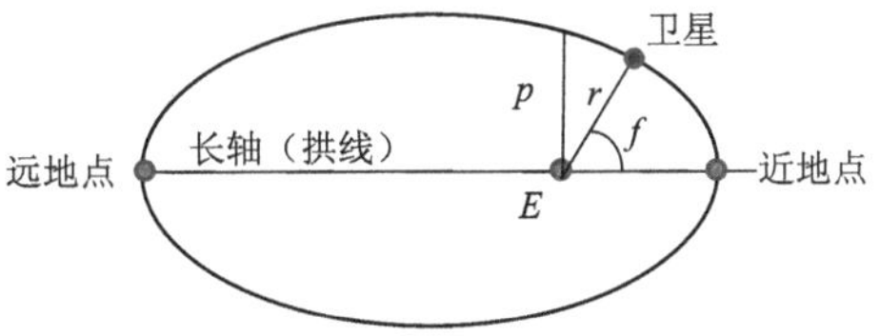

图 4-1　椭圆及其平面运动参数

2. 椭圆的平面内定向参数

假定椭圆平面与地心赤道面不重合，则两平面有交线。其中椭圆相对赤道面升起的交点称为升交点，降落的交点称为降交点，如图 4-2 所示。

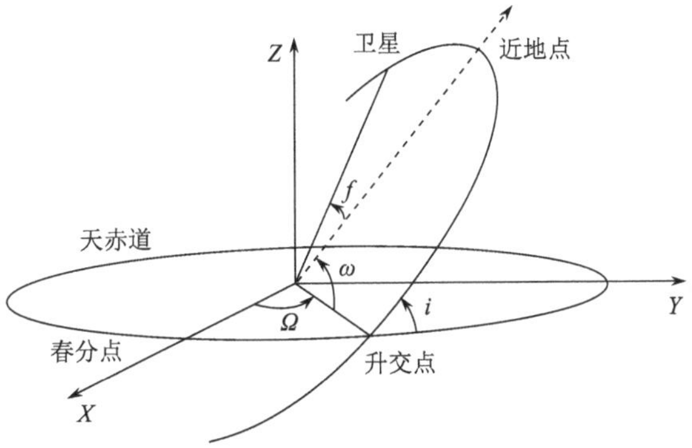

图 4-2　椭圆空间和平面内定向参数

在惯性空间，椭圆的拱线(过近地点和远地点的连线)在椭圆面内指向不变(图 4-1)。从升交点沿椭圆运动方向计量至近地点，称为近地点幅角，也称为近升角距，它给出了椭圆的平面内定向参数 ω。同理，还可以定义卫星运动的幅角 u，即 $u=\omega+f$。

3. 椭圆平面的空间定向参数

在惯性空间，椭圆平面的外法向指向始终不变。据此可以给出椭圆在惯性空间的两个定向参数 (i,Ω)。其中，i 为椭圆轨道面相对于赤道的轨道倾角，Ω 为升交点赤经(从春分点计量)，它们对应了椭圆平面相对于地心惯性系(ECI)的空间定向角(纬角和经角)。可以看出，它们与椭圆平面的外法向的两个指向角分别互余。

上述 6 个参数即为卫星椭圆运动的几何状态量，称为经典的开普勒轨道根数，即①椭圆的大小和形状参数：半长轴 a 和偏心率 e；②椭圆平面的空间定向参数：升交点赤经 Ω 和轨道倾角 i；③椭圆平面内的定向参数：近地点幅角(近升角距)ω；④椭圆上的运动参数：真近点角 f 或平近点角 M 或偏近点角 E。其中，平近点角 M 和偏近点角 E 将在 4.1.2 节介绍。

这 6 个几何状态量对应了空间不变椭圆运动的 6 个自由度。一旦确定下来这 6 个几何状态量，该空间的不变椭圆运动也就唯一确定。

4.1.2 开普勒方程

可以看到，椭圆的平面极坐标方程式(4-1)没有时间变量，即椭圆运动的角变量——真近点角 f 不显含时间。依据开普勒的面积定律，卫星运动在椭圆上扫过的面速率恒定，但是角速率不恒定，近地点附近运动快，远地点附近慢。这就导致描述椭圆运动的不方便，例如，我们习惯问半小时后卫星运动到哪里，但是很少问运动 50° 后在哪里。

1. 平近点角

为此，引入一个与时间直接相关的角变量，称为平近点角 M。

依据开普勒第三定律(即调和定律)，椭圆运动的周期 T 仅与半长轴 a 相关，即

$$n^2a^3 = \mu \tag{4-2}$$

式中，n 为平均运动角速率，且 $T = 2\pi/n$； $\mu=GM$ 为地球引力常数。

如图 4-3 所示，画出椭圆的外接圆(虚线表示)。假定在外接圆上有个虚拟卫星，其与椭圆上的卫星 S 同时从近地点 P 出发，且以平均运动角速率运行。由于椭圆和外接圆的半长轴相同，依据式(4-2)，两者周期相同，将同时到达远地点。因此，将椭圆外接圆上的平运动角变量定义为平近点角，即

$$M = n(t - t_0) \tag{4-3}$$

式中，t_0 为过近地点时刻。显然，在近地点附近，平近点角 M 落后于椭圆运动的真近点角 f，在远地点附近则比椭圆运动快。

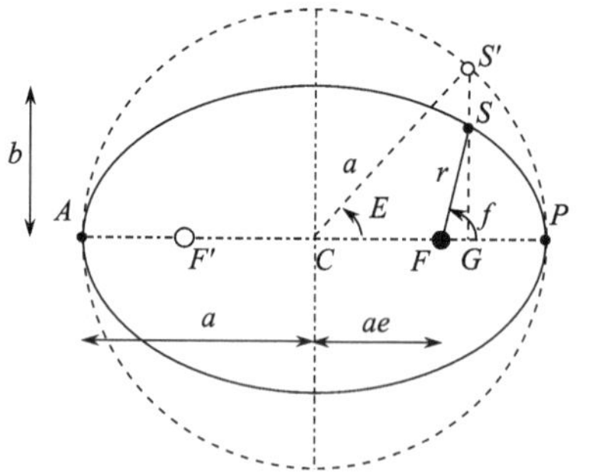

图 4-3 椭圆与外接圆

2. 仿射变换

为了便于后续推导，这里引进椭圆与其外接圆的一个重要特性——仿射变换。

椭圆可以看作其外接圆在纵向上的压缩形变，且压缩比为 $\sqrt{1-e^2}$ 。例如，半短轴 b 与半长轴的关系为 $b = a\sqrt{1-e^2}$ ，椭圆面积与圆面积满足 $S_{椭圆} = S_{圆}\sqrt{1-e^2}$ 。此外，利用仿射变换还可以推导出半通径的公式 $p = a(1-e^2)$，推导过程不再赘述。

3. 偏近点角

由于真近点角和平近点角之间的直接转换不易推导，为此又引入了一个辅助变量，即偏近点角 E 。

在图 4-3 中，令卫星在某时刻的位置为椭圆上的 S 点。过 S 点做平行于短半轴方向的直线，交外接圆于 S' 。S' 点与外接圆圆心 C 的连线与拱线(近地点方向)的夹角称为偏近点角 E 。

借助偏近点角 E，能够分别建立偏近点角与真近点角和平近点角之间的简单转换关系。

4. 偏近点角 E 与真近点角 f 的转换关系

在图 4-3 中，定义一个近焦点平面坐标系：原点在地心(即椭圆实焦点 F)，X 轴指向近地点方向，Y 轴指向半通径方向。

依据 S 与 S' 点的仿射变换关系，以及半焦距 $\overline{CF}=ae$，容易推导出分别用真近点角 f 和偏近点角 E 表示的卫星位置：

$$\begin{aligned}\boldsymbol{r} &= r\cos f\hat{\boldsymbol{P}} + r\sin f\hat{\boldsymbol{Q}} \\ &= a(\cos E - e)\hat{\boldsymbol{P}} + a\sqrt{1-e^2}\sin E\hat{\boldsymbol{Q}}\end{aligned} \tag{4-4}$$

式中，$\hat{\boldsymbol{P}}$ 为近焦点平面坐标系 X 轴单位向量；$\hat{\boldsymbol{Q}}$ 为近焦点平面坐标系 Y 轴单位向量。

据此，可推导出真近点角与偏近点角转换的半角公式：

$$\tan\frac{f}{2} = \sqrt{\frac{1+e}{1-e}}\tan\frac{E}{2} \tag{4-5}$$

半角公式的优点是可略去象限判断。可以看出，除了拱线上的两个点，椭圆上的真近点角 f 在数值上都大于偏近点角 E。

由式(4-4)，还可得到

$$r = a(1 - e\cos E) \tag{4-6}$$

5. 偏近点角 E 与平近点角 M 的转换关系

偏近点角 E 与平近点角 M 的转换公式，就是著名的开普勒方程。

这里给出一种简捷的推导方法。在图 4-3 中，由 SF 和 $S'F$ 分别与近地点 P 组合可截出椭圆和外接圆的一部分。二者的面积满足仿射变换：

$$S_{\text{椭圆部分}} = S_{\text{圆部分}}\sqrt{1-e^2} \tag{4-7}$$

先计算椭圆部分的面积。由开普勒的面积定律，有恒定的面积速率：

$$\dot{S} \equiv \frac{\pi ab}{T} \tag{4-8}$$

则

$$S_{\text{椭圆部分}} = \dot{S}\cdot\Delta t = \frac{1}{2}a^2\sqrt{1-e^2}M \tag{4-9}$$

再计算不规则的圆面积。图 4-3 中，这部分面积正好是 S' 和近地点 P 围成的扇形面积减去 S' 与 C 和 F 点围成的三角形面积。扇形面积与偏近点角有关，容易得到

$$S_{\text{圆部分}} = S_{\text{扇形}} - S_{\text{三角形}} = \frac{1}{2}a^2E - \frac{1}{2}a^2e\sin E \tag{4-10}$$

将式(4-9)和式(4-10)代入式(4-7)，则有椭圆的开普勒方程：

$$E - e\sin E = M \tag{4-11}$$

注意，对于另外两种圆锥曲线形式(抛物线和双曲线)，开普勒方程的形式与式(4-11)不同。通过半角公式和开普勒方程，就可以实现三类近点角的相互转换。

6. 开普勒方程的迭代算法

对于式(4-11)，若已知 (e,M) 计算 E，则开普勒方程是一个超越方程，需要利用牛

顿迭代法等数值方法进行解算。

这里给出牛顿迭代法的思路。将开普勒方程转换为求解关于 E 的零值函数，即

$$f(E)=E-e\sin E-M=0 \tag{4-12}$$

令第 k 次的迭代值为 E_k，对函数关于真值 E 进行泰勒级数展开，并保留至一阶导数项，有

$$f(E_k)=f(E)+f'(E)\Delta E_k \tag{4-13}$$

则

$$\Delta E_k=\frac{f(E_k)}{f'(E)}\approx\frac{f(E_k)}{f'(E_k)} \tag{4-14}$$

且

$$f'(E_k)=1-e\cos E_k \tag{4-15}$$

所以迭代式为

$$\begin{cases}\Delta E_k=\dfrac{E_k-e\sin E_k-M}{1-e\cos E_k} & k=0,1,2,\cdots\\ E_0=M\end{cases} \tag{4-16}$$

收敛条件为 $|\Delta E_k|\leqslant\varepsilon$，$\varepsilon$ 的取值根据精度需求而定。

4.1.3 根数运动微分方程及其求解

为书写简便，令轨道根数的角快变量取平近点角 M。几何状态量记为 $\boldsymbol{\sigma}=(a,e,i,\Omega,\omega,M)^{\mathrm{T}}$，则限制性二体问题下的运动微分方程为

$$\dot{\boldsymbol{\sigma}}=\begin{pmatrix}\dot{a}\\ \dot{e}\\ \dot{i}\\ \dot{\Omega}\\ \dot{\omega}\\ \dot{M}\end{pmatrix}=\begin{pmatrix}0\\0\\0\\0\\0\\n\end{pmatrix} \tag{4-17}$$

注意，这六个微分方程并非完全独立，最后一个方程里的 n 与第一个方程的 a 之间有开普勒第三定律的约束，即 $n^2a^3=\mu$。

几何状态量用于描述空间不变椭圆，具有直观形象的优点。此外，前五个状态量均为时不变参数，故常用于定义轨道类型和轨道比较等。

若给出初始时刻的状态量 $\boldsymbol{\sigma}_0(t_0)=(a,e,i,\Omega,\omega,M_0)^{\mathrm{T}}$，由运动微分方程式(4-17)，能够积分出任意时刻的轨道状态量 $\boldsymbol{\sigma}(t)=(a,e,i,\Omega,\omega,M)^{\mathrm{T}}$。这个积分求解过程称为轨道外推或者轨道预报。

在二体问题模型下，轨道外推就是平近点角的线性时间演化，即式(4-3)。若第六个轨道根数采用不显含时间的角变量 f 或 E，则需要进行三类近点角的转换。在初始时刻

t_0，需要 $f_0 \Rightarrow E_0 \Rightarrow M_0$；在外推时刻 t，需要 $M \Rightarrow E \Rightarrow f$。

4.1.4　开普勒根数的奇点问题

经典的开普勒根数有数学奇点。这种奇点并非指轨道不存在，而是源于对小偏心率和(或)小倾角轨道的描述有歧义(陈宏宇等，2016)，包括以下三种情况。

(1)近圆轨道：对于这类小偏心率轨道，由于拱线的概念模糊，与近地点相关的参数出现奇点，包括近地点幅角 ω 和真近点角 f。

(2)近赤道轨道：对于这类小倾角轨道，由于升交点的概念模糊，与之相关的参数定义出现奇点，包括升交点赤经 Ω 和近地点幅角 ω。

(3)同时近圆和近赤道轨道。最常见的就是地球静止轨道(GEO)，此时升交点和近地点均无准确的定义。

但是，这些情况都是参数选取不当引起的，并非源于轨道自身的物理奇点，可以通过适当的变量代换予以消除，通常是构造无奇点根数。需要说明的是，在受摄问题中，也会遇到类似问题，无奇点根数将在6.2.3节详细论述。

4.2　万有引力定律和物理状态量

牛顿提出的万有引力定律，真正揭示了行星运动的力学本质。从万有引力定律出发，能够推导出开普勒三大定律，并将开普勒给出的轨道运动形式从单一的椭圆推广至圆锥曲线，即椭圆、抛物线和双曲线三种运动形式。

在地心大质点的万有引力作用下，小质点的力学方程可写为

$$\ddot{\boldsymbol{r}} = -\frac{\mu}{r^2}\hat{\boldsymbol{r}} \tag{4-18}$$

式中，μ=GM 为地球引力常数；$\ddot{\boldsymbol{r}}$ 为加速度向量；r 和 $\hat{\boldsymbol{r}}$ 分别为位置标量和位置单位向量。上述方程即为万有引力定律，也称为平方反比律。

在加速度约束条件下，质点的运动自由项包括位置和速度向量，也是微分方程的积分初始条件，称为物理状态量。

4.2.1　物理状态量及其状态微分方程

在地心惯性系下，令卫星运动的物理状态量 $\boldsymbol{X}$ 为卫星的位置 $\boldsymbol{r}$ 和速度向量 $\dot{\boldsymbol{r}}$（或 $\boldsymbol{v}$），即

$$\boldsymbol{X} = \begin{pmatrix} \boldsymbol{r} \\ \dot{\boldsymbol{r}} \end{pmatrix} \quad \text{或记为} \quad \boldsymbol{X} = \begin{pmatrix} \boldsymbol{r} \\ \boldsymbol{v} \end{pmatrix} \tag{4-19}$$

则限制性二体问题的轨道运动对应六个带初值的一阶非线性常微分方程组(ordinary differential equation，ODE)：

$$\begin{cases} \dot{\boldsymbol{X}} = \begin{pmatrix} \dot{\boldsymbol{r}} \\ \ddot{\boldsymbol{r}} \end{pmatrix} = \begin{pmatrix} \dot{\boldsymbol{r}} \\ \dot{\boldsymbol{v}} \end{pmatrix} = \begin{pmatrix} \boldsymbol{v} \\ -\dfrac{\mu}{r^2}\hat{\boldsymbol{r}} \end{pmatrix} \\ \boldsymbol{X}_0(t_0) \end{cases} \tag{4-20}$$

在已知受力的条件下，求解任意时刻的状态量，就是高等数学的定积分求解问题。

4.2.2　两个守恒定律

即使限制性二体问题是天体力学中最简单的理想力学框架，其平方反比特性仍致使其不能直接得到式(4-20)的严密解析积分解。

但是，从万有引力定律出发，可以得到两个守恒定律。它们对应了四个具有物理意义的积分常数，并可用于快速判断圆锥曲线类型和表征轨道运动特性(Battin，2018)。

1. 机械能守恒

用 $\dot{\boldsymbol{r}}$ 点乘式(4-18)，有

$$\dot{\boldsymbol{r}}\cdot\ddot{\boldsymbol{r}}=-\mu\frac{\dot{\boldsymbol{r}}\cdot\hat{\boldsymbol{r}}}{r^2}=-\mu\frac{\dot{r}}{r^2} \tag{4-21}$$

这里的 $\dot{r}$ 是速度向量在位置方向上的投影，即径向速率。式(4-21)对应了一个微分形式的等式，即

$$\frac{\mathrm{d}}{\mathrm{d}t}\left(\frac{1}{2}\dot{\boldsymbol{r}}\cdot\dot{\boldsymbol{r}}\right)=\frac{\mathrm{d}}{\mathrm{d}t}\left(\frac{\mu}{r}\right) \tag{4-22}$$

积分式(4-22)，有单位点质量($m=1$)的能量守恒，并得到一个能量积分常数 H_0，即

$$\frac{v^2}{2}-\frac{\mu}{r}\equiv H_0 \tag{4-23}$$

式(4-23)左边两项分别对应动能和势能；因小质点 $m=1$，故略去质量符号。万有引力是保守力，二体系统总能量守恒。

若已知任意时刻的物理状态量，通过计算能量积分常数 H_0 可以快速判别圆锥曲线轨道类型。

(1)抛物线轨道：当 $r\to\infty$，势能为零，若 $v_\infty=0$，则动能也为零，H_0=0，表明轨道刚好能够成为开曲线，也称为逃逸轨道。

(2)双曲线轨道：当 $r\to\infty$，$v_\infty>0$，则 H_0>0，表明轨道到达无穷远时仍有动能。

(3)椭圆和圆轨道：若 H_0<0，轨道为闭合曲线，无法到达无穷远，总能量为负值。

2. 动量矩守恒

万有引力是有心力，有 $\boldsymbol{r}\times\ddot{\boldsymbol{r}}=\boldsymbol{0}$，两边积分得到动量矩积分常数向量 $\boldsymbol{h}$，即

$$\boldsymbol{r}\times\boldsymbol{v}=\boldsymbol{r}\times\dot{\boldsymbol{r}}\equiv\boldsymbol{h}=h\hat{\boldsymbol{h}} \tag{4-24}$$

这里，仍略去了单位点质量符号，常向量 $\boldsymbol{h}$ 表明二体系统动量矩(角动量)守恒。可得出以下结论。

(1)轨道限制为平面运动。$\hat{\boldsymbol{h}}$ 表示动量矩(角动量)方向，也是轨道面的外法向单位向量，其指向对应的两个指向角(纬角和经角)与轨道面的空间定向角 (i,Ω) 互为余角。

(2)动量矩积分常数是椭圆运动扫过的面速度的两倍。$h=|\boldsymbol{r}\times\boldsymbol{v}|=r^2\dot{\theta}$，是位置和速度向量组成的平行四边形面积，且有 $h=2\dot{S}$。可参见 4.2.3 节的推导。

4.2.3　平面内的轨道积分

由万有引力定律可以推导出开普勒三大定律。

在轨道面内引入极坐标(r,θ)，分别在径向和横向上投影，有位置、速度和加速度向量(陈宏宇等，2016)：

$$\begin{cases} \boldsymbol{r} = r\hat{\boldsymbol{r}} \\ \dot{\boldsymbol{r}} = \dot{r}\hat{\boldsymbol{r}} + r\dot{\theta}\hat{\boldsymbol{\theta}} \\ \ddot{\boldsymbol{r}} = \left(\ddot{r} - r\dot{\theta}^2\right)\hat{\boldsymbol{r}} + \left(r\ddot{\theta} + 2\dot{r}\dot{\theta}\right)\hat{\boldsymbol{\theta}} \end{cases} \tag{4-25}$$

由万有引力下的运动方程式(4-18)，有加速度的径向和横向分量为

$$\begin{cases} \ddot{r} - r\dot{\theta}^2 = -\dfrac{\mu}{r^2} \\ r\ddot{\theta} + 2\dot{r}\dot{\theta} = 0 \end{cases} \tag{4-26}$$

其中，横向分量可以给出一个积分，即开普勒第二定律：

$$r^2\dot{\theta} = h \tag{4-27}$$

显然，这正是动量矩积分式(4-24)的标量形式，又称为面积积分，即

$$|\boldsymbol{r} \times \dot{\boldsymbol{r}}| = r^2\dot{\theta} \tag{4-28}$$

下面对加速度的径向分量进行积分，注意这里有两个推导技巧。

首先，将位置和速度向量关于自变量t的求导代换为关于极坐标自变量θ。并记

$$r' = \mathrm{d}r/\mathrm{d}\theta\text{，}\quad r'' = \mathrm{d}^2 r/\mathrm{d}\theta^2 \tag{4-29}$$

利用式(4-27)，有

$$\begin{cases} \dot{r} = \dfrac{\mathrm{d}r}{\mathrm{d}\theta}\dot{\theta} = \dfrac{h}{r^2}r' \\ \ddot{r} = \dfrac{\mathrm{d}\dot{r}}{\mathrm{d}\theta}\dot{\theta} = \dfrac{h^2}{r^2}\left(-\dfrac{2}{r^3}r'^2 + \dfrac{1}{r^2}r''\right) \end{cases} \tag{4-30}$$

其次，引入变量$u = 1/r$，对式(4-30)的r'和r''进一步变量代换，有

$$\begin{cases} \dot{r} = -hu' \\ \ddot{r} = -h^2u^2u'' \end{cases} \tag{4-31}$$

代入式(4-26)的第一式，有径向加速度分量的二阶线性微分方程，即

$$u'' + u = \frac{\mu}{h^2} \tag{4-32}$$

积分得到轨道运动方程，即限制性二体问题的运动轨迹是圆锥曲线，即开普勒第一定律：

$$r = \frac{1}{u} = \frac{h^2/\mu}{1 + e\cos(\theta - \omega)} \tag{4-33}$$

式中，两个积分常数分别为e和ω；通过与椭圆运动方程式(4-1)相比较，可理解这两个

积分常数的几何含义。

此外，令半通径

$$p = a(1-e^2) = h^2/\mu \tag{4-34}$$

可得动量矩积分常数(即 2 倍面速度)为

$$h = \sqrt{\mu a(1-e^2)} \tag{4-35}$$

又已知椭圆面积 $S = \pi a^2\sqrt{1-e^2}$，轨道周期 $T = 2\pi/n$，以及 $h = 2\dot{S} = 2S/T$，整理可得万有引力定律导出的开普勒第三定律，即调和定律 $n^2a^3 = \mu$。

4.3　两类状态量的相互转换

卫星的质点运动描述，无论采用物理状态量还是几何状态量，其状态微分方程的本质都是力学方程。对于限制性二体问题，其本质就是万有引力定律。从定积分的角度出发，物理状态量是微分方程的初始条件，几何状态量则是微分方程的积分常数。两者的状态量个数相同，且有确定的函数关系。

4.3.1　星历计算

由当前时刻的几何状态量计算任意时刻(也可以是同一时刻)的物理状态量，称为星历计算。

已知当前历元 t_0 的几何状态量 $\boldsymbol{\sigma}_0 = (a,e,i,\Omega,\omega,M_0)^{\mathrm{T}}$，计算任意历元 t 的物理状态量 $\boldsymbol{r}$ 和 $\boldsymbol{v}$ 的计算过程如下。

(1) 轨道的椭圆运动，即平近点角的时间更新：

$$M = M_0 + n(t-t_0) \tag{4-36}$$

(2) 三类近点角转换，即计算偏近点角 E 或真近点角 f：

$$E - e\sin E = M \tag{4-37}$$

$$\tan\frac{f}{2} = \sqrt{\frac{1+e}{1-e}}\tan\frac{E}{2} \tag{4-38}$$

(3) 计算近焦点坐标系下的位置速度向量。

4.1.2 节定义了近焦点平面坐标系，这里进一步定义一个近焦点空间直角坐标系。即原点在地心(椭圆实焦点 F)，X 轴指向近地点方向 $\hat{\boldsymbol{P}}$，Y 轴指向半通径方向 $\hat{\boldsymbol{Q}}$，Z 轴指向轨道面外法向，与动量矩方向 $\hat{\boldsymbol{h}}$ 一致。

利用式(4-4)，可推导出分别用真近点角和偏近点角表示的卫星空间位置和速度向量：

$$\begin{aligned}\boldsymbol{r} &= r\cos f\hat{\boldsymbol{P}} + r\sin f\hat{\boldsymbol{Q}} \\ &= a(\cos E - e)\hat{\boldsymbol{P}} + a\sqrt{1-e^2}\sin E\hat{\boldsymbol{Q}}\end{aligned} \tag{4-39}$$

$$\begin{aligned} \boldsymbol{v} &= -\sqrt{\frac{\mu}{p}}\left[\sin f\hat{\boldsymbol{P}} - (\cos f + e)\hat{\boldsymbol{Q}}\right] \\ &= -\frac{\sqrt{\mu a}}{r}\left[\sin E\hat{\boldsymbol{P}} - \sqrt{1-e^2}\cos E\hat{\boldsymbol{Q}}\right] \end{aligned} \tag{4-40}$$

注意，在速度公式推导中，利用了圆锥曲线方程式(4-1)和式(4-27)。对于二体问题，式(4-27)可以写成 $r^2\dot{\theta} = r^2\dot{f} = h$ 。

(4) 旋转至地心惯性系(ECI)下的物理状态量。

将近焦点坐标系的 $\hat{\boldsymbol{P}}$ 和 $\hat{\boldsymbol{Q}}$ 在惯性系下的指向确定下来，就确定了地心惯性系(ECI)下的物理状态量。

$\hat{\boldsymbol{P}}$ 在近焦点坐标系下的单位向量表示为

$$\hat{\boldsymbol{P}}_0 = \begin{pmatrix} 1 \\ 0 \\ 0 \end{pmatrix} \tag{4-41}$$

$\hat{\boldsymbol{P}}$ 在惯性系下的指向与轨道面内的定向角 ω 和轨道面的空间定向角 (i,Ω) 相关。即

$$\begin{aligned} \hat{\boldsymbol{P}} &= \boldsymbol{R}_3(-\Omega)\boldsymbol{R}_1(-i)\boldsymbol{R}_3(-\omega)\hat{\boldsymbol{P}}_0 \\ &= \begin{pmatrix} \cos\Omega\cos\omega - \sin\Omega\sin\omega\cos i \\ \sin\Omega\cos\omega + \cos\Omega\sin\omega\cos i \\ \sin\omega\sin i \end{pmatrix} \end{aligned} \tag{4-42}$$

$\hat{\boldsymbol{Q}}$ 的指向相对 $\hat{\boldsymbol{P}}$ 在轨道面内多转 90°，即

$$\begin{aligned} \hat{\boldsymbol{Q}} &= \boldsymbol{R}_3(-\Omega)\boldsymbol{R}_1(-i)\boldsymbol{R}_3(-90^\circ - \omega)\hat{\boldsymbol{P}}_0 \\ &= \begin{pmatrix} -\cos\Omega\sin\omega - \sin\Omega\cos\omega\cos i \\ -\sin\Omega\sin\omega + \cos\Omega\cos\omega\cos i \\ \cos\omega\sin i \end{pmatrix} \end{aligned} \tag{4-43}$$

将式(4-42)和式(4-43)代入式(4-39)和式(4-40)，则得到惯性系下的物理状态量。

4.3.2　轨道计算

由物理状态量反解当前时刻几何状态量的过程称为轨道计算。由于物理状态量 $\boldsymbol{r}$ 和 $\boldsymbol{v}$ 时刻变化，若我们能够找到六个独立的积分常数，并将其与轨道根数关联，则轨道解就可以确定下来。

1. 轨道面内元素 $(\boldsymbol{a},\boldsymbol{e},\boldsymbol{M})$

由物理状态量 $\boldsymbol{r}$ 和 $\boldsymbol{v}$ 可以计算能量积分常数 H_0，而能量积分仅与椭圆半长轴 a 相关。下面给出简单推导过程。

利用椭圆方程 $r^2\dot{\theta} = h$ 和式(4-34)，可以推导出与位置相关的速度公式，称为活力公式，即

$$v^2 = \dot{r}^2 + r^2\dot{\theta}^2 = \mu\left(\frac{2}{r} - \frac{1}{a}\right) \tag{4-44}$$

代入能量守恒定律，即式(4-23)，则

$$\frac{v^2}{2}-\frac{\mu}{r}\equiv H_0=-\frac{\mu}{2a} \tag{4-45}$$

由此确定半长轴 a 。可以看出，椭圆运动的能量均小于零，且能量积分常数 H_0 仅能确定椭圆的大小，不能确定形状。

此外，由式(4-6)以及 $\boldsymbol{r}$ 和 $\boldsymbol{v}$ 的点乘运算，即式(4-39)和式(4-40)中的偏近点角表达式，有

$$\begin{cases} e\cos E=1-\dfrac{r}{a} \\ e\sin E=\dfrac{\boldsymbol{r}\cdot\boldsymbol{v}}{\sqrt{\mu a}} \end{cases} \tag{4-46}$$

由此解算出 (e,E) ，并进一步由开普勒方程，得到当前时刻的平近点角 M 。

2. 轨道定向元素 $(\boldsymbol{i},\boldsymbol{\Omega},\boldsymbol{\omega})$

这三个轨道参数反映了近焦点坐标系在惯性系下的空间定向。在二体问题中，这三个空间不变指向 $\hat{\boldsymbol{P}}$ 、$\hat{\boldsymbol{Q}}$ 和 $\hat{\boldsymbol{h}}$ 可以用物理状态量和已经解算出的 (a,e,E) 给出。即

$$\hat{\boldsymbol{P}}=\frac{\cos E}{r}\boldsymbol{r}-\sqrt{\frac{a}{\mu}}\sin E\ \boldsymbol{v} \tag{4-47}$$

$$\sqrt{1-e^2}\hat{\boldsymbol{Q}}=\frac{\sin E}{r}\boldsymbol{r}+\sqrt{\frac{a}{\mu}}(\cos E-e)\ \boldsymbol{v} \tag{4-48}$$

$$\hat{\boldsymbol{h}}=\frac{\boldsymbol{r}\times\boldsymbol{v}}{|\boldsymbol{r}\times\boldsymbol{v}|}=\begin{pmatrix} \sin i\sin\Omega \\ -\sin i\cos\Omega \\ \cos i \end{pmatrix} \tag{4-49}$$

从式(4-42)和式(4-43)中分别取 Z 分量，有

$$P_z=\sin\omega\sin i\ ,\quad Q_z=\cos\omega\sin i \tag{4-50}$$

则有定向角计算公式：

$$\begin{cases} \omega=\arctan\left(P_z/Q_z\right) \\ \Omega=\arctan\left[h_x/(-h_y)\right] \\ i=\arccos\left(h_z\right) \end{cases} \tag{4-51}$$

这里需要特别注意三角函数的象限判断，建议正切函数均采用 tan 2 函数自动辅助判断象限。另外，反算轨道的过程要小心，若有奇点问题，个别参数的解算值有可能不准确。此时建议反算相应的无奇点根数(参见 6.2.3 节)，相关公式可以参照以上计算过程自行推导。

4.4 卫星的视运动

卫星的轨道设计和卫星应用更多地与卫星的视运动紧密相关。例如，全球导航卫星星座的优化设计涉及星座对地的多重覆盖，即二维全局视运动；卫星导航定位的性能评估，则需要讨论局域采样点上空可见卫星的空间观测几何，即二维局域视运动。前者需要理解地心地固坐标系下的星下点轨迹和覆盖带，后者则是在站心地平坐标系下分析卫星的可见性和空间分布。

4.4.1 星下点轨迹

星下点(sub-satellite point，SSP)是卫星在地球表面的投影。在精度要求不高的情况下，常采用圆球作为地球投影面，则星下点即为卫星与地心的连线在球面的穿刺点。在图 4-4 中，高轨和低轨的两颗卫星星下点重合为同一点。

随着卫星在惯性空间的椭圆运动，星下点在自转地球球面的连线形成星下点轨迹。为使用方便，通常依据某种投影变换，将其展示在二维平面地图上。图 4-5 所示为北斗 IGSO 卫星的星下点轨迹。

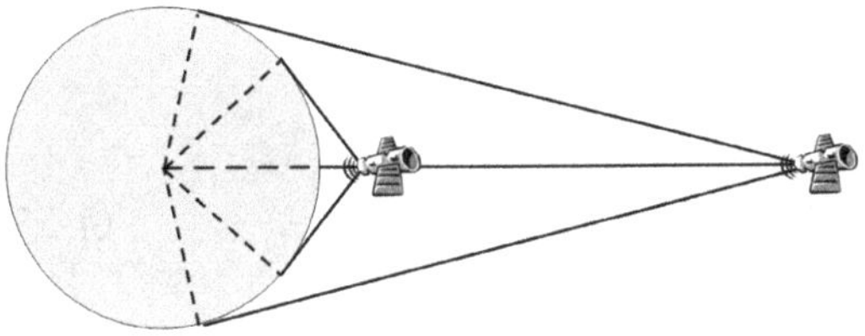

图 4-4 卫星及其星下点

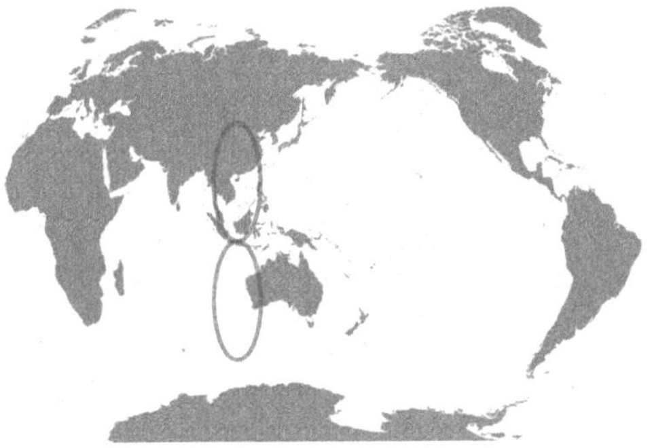

图 4-5 北斗 IGSO 卫星星下点轨迹示意图(2D 投影)

显然，星下点轨迹反映了卫星轨道运动与地面的关系，即在地心地固坐标系下描述卫星运动。与惯性系下卫星运动的描述类似，星下点轨迹也可以采用物理状态量和几何状态量两种方式进行描述。

1. 基于物理状态量的星下点轨迹计算

利用物理状态量计算星下点的二维位置，本质上就是坐标变换，即卫星位置向量从地心惯性系转换至地心地固坐标系。利用 2.2.3 节的转换关系，在精度要求不高、计算时段不太长的情况下，可以忽略极移和岁差章动的影响，仅考虑地球的匀速自转运动，即

$$\boldsymbol{R}(t) \approx \boldsymbol{R}_3(\mathrm{GMST}) \cdot \boldsymbol{r}(t) \tag{4-52}$$

式中，GMST 为当前时刻的格林尼治平恒星时角，可由式(2-19)计算。

ECEF 下的卫星位置向量 $\boldsymbol{R}(t)$ 与地心经纬度 (λ, φ) 的关系为

$$\boldsymbol{R}(t)=\begin{pmatrix}X\\Y\\Z\end{pmatrix}=\begin{pmatrix}R\cos\varphi\cos\lambda\\R\cos\varphi\sin\lambda\\R\sin\varphi\end{pmatrix} \tag{4-53}$$

由此得到星下点的地心经纬度：

$$\begin{cases}\lambda=\arctan(Y/X)\\\varphi=\arcsin(Z/R)\end{cases} \tag{4-54}$$

需要说明的是，由于地球自转矩阵的旋转角是时变的，ECI 至 ECEF 的坐标转换必须逐历元进行。

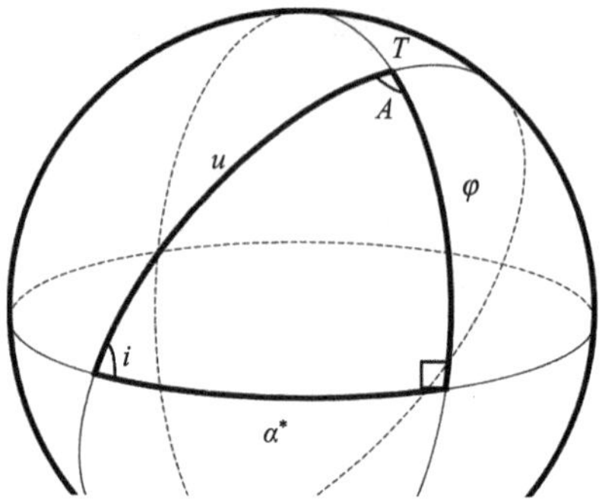

图 4-6　北半球某星下点位置计算示意图

2. 基于几何状态量的星下点轨迹计算

星下点的地心经纬度可以直接与开普勒根数相关联。在图 4-6 中，卫星升段轨迹过北半球某地的子午圈，交点 T 即为卫星在该地的星下点。它们与赤道形成一个球面直角三角形。其中，三边分别为卫星的幅角 u、星下点纬度 φ 和底边 α^*，两个夹角分别为轨道倾角 i 和方位角 A（从北向东计量为正）。

根据球面直角三角形的内皮尔规则（陈宏宇等，2016），容易得到某瞬间卫星的星下点经纬度和方位角

$$\begin{cases}\varphi=\arcsin(\sin i\sin u)\\\lambda=\alpha^*+\Omega_e=\arctan(\cos i\tan u)+\Omega_e\\A=\arctan\left(\dfrac{\cot i}{\cos u}\right)\end{cases} \tag{4-55}$$

其中，Ω_e 是该瞬间卫星的升交点经度，且有

$$\Omega_e=\Omega-\mathrm{GMST}=\Omega-\left[\mathrm{GMST}(t_0)+n_e\Delta t\right] \tag{4-56}$$

式中，$\mathrm{GMST}(t_0)$ 为某历元时刻的格林尼治平恒星时角；n_e 为地球自转角速率；Δt 为该瞬间与历元时刻的时差。

4.4.2　星下点轨迹与轨道根数

星下点轨迹是卫星椭圆运动与地球自转运动的叠加。这种相对运动使得星下点轨迹比空间椭圆复杂得多。但是，我们仍然能够从星下点轨迹判别出椭圆轨道的几何特征。

1. (a,i) 决定星下点轨迹的经纬向分布

对于倾角小于 90° 的顺行轨道，由式(4-55)的第一式，可知

$$|\varphi|\leqslant i \tag{4-57}$$

因此，轨道倾角决定了星下点轨迹的纬度极值。若为逆行轨道，取倾角的补角。GPS 和北斗 MEO 的轨道的倾角均为 55° 左右，因此，它们的星下点轨迹均在南北纬 55° 范

围内。

由式(4-55)的第二式和式(4-56)可知赤道上相邻两圈的经差为

$$\Delta\lambda = n_e T \tag{4-58}$$

因此，轨道周期T决定了星下点轨迹连续两圈在赤道上的经差。表现为：①由于地球自转是自西向东，星下点轨迹每圈向西移动；②卫星平均角速率与n_e越一致，星下点运动越小。例如，对于2小时轨道周期的低轨道卫星，其星下点轨迹每圈西退30°。

注意，我们常常利用式(4-58)来设计一类特殊轨道，即回归和准回归轨道。

若轨道周期与地球自转周期通约，则轨道平均角速率与地球自转角速率也通约，将$T = 2\pi/n$代入式(4-58)，有

$$\frac{2\pi}{\Delta\lambda} = \frac{n}{n_e} = \frac{d}{T} = \frac{N}{D} \tag{4-59}$$

式中，正整数N与D互为质数；$d = 2\pi/n_e$为一个恒星日(即地球自转周期，约为23小时56分)。这表示地球每自转D圈的同时卫星飞行了N圈，此时星下点轨迹可周期性重复出现。

若$D=1$，星下点轨迹每天(恒星日)重复，这种轨道称为回归轨道。若$N=1$，则$\Delta\lambda = 2\pi$，称为地球同步轨道，如北斗导航星座的GEO和IGSO卫星轨道。若$N=2$，则$\Delta\lambda = \pi$，称为半地球同步轨道，如GPS导航星座的MEO卫星轨道，每天(恒星日)两圈，轨道周期约为11小时58分。

若$D>1$，星下点轨迹每D天(恒星日)重复，这种轨道称为准回归轨道。如北斗导航星座的MEO卫星轨道是7天(恒星日)的准回归轨道，且有$D=7, N=13$。

注意，由式(4-58)或式(4-59)计算的$\Delta\lambda$是相邻两个轨道周期的星下点轨迹经差，但是对于准回归轨道，D天内的$2\pi D$需要压缩至2π，因此，容纳N圈后，相邻两“圈”(而非相邻两周期)的星下点轨迹经差为$\Delta\lambda^* = 2\pi/N$。

2. (e,ω)决定星下点轨迹的南北分布对称性

对于$i=0$和$e=0$的GEO卫星，其星下点轨迹始终在赤道上，且退化为固定点。

对于$i\neq 0$的卫星轨道，其星下点轨迹分布在南北半球，可以进一步讨论分布的对称性。

(1)对于$e=0$的圆轨道，其星下点轨迹关于升交点呈中心对称分布。其中，对于IGSO圆轨道卫星，由于与地球同步运动，其升交点与降交点的星下点重合，因此还关于赤道对称，为正“8”字曲线。

(2)对于$e>0$椭圆轨道，还需要考虑拱线(过近地点和远地点)的位置。当且仅当$\omega=0$或ω=180°，即拱线位于赤道，星下点轨迹仍保持关于升交点的中心对称特征。对于其他的拱线位置，则不再有该对称性。

例如，日本的区域导航增强星座QZSS包括的GSO卫星，是一种$e>0$和ω=270°的地球同步卫星。由于近地点位于南半球的最远端，远地点在北半球且对地运动慢，其“8”字曲线星下点轨迹为葫芦状小头大肚的“8”字曲线，见图4-7。

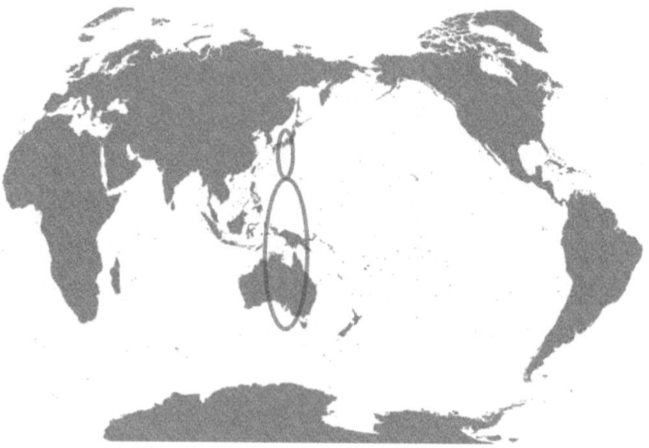

图 4-7　QZSS 卫星星下点轨迹示意图

此外，根据需要，还可以调整拱线指向，获得更为一般的斜“8”字曲线。

3. (Ω, M) 决定星下点轨迹的相位和构型

这两个参数更多的是用于导航星座的构型设计，这里不再展开。

4.4.3　覆盖角

图 4-8 给出了卫星覆盖的侧视示意图(张洪波，2015)，卫星 S 的轨道高度为 h，其星下点为 T。令卫星与地球表面相切于 P_1 和 P_2 点，则以星下点 T 为中心、以 P_1P_2 截取的球冠部分称为卫星的覆盖区。在覆盖区内，卫星均可见；其中，卫星位于星下点 T 的天顶，位于 P_1 和 P_2 点的地平处。

在二维平面地图中，卫星对地面的覆盖表现为以星下点为中心的覆盖圆。随着卫星的空间运动，运动的覆盖圆则围绕着星下点轨迹形成一个覆盖带，如图 4-9 所示(张洪波，2015)。

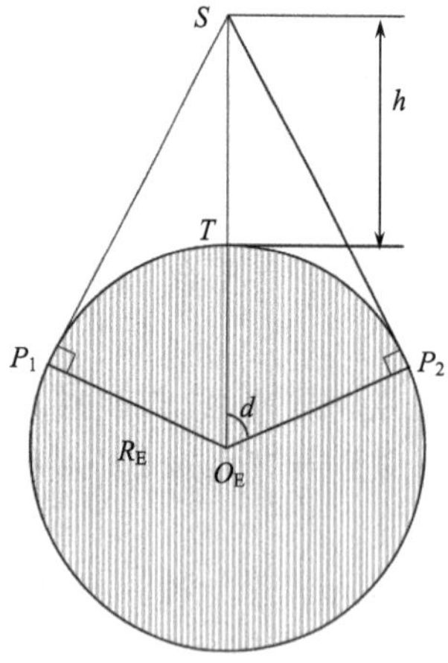

图 4-8　卫星及其覆盖区

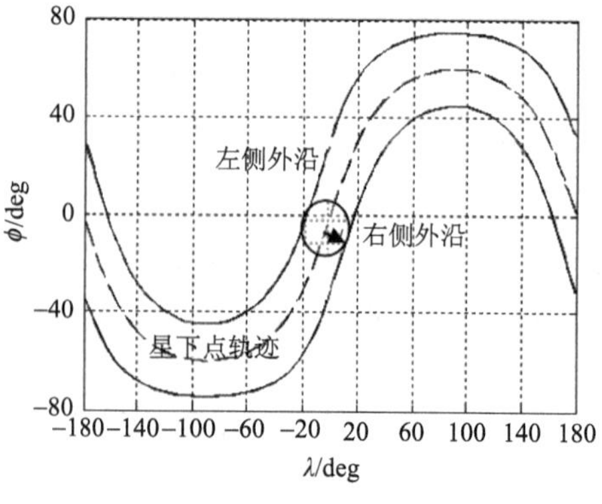

图 4-9　星下点轨迹和覆盖带

覆盖圆对地心的半张角，定义为对地覆盖角。在图4-8中，覆盖角为

$$d = \arccos\left(\frac{R_E}{R_E + h}\right) \tag{4-60}$$

例如，对于200km高度的LEO，有$d = 14.16°$；对于静地高度为35787km的GEO，则有$d = 81.3°$。

但是，式(4-60)给出的覆盖角过于理想。在实际情况下，还需要顾及诸多因素。

(1)顾及高度截止角：为了减少地面遮挡和多路径效应，通常对卫星可见性设置最低地平仰角$\sigma_{\min}$，称为高度截止角(cut-off)。如GNSS导航定位中，常设置5°~15°的截止角。由图4-10可以推导出相应的覆盖角为

$$d = \arccos\left(\frac{R_E \cos\sigma_{\min}}{R_E + h}\right) - \sigma_{\min} \tag{4-61}$$

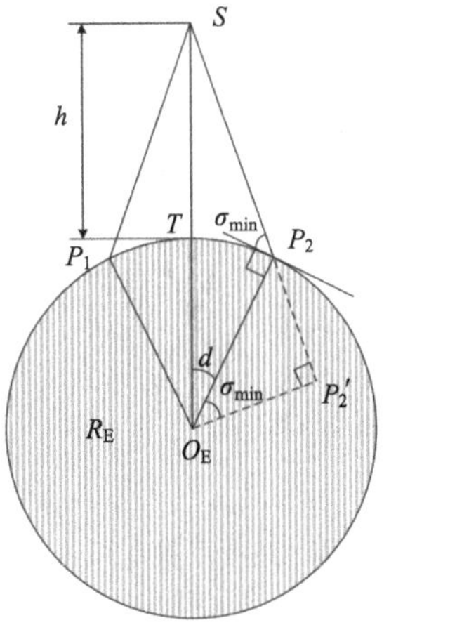

图4-10 顾及高度截止角的卫星覆盖区

(2)顾及卫星波束角：受星上载荷平台和发射功率等限制，星上传感器的波束角通常有约束设置。例如，GPS和BDS的对地波束角定义分别为21.3°(L1频点)和34.2°(B1I频点)，以保证地面和近地空间用户的信号覆盖。此时，导航卫星的波束角足够大，不影响式(4-61)的结果。

但是，若波束半角α小于图4-10中的$\angle O_E SP_2$，则需要重新计算覆盖角，即

$$d = \arcsin\left[\frac{(R_E + h)\sin\alpha}{R_E}\right] - \alpha \tag{4-62}$$

此外，某些特定情况下，星地间的通视还需要进一步顾及其他限制条件。例如，星上天线的对地指向角设置以及地面天线的对空指向角设置等。

4.4.4 卫星的可见性

覆盖带讨论的是卫星的视角，即其对地的动态覆盖区域。而覆盖带内的任意地面用户，其对卫星的动态可见性则描述了该卫星在用户站心地平坐标系下的观测运动。

GNSS星座的地面可见性，涉及卫星在站心地平坐标系下的观测运动。在站心地平坐标系下“看”卫星，即卫星的可见性。

在2.2.6节，通过式(2-25)已经计算得到了卫星轨道在测站东-北-天(ENU)坐标系的位置向量时序$\tilde{\boldsymbol{r}}^s(t)$，进一步得到其球极坐标形式为

$$\tilde{\boldsymbol{r}}^s(t) = \begin{pmatrix} x \\ y \\ z \end{pmatrix} = \begin{pmatrix} \rho\cos h\sin A \\ \rho\cos h\cos A \\ \rho\sin h \end{pmatrix} \tag{4-63}$$

由此得到卫星的站星距ρ、高度角h和方位角A：

$$\begin{cases} \rho = \left|\tilde{\boldsymbol{r}}^{\mathrm{s}}\right| \\ A = \arctan(x/y) \\ h = \arcsin(z/\rho) \end{cases} \tag{4-64}$$

通常将(A,h)时序在二维极图上画出，称为卫星的测站可见性图、极坐标图或测站天空视图。如图 4-11 所示，同心圆表示天球的上半部高度角 h，从测站周围地平线（为 0°）到观测者天顶（为 90°），每圈增量为 20°；中心辐射线表示该半球上的方位角 A，从北方向（0°）开始，向东计量，每隔 30°沿着圆周环绕。若顾及高度截止角（如 7°），则贴近地平附近的弧段不可见。

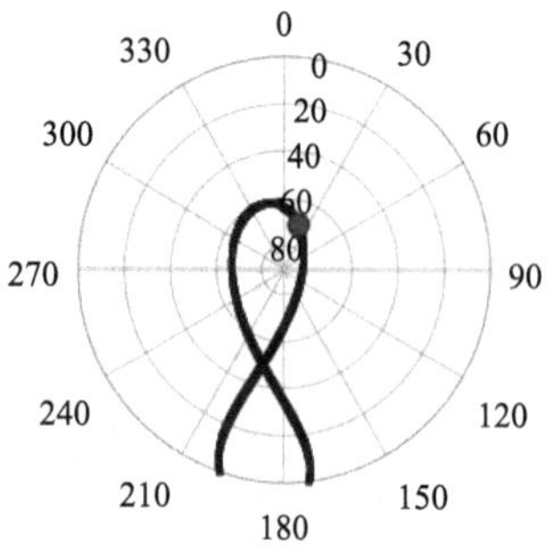

（单位：°）

图 4-11　某 IGSO 卫星在郑州的可见性图

第 5 章　初 轨 确 定

在二体问题的基础上，利用少量观测信息，确定卫星的近似轨道，称为初轨确定。关于初轨确定，有几点需要强调说明：①二体问题描述的是一个不变的椭圆轨道，它仅仅是对卫星实际运行轨道的一种近似。因此，在二体问题的基础上确定某一时刻的轨道，只是该时刻实际轨道的一个近似，常称它为初轨，这也是初轨确定名称由来的本质原因。②初轨确定通常需要借助少量观测信息进行定轨计算，因为独立的轨道根数是 6 个，所以最为典型的情况是，最少需要 6 个独立观测才能唯一确定一组轨道。本章主要介绍这种情况下的初轨确定，此时，没有冗余观测，不需要平差计算，这与第 8 章将要介绍的轨道改进具有明显区别。即使使用多次观测进行定轨，只要仍在二体问题意义下，相应的定轨方法也不会发生根本性改变，只是定轨精度会有所提高，这种提高主要取决于多观测信息的统计特性。③初轨确定的结果常常可以作为轨道改进的初始值，但初轨确定本身也具有独有的作用，可以单独应用，在很多情况下，必须根据所获得的仅有的少量观测信息进行卫星轨道确定，例如，国外航天器在未知入轨误差下的跟踪，对以前卫星和火箭留下的空间碎片进行探测，等等(Montenbruck and Gill, 2000)。

随着技术进步，出现了多种初轨确定方法，但在二体问题意义下，就精度而言，它们几乎都是“等价”的，这些方法从原理上看基本上可以划分为两大类(刘林，1992；刘林，1998；张玉祥，2007；刘林和张巍，2009；刘林，2019)：一类是通过观测首先确定历元时刻的卫星位置和速度，继而给出相应的轨道根数；另一类是通过观测首先确定两个时刻的卫星位置，从而确定某一历元的轨道根数。前一类的代表是拉普拉斯方法，后一类的代表是高斯方法，两种方法都用到了拉格朗日系数。下面首先给出拉格朗日系数法，然后再对两种方法分别介绍。

5.1　拉格朗日系数法

二体轨道的初值问题，除了分别采用位置速度向量型和轨道根数型两类状态量表示外，还有一种常见形式，即拉格朗日系数法。拉格朗日系数法混合了上述两类状态量，常用于描述卫星在两个时刻的位置与速度向量之间的关系，在初轨确定等问题中有重要而广泛的应用。

5.1.1　拉格朗日系数

卫星的二体问题动力学模型在第 4 章有较为详细的介绍。其中，在星历计算中，已知 t_0 时刻卫星位置 $\boldsymbol{r}_0$ 和速度 $\dot{\boldsymbol{r}}_0$，计算 t 时刻的卫星位置 $\boldsymbol{r}$ 和速度 $\dot{\boldsymbol{r}}$，我们采用的是引入“间接”轨道根数的方法，通过三类近点角的相互换算和平近点角的匀速运动，给出了轨道运动的解析解。

这里换一种思路，如果要“直接”表征两个时刻的位置与速度向量之间的关系，则可以写出形式上的“线性”方程：

$$\begin{cases} \boldsymbol{r} = F\boldsymbol{r}_0 + G\dot{\boldsymbol{r}}_0 \\ \dot{\boldsymbol{r}} = F'\boldsymbol{r}_0 + G'\dot{\boldsymbol{r}}_0 \end{cases} \tag{5-1}$$

式中，F、G、F'、G' 称为拉格朗日系数，且 F' 和 G' 是 F 和 G 的时间导数。

若记二维系数矩阵：

$$\boldsymbol{\Phi} = \begin{pmatrix} F & G \\ F' & G' \end{pmatrix} \tag{5-2}$$

则式(5-1)可以写为

$$\begin{pmatrix} \boldsymbol{r} \\ \dot{\boldsymbol{r}} \end{pmatrix} = \boldsymbol{\Phi} \begin{pmatrix} \boldsymbol{r}_0 \\ \dot{\boldsymbol{r}}_0 \end{pmatrix} \tag{5-3}$$

因此，$\boldsymbol{\Phi}$ 是状态转移矩阵。显然，若有三个时刻，则有 $\boldsymbol{\Phi}_{2,0} = \boldsymbol{\Phi}_{2,1}\boldsymbol{\Phi}_{1,0}$。

此外，应用角动量守恒定律：

$$\boldsymbol{r} \times \dot{\boldsymbol{r}} = (FG' - F'G)\boldsymbol{r}_0 \times \dot{\boldsymbol{r}}_0 = \boldsymbol{r}_0 \times \dot{\boldsymbol{r}}_0 \tag{5-4}$$

有行列式

$$|\boldsymbol{\Phi}| = |FG' - F'G| = 1 \tag{5-5}$$

该行列式的约束方程可用来检校拉格朗日系数的表达式是否正确。

5.1.2　拉格朗日系数的表达式

正如任意时刻分别有对应的三类近点角表征，两个时刻的时间间隔也可以分别用三类近点角的差进行表征。因此，以拉格朗日系数 F 为例，可以采用如下三种表征方法：$F(\boldsymbol{r}_0,\dot{\boldsymbol{r}}_0,\Delta t)$、$F(\boldsymbol{r}_0,\dot{\boldsymbol{r}}_0,\Delta E)$ 或 $F(\boldsymbol{r}_0,\dot{\boldsymbol{r}}_0,\Delta f)$。下面分别给出三种表征方法的推导思路和公式。

1. 关于时间间隔 Δt 的幂级数形式

将 $\boldsymbol{r}$ 展开成时间间隔 Δt 的幂级数：

$$\boldsymbol{r} = \boldsymbol{r}_0 + \dot{\boldsymbol{r}}_0\Delta t + \tfrac{1}{2!}\boldsymbol{r}_0^{(2)}\Delta t^2 + \cdots + \tfrac{1}{k!}\boldsymbol{r}_0^{(k)}\Delta t^k + \cdots \tag{5-6}$$

式中，$\boldsymbol{r}_0^{(k)}$ 为 $\boldsymbol{r}$ 对 t 的 k 阶导数在 t_0 时刻的取值。对于二阶及其以上各导数均可由运动微分方程式(4-18)推导出由 $\boldsymbol{r}_0$ 和 $\dot{\boldsymbol{r}}_0$ 构成的表达式，即

$$\boldsymbol{r}_0^{(k)} = \boldsymbol{r}_0^{(k)}(t_0,\boldsymbol{r}_0,\dot{\boldsymbol{r}}_0) \quad k \geqslant 2 \tag{5-7}$$

代入式(5-6)，合并整理后，可以表示为

$$\boldsymbol{r} = F(\boldsymbol{r}_0,\dot{\boldsymbol{r}}_0,\Delta t)\boldsymbol{r}_0 + G(\boldsymbol{r}_0,\dot{\boldsymbol{r}}_0,\Delta t)\dot{\boldsymbol{r}}_0 \tag{5-8}$$

这里不加推导，直接给出人卫单位下的表达式：

$$F = 1 - (\frac{1}{2}u_0)\Delta t^2 + (\frac{1}{2}u_0 p_0)\Delta t^3 + (\frac{1}{8}u_0 q_0 - \frac{1}{12}u_0^2 - \frac{5}{8}u_0 p_0^2)\Delta t^4 + O(\Delta t^5) \tag{5-9}$$

$$G = \Delta t - (\frac{1}{6}u_0)\Delta t^3 + (\frac{1}{4}u_0 p_0)\Delta t^4 + O(\Delta t^5) \tag{5-10}$$

$$F' = (-u_0)\Delta t + (\frac{3}{2}u_0 p_0)\Delta t^2 + (\frac{1}{2}u_0 q_0 - \frac{1}{3}u_0^2 - \frac{5}{2}u_0 p_0^2)\Delta t^3 + O(\Delta t^4) \tag{5-11}$$

$$G' = 1 - (\frac{1}{2}u_0)\Delta t^2 + (u_0 p_0)\Delta t^3 + O(\Delta t^4) \tag{5-12}$$

式中，$u_0 = \frac{1}{r_0^3}$； $p_0 = r_0\dot{r}_0/r_0^2$ ； $q_0 = v_0^2/r_0^2$ ，r_0表示卫星位置的模，v_0表示卫星速度矢量的模。

拉格朗日系数的时间间隔幂级数形式，优点在于普适性，可用于初轨确定、轨道预报以及交会和拦截问题。不足之处是当时间间隔较大或r_0较小时，级数收敛较慢。

当时间间隔非常小，F 、G 可以先从以下取值起始：

$$F = 1, \quad G = \Delta t \tag{5-13}$$

2. 关于偏近点角之差ΔE的闭合解形式

由第 4 章可知，在轨道坐标系中，以$\hat{\boldsymbol{P}}$和$\hat{\boldsymbol{Q}}$分别表示轨道平面内近地点和半通径方向的单位矢量，有t_0时刻卫星位置$\boldsymbol{r}_0$、速度$\dot{\boldsymbol{r}}_0$：

$$\begin{cases} \boldsymbol{r}_0 = a(\cos E_0 - e)\hat{\boldsymbol{P}} + a\sqrt{1-e^2}\sin E_0\hat{\boldsymbol{Q}} \\ \dot{\boldsymbol{r}}_0 = -\dfrac{\sqrt{\mu a}}{r_0}\left(\sin E_0\hat{\boldsymbol{P}} - \sqrt{1-e^2}\cos E_0\hat{\boldsymbol{Q}}\right) \end{cases} \tag{5-14}$$

由此可以解得$\hat{\boldsymbol{P}}$和$\hat{\boldsymbol{Q}}$，将它们代入t时刻的卫星位置$\boldsymbol{r}$和速度$\dot{\boldsymbol{r}}$，即

$$\begin{cases} \boldsymbol{r} = a(\cos E - e)\hat{\boldsymbol{P}} + a\sqrt{1-e^2}\sin E\hat{\boldsymbol{Q}} \\ \dot{\boldsymbol{r}} = -\dfrac{\sqrt{\mu a}}{r}\left(\sin E\hat{\boldsymbol{P}} - \sqrt{1-e^2}\cos E\hat{\boldsymbol{Q}}\right) \end{cases} \tag{5-15}$$

经整理，即可将任意t时刻的卫星位置$\boldsymbol{r}$和速度$\dot{\boldsymbol{r}}$表示为t_0时刻卫星位置$\boldsymbol{r}_0$和速度$\dot{\boldsymbol{r}}_0$的“线性”组合：

$$\begin{cases} \boldsymbol{r} = F(\boldsymbol{r}_0, \dot{\boldsymbol{r}}_0, \Delta E)\boldsymbol{r}_0 + G(\boldsymbol{r}_0, \dot{\boldsymbol{r}}_0, \Delta E)\dot{\boldsymbol{r}}_0 \\ \dot{\boldsymbol{r}} = F'(\boldsymbol{r}_0, \dot{\boldsymbol{r}}_0, \Delta E)\boldsymbol{r}_0 + G'(\boldsymbol{r}_0, \dot{\boldsymbol{r}}_0, \Delta E)\dot{\boldsymbol{r}}_0 \end{cases} \tag{5-16}$$

式中，$\Delta E = E - E_0$。这里不加推导，直接给出：

$$\begin{cases} F = 1 - \dfrac{a}{r_0}(1 - \cos\Delta E) \\ G = \Delta t - \dfrac{1}{n}(\Delta E - \sin\Delta E) \end{cases} \tag{5-17}$$

$$\begin{cases} F' = -\dfrac{1}{r}(\dfrac{\sqrt{\mu a}}{r_0}\sin\Delta E) \\ G' = 1 - \dfrac{a}{r}(1 - \cos\Delta E) \end{cases} \tag{5-18}$$

需要说明的是，式(5-18)是严密解，但是必须给出未知的r和ΔE与时间间隔的关系式，即

$$r = a + (r_0 - a)\cos\Delta E + \boldsymbol{r}_0 \cdot \dot{\boldsymbol{r}}_0 \sqrt{\frac{a}{\mu}} \sin\Delta E \tag{5-19}$$

和飞行时间方程

$$\Delta E = n\Delta t + (1 - \frac{r_0}{a})\sin\Delta E - \frac{\boldsymbol{r}_0 \cdot \dot{\boldsymbol{r}}_0}{\sqrt{\mu a}}(1 - \cos\Delta E) \tag{5-20}$$

注意，飞行时间方程与开普勒方程类似，需要采取迭代的方法求解 ΔE 。

3. 关于真近点角之差 Δf 的闭合解形式

该形式解与偏近点角差 ΔE 的推导方法类似。在轨道坐标系中，t_0 时刻卫星位置 $\boldsymbol{r}_0$ 和速度 $\dot{\boldsymbol{r}}_0$ 可以用真近点角表示：

$$\begin{cases} \boldsymbol{r}_0 = r\cos f_0 \hat{\boldsymbol{P}} + r\sin f_0 \hat{\boldsymbol{Q}} \\ \dot{\boldsymbol{r}}_0 = -\sqrt{\dfrac{\mu}{p}}\left[\sin f_0 \hat{\boldsymbol{P}} - (\cos f_0 + e)\hat{\boldsymbol{Q}}\right] \end{cases} \tag{5-21}$$

由此可以解得 $\hat{\boldsymbol{P}}$ 和 $\hat{\boldsymbol{Q}}$ ，将它们代入 t 时刻的卫星位置 $\boldsymbol{r}$ 和速度 $\dot{\boldsymbol{r}}$ ，即

$$\begin{cases} \boldsymbol{r} = r\cos f \hat{\boldsymbol{P}} + r\sin f \hat{\boldsymbol{Q}} \\ \dot{\boldsymbol{r}} = -\sqrt{\dfrac{\mu}{p}}\left[\sin f \hat{\boldsymbol{P}} - (\cos f + e)\hat{\boldsymbol{Q}}\right] \end{cases} \tag{5-22}$$

经整理，即可将任意 t 时刻卫星位置 $\boldsymbol{r}$ 和速度 $\dot{\boldsymbol{r}}$ 表示为 t_0 时刻卫星位置 $\boldsymbol{r}_0$ 和速度 $\dot{\boldsymbol{r}}_0$ 的“线性”组合

$$\begin{cases} \boldsymbol{r} = F(\boldsymbol{r}_0, \dot{\boldsymbol{r}}_0, \Delta f)\boldsymbol{r}_0 + G(\boldsymbol{r}_0, \dot{\boldsymbol{r}}_0, \Delta f)\dot{\boldsymbol{r}}_0 \\ \dot{\boldsymbol{r}} = F'(\boldsymbol{r}_0, \dot{\boldsymbol{r}}_0, \Delta f)\boldsymbol{r}_0 + G'(\boldsymbol{r}_0, \dot{\boldsymbol{r}}_0, \Delta f)\dot{\boldsymbol{r}}_0 \end{cases} \tag{5-23}$$

式中，$\Delta f = f - f_0$。这里不加推导，直接给出闭合解：

$$\begin{cases} F = 1 - \dfrac{r}{p}(1 - \cos\Delta f) \\ G = \dfrac{r r_0}{\sqrt{\mu p}} \sin\Delta f \end{cases} \tag{5-24}$$

$$\begin{cases} F' = -\dfrac{\sqrt{\mu}}{r_0 p}\left[\dfrac{\boldsymbol{r}_0 \cdot \dot{\boldsymbol{r}}_0}{\sqrt{\mu}}(1 - \cos\Delta f) - \sqrt{p}\sin\Delta f\right] \\ G' = 1 - \dfrac{r_0}{p}(1 - \cos\Delta f) \end{cases} \tag{5-25}$$

此时，仍要给出未知的 r 和 Δf 的飞行时间方程。其中，

$$r = \frac{p r_0}{r_0 + (p - r_0)\cos\Delta f - \sqrt{\dfrac{p}{\mu}}\boldsymbol{r}_0 \cdot \dot{\boldsymbol{r}}_0 \sin\Delta f} \tag{5-26}$$

而飞行时间方程需要积分下式：

$$dt = \sqrt{\frac{p^3}{\mu}} \frac{df}{(1 + e\cos\Delta f)^2} \tag{5-27}$$

但是，由于该积分表达式非常复杂，使用并不方便。因此，常用的是 $F(\boldsymbol{r}_0, \dot{\boldsymbol{r}}_0, \Delta t)$ 和 $F(\boldsymbol{r}_0, \dot{\boldsymbol{r}}_0, \Delta E)$ 形式。

5.2　拉普拉斯方法

该方法由拉普拉斯于 1796 年提出，后经多次改进，这里主要介绍以当今计算条件为背景的改进后的拉普拉斯方法。拉普拉斯方法是通过 3 次光学观测首先确定历元时刻的卫星位置和速度，继而计算 6 个轨道根数的方法。

5.2.1　观测模型

实际上，第 3 章介绍的各类观测量均可用于初轨确定，其中，比较常用的是测距或测角观测。测距往往需要有特定的星载设备，如后向反射镜或转发器，而测角观测(尤其是被动式测角)可以通过光学观测或者卫星发射无线电信号获得。根据测角数据确定轨道，对于未知航天器识别等应用具有重要意义。这里以站心地平坐标系下的单站三次光学被动式测角观测为例，介绍拉普拉斯方法。

假定站心地平坐标系下的三次光学观测资料为

$$t_j, A_j, h_j \quad (j = 1,2,3) \tag{5-28}$$

式中，t_j 为第 j 个观测量的观测时间；A_j 为 t_j 时刻的方位角；h_j 为 t_j 时刻的高度角。

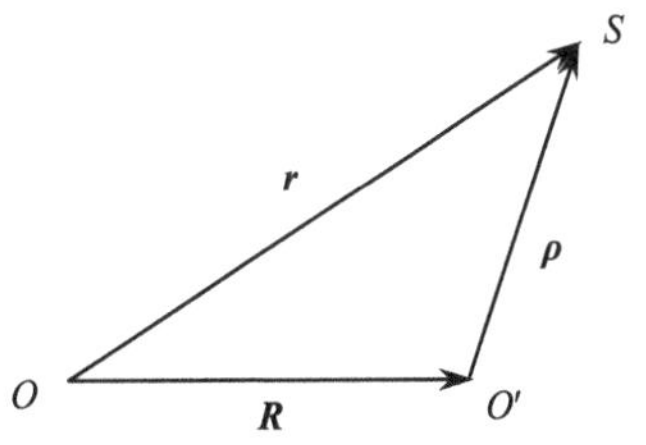

图 5-1　观测几何

观测量由地面测站观测卫星获得，空间坐标系对应的观测几何如图 5-1 所示。按照 2.2 节介绍的相关知识，可将以上观测量对应转换为赤经 α_j，赤纬 δ_j。

在图 5-1 中，O 表示地球质心，O' 表示定轨观测站，S 表示卫星质心。在地心惯性系(ECI)中相应的观测方程可表示为

$$\boldsymbol{r}_j = \boldsymbol{\rho}_j + \boldsymbol{R} \quad (j = 1,2,3) \tag{5-29}$$

式中，$\boldsymbol{r}_j$ 为 t_j 时刻卫星地心位置矢量；$\boldsymbol{R}$ 为定轨观测站地心位置矢量，为已知量；$\boldsymbol{\rho}_j$ 为 t_j 时刻定轨观测站到卫星的矢量。

在式(5-29)中，有

$$\begin{cases} \boldsymbol{\rho}_j = \rho_j \hat{\boldsymbol{L}}_j \\ \hat{\boldsymbol{L}}_j = \begin{pmatrix} \lambda_j \\ \mu_j \\ \nu_j \end{pmatrix} = \begin{pmatrix} \cos\delta_j \cos\alpha_j \\ \cos\delta_j \sin\alpha_j \\ \sin\delta_j \end{pmatrix} \\ \boldsymbol{R} = \begin{pmatrix} X \\ Y \\ Z \end{pmatrix} \end{cases} \tag{5-30}$$

式中，ρ_j 为 t_j 时刻定轨观测站到卫星的距离，由定轨观测站与卫星三维坐标决定；$\hat{\boldsymbol{L}}_j$ 为 t_j 时刻定轨观测站到卫星的单位向量；X、Y、Z 为定轨观测站三维坐标。

5.2.2 求解方法

在观测方程组式(5-29)中，每个时刻包含卫星三维坐标 3 个未知数，3 个观测时刻共 9 个未知数，但只有 6 个独立观测量，因此无法直接求解。实际求解中，需要引入动力学模型，具体方法如下。

将式(5-29)展开，得

$$\begin{cases} x_j = \rho_j \lambda_j + X_j \\ y_j = \rho_j \mu_j + Y_j \\ z_j = \rho_j \nu_j + Z_j \end{cases} \tag{5-31}$$

式中，x_j、y_j、z_j 为卫星三维坐标。

在式(5-31)中消去距离量，有

$$\begin{cases} \nu_j x_j = \lambda_j (z_j - Z_j) + \nu_j X_j \\ \nu_j y_j = \mu_j (z_j - Z_j) + \nu_j Y_j \end{cases} \tag{5-32}$$

令

$$\begin{cases} P_j = \nu_j X_j - \lambda_j Z_j \\ Q_j = \nu_j Y_j - \mu_j Z_j \end{cases} \tag{5-33}$$

于是有

$$\begin{cases} \nu_j x_j - \lambda_j z_j = P_j \\ \nu_j y_j - \mu_j z_j = Q_j \end{cases} \quad (j = 1,2,3) \tag{5-34}$$

根据 5.1 节的介绍，三次观测对应的卫星位置矢量可由某一历元(经常取中间历元作为参考历元 t_0)对应的位置和速度进行表示，即满足：

$$\boldsymbol{r}_j = F_j \boldsymbol{r}_0 + G_j \dot{\boldsymbol{r}}_0 \quad (j = 1,2,3) \tag{5-35}$$

式中，F_j、G_j 的具体形式可参考 5.1 节；$\Delta t_j = t_j - t_0$。

接下来是最为关键的一步，即引入动力学条件，将式(5-35)代入式(5-34)，有

$$\begin{cases} (\nu_j F_j) x_0 - (\lambda_j F_j) z_0 + (\nu_j G_j) \dot{x}_0 - (\lambda_j G_j) \dot{z}_0 = P_j \\ (\nu_j F_j) y_0 - (\mu_j F_j) z_0 + (\nu_j G_j) \dot{y}_0 - (\mu_j G_j) \dot{z}_0 = Q_j \end{cases} \tag{5-36}$$

与式(5-29)相比，在观测方程组式(5-36)中，未知数由每个时刻卫星三维坐标共 9 个未知数，减少为 t_0 时刻卫星位置 $\boldsymbol{r}_0(x_0, y_0, z_0)$ 和速度 $\dot{\boldsymbol{r}}_0(\dot{x}_0, \dot{y}_0, \dot{z}_0)$ 共 6 个未知数，此时，利用 6 个独立观测量，可以对未知数进行求解。需要注意的是，系数 F_j、G_j 也包含 $\boldsymbol{r}_0$ 和 $\dot{\boldsymbol{r}}_0$，其表达式可参考 5.1 节。对式(5-36)直接进行求解较为困难，但是，二体问题意义下的定轨涉及的弧长通常较短，一般 Δt_j 较小，因此可将方程组式(5-36)当作线性代数方程组采用迭代方式进行求解。

取迭代初值：

$$\begin{cases} F_j^0 = 1 \\ G_j^0 = \Delta t \end{cases} \tag{5-37}$$

利用 F_j 、 G_j 的初值，计算 $\boldsymbol{r}_0$ 和 $\dot{\boldsymbol{r}}_0$ ，再由 F_j、 G_j 的计算公式重新计算 F_j、 G_j ，如此反复迭代，直到

$$\max(\Delta F_j, \Delta G_j) < \varepsilon \quad (j = 1,2,3) \tag{5-38}$$

式中， $\Delta F_j = \left|F_j^{(k)} - F_j^{(k-1)}\right|$； $\Delta G_j = \left|G_j^{(k)} - G_j^{(k-1)}\right|$。

需要说明的是，F_j、G_j 的计算公式可以采用封闭表达式形式，如式(5-17)，也可以采用展开表达式形式，如式(5-9)和式(5-10)，具体选择标准为：在三次观测对应弧段较长、定轨精度要求较高或者初值不准的情况下，通常选用封闭表达式；反之，考虑到计算效率问题，通常选用展开表达式。

迭代收敛后，即可获得 t_0 时刻卫星位置、速度的解算结果，而后，也可根据二体问题相关计算公式，计算获得对应的 6 个轨道根数，从而完成初轨确定。

5.3 高 斯 方 法

该方法由高斯于 1802 年提出，计算过程非常复杂，经典的方法涉及扇形和三角形面积比的求取，后经多次改进，使方法得以简化，这里主要介绍改进的高斯方法。高斯方法的基本原则是寻求两个时刻的卫星位置，从而计算出 6 个开普勒根数。

高斯方法所使用的动力学模型和观测模型与拉普拉斯方法基本相同，这里不再赘述，直接介绍相应的求解方法。仍以站心地平坐标系下的单站三次光学被动式测角观测为例，介绍高斯方法。与 5.2 节相同，将站心地平坐标系下的方位角和高度角观测转换为赤经和赤纬，三次光学观测资料可表示为

$$t_j, \alpha_j, \delta_j \quad (j = 1,2,3) \tag{5-39}$$

式中，t_j 为第 j 个观测量的观测时间；α_j 为 t_j 时刻的赤经；δ_j 为 t_j 时刻的赤纬。

与 5.2 节方法类似，消去距离量，对式(5-32)进行变形，可得

$$\begin{cases} x_j = \lambda_j / \nu_j \cdot z_j + (X_j - \lambda_j / \nu_j \cdot Z_j) \\ y_j = \mu_j / \nu_j \cdot z_j + (Y_j - \mu_j / \nu_j \cdot Z_j) \end{cases} \tag{5-40}$$

令

$$\begin{cases} U_j = \lambda_j / \nu_j, V_j = \mu_j / \nu_j \\ P_j = X_j - U_j Z_j \\ Q_j = Y_j - V_j Z_j \end{cases} \tag{5-41}$$

式(5-40)变形为

$$\begin{cases} x_j = U_j z_j + P_j \\ y_j = V_j z_j + Q_j \end{cases} \tag{5-42}$$

由于二体问题轨道对应为一个平面，三个时刻的位置矢量是线性相关的，即存在三

个不全为 0 的常数 d_1、d_2、d_3，使得

$$d_1\boldsymbol{r}_1 + d_2\boldsymbol{r}_2 + d_3\boldsymbol{r}_3 = \boldsymbol{0} \tag{5-43}$$

式中，$\boldsymbol{r}_1$、$\boldsymbol{r}_2$、$\boldsymbol{r}_3$ 分别为三个时刻的卫星位置矢量。

假定 $d_2 \neq 0$，有

$$\boldsymbol{r}_2 = c_1\boldsymbol{r}_1 + c_3\boldsymbol{r}_3 \tag{5-44}$$

式中，c_1、c_3 为常数。

又由式(5-42)可知

$$\begin{cases} x_2 = U_2 z_2 + P_2 \\ y_2 = V_2 z_2 + Q_2 \end{cases} \tag{5-45}$$

根据式(5-44)和式(5-45)，有

$$\begin{cases} c_1 x_1 + c_3 x_3 = U_2\left(c_1 z_1 + c_3 z_3\right) + P_2 \\ c_1 y_1 + c_3 y_3 = V_2\left(c_1 z_1 + c_3 z_3\right) + Q_2 \end{cases} \tag{5-46}$$

再利用式(5-42)消去式(5-46)中的 x_1、y_1 和 x_3、y_3，得

$$\begin{cases} c_1(U_1 z_1 + P_1) + c_3(U_3 z_3 + P_3) = c_1(U_2 z_1) + c_3(U_2 z_3) + P_2 \\ c_1(V_1 z_1 + Q_1) + c_3(V_3 z_3 + Q_3) = c_1(V_2 z_1) + c_3(V_2 z_3) + Q_2 \end{cases} \tag{5-47}$$

整理后，即可得到高斯方法的基本方程：

$$\begin{cases} c_1(U_1 - U_2)z_1 + c_3(U_3 - U_2)z_3 = P_2 - (c_1 P_1 + c_3 P_3) \\ c_1(V_1 - V_2)z_1 + c_3(V_3 - V_2)z_3 = Q_2 - (c_1 Q_1 + c_3 Q_3) \end{cases} \tag{5-48}$$

由式(5-48)可知：只要 c_1、c_3 已知，即可解出 z_1、z_3，而后，可由式(5-42)得到 x_1、y_1 和 x_3、y_3，由此即可获得 $\boldsymbol{r}_1$、$\boldsymbol{r}_3$。

为此，与拉普拉斯方法类似，引入动力学条件：

$$\begin{cases} \boldsymbol{r}_1 = F_1\boldsymbol{r}_2 + G_1\dot{\boldsymbol{r}}_2 \\ \boldsymbol{r}_3 = F_3\boldsymbol{r}_2 + G_3\dot{\boldsymbol{r}}_2 \end{cases} \tag{5-49}$$

式中，F_1、G_1 对应的 $\Delta t_1 = t_1 - t_2$；F_3、G_3 对应的 $\Delta t_3 = t_3 - t_2$，其具体计算方法可参考 5.1 节。

将式(5-49)代入式(5-44)，得

$$\boldsymbol{r}_2 = c_1(F_1\boldsymbol{r}_2 + G_1\dot{\boldsymbol{r}}_2) + c_3(F_3\boldsymbol{r}_2 + G_3\dot{\boldsymbol{r}}_2) \tag{5-50}$$

式(5-50)两边分别叉乘 $\boldsymbol{r}_2$ 和 $\dot{\boldsymbol{r}}_2$，有

$$\boldsymbol{r}_2 \times \boldsymbol{r}_2 = \left(c_1 G_1 + c_3 G_3\right)\dot{\boldsymbol{r}}_2 \times \boldsymbol{r}_2 \tag{5-51}$$

$$\boldsymbol{r}_2 \times \dot{\boldsymbol{r}}_2 = \left(c_1 F_1 + c_3 F_3\right)\boldsymbol{r}_2 \times \dot{\boldsymbol{r}}_2 \tag{5-52}$$

显然，$\boldsymbol{r}_2 \times \dot{\boldsymbol{r}}_2$ 为非零向量，故有

$$c_1 G_1 + c_3 G_3 = 0 \tag{5-53}$$

$$c_1 F_1 + c_3 F_3 = 1 \tag{5-54}$$

由此可得

$$\begin{cases} c_1 = \dfrac{G_3}{F_1G_3 - F_3G_1} \\ c_3 = -\dfrac{G_1}{F_1G_3 - F_3G_1} \end{cases} \tag{5-55}$$

于是，c_1和c_3的计算转化为F_1、G_1和F_3、G_3的计算，它们同时又是$\boldsymbol{r}_2$、$\dot{\boldsymbol{r}}_2$和Δt_j的函数，因此求解将是一个迭代的过程，方法如下。

(1)先给定F_1、G_1和F_3、G_3的初值，可采用式(5-37)。

(2)利用式(5-55)计算c_1和c_3。

(3)利用式(5-48)求解z_1和z_3。

(4)由式(5-42)得到x_1、y_1和x_3、y_3，至此即可获得卫星位置矢量$\boldsymbol{r}_1$、$\boldsymbol{r}_3$。

(5)利用式(5-44)计算$\boldsymbol{r}_2$。

(6)利用数值微分方法，由已算得的三个时刻卫星位置矢量$\boldsymbol{r}_1$、$\boldsymbol{r}_2$、$\boldsymbol{r}_3$，计算获得卫星速度矢量$\dot{\boldsymbol{r}}_2$。

(7)利用t_2时刻的卫星位置$\boldsymbol{r}_2$、速度$\dot{\boldsymbol{r}}_2$，计算新的F_1、G_1和F_3、G_3，当两次差别不满足精度限差要求，就重新迭代计算(1)～(6)，直到满足精度要求为止。

(8)最后，根据二体问题相关计算公式，计算获得对应的6个轨道根数。需要说明的是，按照传统高斯方法，在以上迭代过程完成后，通常可以选择已经获得的弧段两端t_1、t_3时刻卫星位置$\boldsymbol{r}_1$、$\boldsymbol{r}_3$，根据二体问题计算公式，求取6个轨道根数；如果迭代收敛精度足够，当然也可以利用获得的t_2时刻卫星位置$\boldsymbol{r}_2$、速度$\dot{\boldsymbol{r}}_2$，直接求取6个轨道根数。

第 6 章　卫星受摄运动

卫星在空间的物理运动可以用数学方程进行表述，这是进行动力学定轨和预报的基础。在只考虑地球质心引力的情况下描述卫星运动的二体问题，显然是一种理想情况。实际上，卫星在空间运动，除了受到地球质心引力的影响外，还受到地球非球形引力、第三体引力、大气阻力、太阳光压等的影响，被称为摄动力。这些力与地球质心引力相较量级虽小于 10^{-3}，但在卫星精密定轨中，其影响不可忽视(中国人民解放军总装备部军事训练教材编辑工作委员会，2003；张玉祥，2007)。我们常常将二体问题称为无摄运动，而将同时考虑地球质心引力和摄动力影响的卫星运动称为受摄运动。本章首先简要介绍卫星受摄运动，而后给出建立受摄运动方程的基本方法，在此基础上，介绍主要摄动力的特性及数学模型。

6.1　受摄运动概述

卫星运动通常在惯性系下进行描述，二体问题运动方程的一般形式可以表示为

$$\ddot{\boldsymbol{r}} = \boldsymbol{F}_0\left(\boldsymbol{r}\right) = -\frac{\mu}{r^2}\left(\frac{\boldsymbol{r}}{r}\right) \tag{6-1}$$

式中，$\ddot{\boldsymbol{r}}$ 为卫星在惯性系下的加速度向量；$\boldsymbol{F}_0\left(\boldsymbol{r}\right)$ 为地球质心引力；μ 为地球引力常数；$\boldsymbol{r}$ 为卫星位置向量；r 为卫星位置向量的模。

受摄运动方程的一般形式可以表示为

$$\ddot{\boldsymbol{r}} = \boldsymbol{F}_0\left(\boldsymbol{r}\right) + \boldsymbol{F}_1\left(t,\boldsymbol{r},\dot{\boldsymbol{r}};\varepsilon\right) \tag{6-2}$$

式中，$\boldsymbol{F}_1\left(t,\boldsymbol{r},\dot{\boldsymbol{r}};\varepsilon\right)$ 为各种摄动力的合力向量；$\boldsymbol{r}$ 为卫星位置向量；$\dot{\boldsymbol{r}}$ 为卫星速度向量；t 为时间参数；ε 为一阶小量，用于刻画与地球质心引力相比量级小于10^{-3}的摄动力。

由式(6-1)和式(6-2)可见，二体问题实质上是研究惯性系中的两个质点在万有引力作用下的动力学问题，而受摄运动问题就是研究惯性系中的两个质点在万有引力和各种摄动力作用下的动力学问题。在二体问题中，不同时刻的卫星运动状态可以由 6 个积分常数，也就是 6 个轨道根数描述，而受摄运动与二体问题不同，在不同时刻，其轨道根数是不相同的。受摄运动在任意时刻的轨道根数称为瞬时轨道根数。以 $\sigma(t_0)$ 表示初始时刻 t_0 的轨道根数，任意时刻 t 的瞬时轨道根数为 $\sigma(t)$，两者之间的差异除轨道运动外，反映了摄动力对轨道根数的影响：

$$\delta\sigma(t) = \sigma(t) - \sigma(t_0) \tag{6-3}$$

卫星受摄运动与二体问题之间有着不可分割的关系，许多在二体问题的研究结论在受摄运动研究中也可以直接应用，两者之间的关系可总结如下。

(1) 摄动力量级较小，通常被认为是相对地球质心引力的小扰动，式(6-2)的表示方法实际上是把一个复杂的卫星运动分解为简单可积的二体问题加上摄动“改正”两个部分，卫星受摄运动实质上可以理解为受摄二体问题。

(2) 瞬时轨道根数确定的椭圆轨道与卫星实际的轨道相切。如果卫星在切点的瞬间，摄动力消失，卫星将沿着这个椭圆运动。所以，瞬时椭圆轨道也称为瞬时轨道，或吻切轨道，瞬时轨道根数也称为吻切轨道根数(或密切轨道根数)。

(3) 如果把瞬时轨道看作以时间为参数的椭圆轨道簇，则卫星的实际轨道与此椭圆轨道簇中的每一个椭圆轨道都相切。从微分几何的观点来看，卫星的实际轨道就是这个椭圆轨道簇的包络线。

(4) 二体问题的公式对受摄运动的任一瞬间也是适用的。

6.2　受摄运动方程

与二体问题类似，描述受摄运动，首先要按卫星所受作用力的物理特性导出其数学表达式，即受摄运动方程。实际上，式(6-2)本身就是一种以卫星位置、速度为状态量的受摄运动方程形式，在当今计算技术较为发达的条件下，数值法定轨就常直接使用式(6-2)，具体方法在第 8 章还会进一步做介绍。但是，我们知道，以轨道根数描述卫星运动，更加形象直观，也有利于进行分析法定轨，所以，本节主要介绍以轨道根数为变量的受摄运动方程。

6.2.1　摄动运动方程的建立

与二体问题类似，式(6-2)仍为三元二阶微分方程，也需要找出 6 个独立的积分常数。然而在摄动力作用下，其值是随时间变化的，只能找到其满足的微分方程。将推求 6 个独立的积分“常数”所满足的微分方程的过程称为摄动运动方程的建立。

首先，考虑无摄运动(即二体问题)，此时，相应的运动方程如式(6-1)所示，该问题的解可归结为

$$\boldsymbol{r} = \boldsymbol{f}(c_1, c_2, \cdots, c_6, t) \tag{6-4}$$

$$\dot{\boldsymbol{r}} = \boldsymbol{g}(c_1, c_2, \cdots, c_6, t) \tag{6-5}$$

式中，6 个积分常数即 6 个轨道根数，对于椭圆运动，即 $a, e, i, \Omega, \omega, \tau$，第 6 个根数为卫星过近地点的时刻，常用平近点角 M 代替。具体介绍参见第 4 章。

由式(6-4)和式(6-5)可知：

$$\dot{\boldsymbol{r}} = \frac{\partial \boldsymbol{r}}{\partial t} = \frac{\partial \boldsymbol{f}}{\partial t} \tag{6-6}$$

$$\ddot{\boldsymbol{r}} = \frac{\partial \boldsymbol{g}}{\partial t} = \boldsymbol{F}_0 \tag{6-7}$$

在式(6-2)中，若 $\boldsymbol{F}_1 \neq 0$，要使无摄运动解的形式仍满足原受摄运动方程，则 $c_1, c_2, \cdots, c_6$ 不再是常数，而应为 t 的函数，这就是常微分方程求解中的常数变易法。根据这一原理导出的积分常数 $c_1, c_2, \cdots, c_6$ 所满足的微分方程，即被称为摄动运动方程。其建

立过程简述如下。

对于受摄运动，其解的形式仍满足式(6-4)和式(6-5)，但此时 $c_1, c_2, \cdots, c_6$ 不再是常数，而是 t 的函数，对式(6-4)和式(6-5)求导数，得

$$\dot{\boldsymbol{r}} = \frac{\partial \boldsymbol{f}}{\partial t} + \sum_{j=1}^{6} \frac{\partial \boldsymbol{f}}{\partial c_j} \frac{\mathrm{d} c_j}{\mathrm{d} t} \tag{6-8}$$

$$\ddot{\boldsymbol{r}} = \frac{\mathrm{d} \boldsymbol{g}}{\mathrm{d} t} = \frac{\partial \boldsymbol{g}}{\partial t} + \sum_{j=1}^{6} \frac{\partial \boldsymbol{g}}{\partial c_j} \frac{\mathrm{d} c_j}{\mathrm{d} t} = \boldsymbol{F}_0 + \boldsymbol{F}_1 \tag{6-9}$$

由 6.1 节介绍的二体问题与受摄问题之间的关系，我们知道，二体问题本质上是受摄问题的一个特例(即摄动力 $\boldsymbol{F}_1 = 0$)，为了保证两者之间的联系，在受摄问题中，式(6-6)和式(6-7)也是成立的。

由式(6-6)～式(6-9)可知常数变易的两个条件为

$$\begin{cases} \displaystyle\sum_{j=1}^{6} \frac{\partial \boldsymbol{f}}{\partial c_j} \frac{\mathrm{d} c_j}{\mathrm{d} t} = 0 \\ \displaystyle\sum_{j=1}^{6} \frac{\partial \boldsymbol{g}}{\partial c_j} \frac{\mathrm{d} c_j}{\mathrm{d} t} = \boldsymbol{F}_1 \end{cases} \tag{6-10}$$

原则上，可由式(6-10)导出显形式为

$$\frac{\mathrm{d} c_j}{\mathrm{d} t} = f(c_1, c_2, \cdots, c_6, t; \varepsilon) \quad (j = 1, 2, \cdots, 6) \tag{6-11}$$

此即我们所需要的摄动运动方程。

从以上推导也可以看到：无摄运动解的形式仍适用于受摄运动，它是受摄运动的瞬时轨道根数与位置矢量和速度矢量之间的严格关系式，所不同的只是对于无摄运动是常数，而在受摄运动中是时间 t 的函数。

6.2.2　摄动运动方程的形式

按照 6.2.1 节的方法，可以通过严格推导建立摄动运动方程，获得式(6-11)的显形式，推导方法大致分为以下两类。

(1)针对保守力，以摄动函数的形式代替摄动加速度进行推导，典型代表为拉格朗日型摄动运动方程。

(2)直接以摄动加速度的三分量形式进行推导，典型代表为牛顿型摄动运动方程。

因为两种方程直接推导过程较为烦琐，所以这里不再推导，而是直接给出两种常用的摄动运动方程形式。如果读者对推导过程感兴趣，可以参阅刘林在 1992 年出版的教材《人造地球卫星轨道力学》。

1. 拉格朗日型摄动运动方程

拉格朗日型摄动运动方程仅在考虑保守力的条件下成立。保守力是指力所做的功与路径无关，仅由质点的始末位置决定；反之，力所做的功不仅取决于受力质点的始末位置，而且和质点经过的路径有关，称为非保守力。

若摄动力是保守力，则相应的摄动加速度可表示为

$$\boldsymbol{F}_1 = \mathrm{grad}R \tag{6-12}$$

式中，$\boldsymbol{F}_1$ 为摄动力，这里特指本身为保守力的摄动力；grad() 为梯度运算；R 为摄动函数，一般有

$$R = R(\boldsymbol{r},t;\varepsilon) \tag{6-13}$$

式中，$\boldsymbol{r}$ 为卫星位置向量；t 为时间参数；ε 为一阶小量，反映了摄动函数本身的量级大小。

拉格朗日型摄动运动方程以摄动函数代替摄动加速度进行推导，又称为 $\partial \boldsymbol{R}/\partial \boldsymbol{\sigma}$ 摄动运动方程。例如，地球引力场引力位函数可表示为

$$V=V_0(r)+\Delta V(\boldsymbol{r},t) \tag{6-14}$$

其中，$V_0=\mu/r$ 为地球球形部分的引力位；ΔV 为非球形部分的引力位。

在仅考虑地球引力场的条件下，ΔV 就是该系统的摄动函数，即

$$R(\boldsymbol{r},t;\varepsilon)=\Delta V \tag{6-15}$$

在仅考虑保守力的条件下，拉格朗日型摄动运动方程可表示为

$$\begin{cases} \dfrac{\mathrm{d}a}{\mathrm{d}t}=\dfrac{2}{na}\dfrac{\partial R}{\partial M} \\ \dfrac{\mathrm{d}e}{\mathrm{d}t}=\dfrac{1-e^2}{na^2e}\dfrac{\partial R}{\partial M}-\dfrac{\sqrt{1-e^2}}{na^2e}\dfrac{\partial R}{\partial \omega} \\ \dfrac{\mathrm{d}i}{\mathrm{d}t}=\dfrac{1}{na^2\sqrt{1-e^2}\sin i}\left(\cos i\dfrac{\partial R}{\partial \omega}-\dfrac{\partial R}{\partial \Omega}\right) \\ \dfrac{\mathrm{d}\Omega}{\mathrm{d}t}=\dfrac{1}{na^2\sqrt{1-e^2}\sin i}\dfrac{\partial R}{\partial i} \\ \dfrac{\mathrm{d}\omega}{\mathrm{d}t}=\dfrac{\sqrt{1-e^2}}{na^2e}\dfrac{\partial R}{\partial e}-\cos i\dfrac{\mathrm{d}\Omega}{\mathrm{d}t} \\ \dfrac{\mathrm{d}M}{\mathrm{d}t}=n-\dfrac{1-e^2}{na^2e}\dfrac{\partial R}{\partial e}-\dfrac{2}{na}\dfrac{\partial R}{\partial a} \end{cases} \tag{6-16}$$

式中，t 为时间参数；n 为卫星平均角速度；a,e,i,Ω,ω,M 为 6 个瞬时轨道根数，即半长轴、偏心率、轨道倾角、升交点赤经、近升角距和平近点角；R 为摄动函数。

2. 牛顿型摄动运动方程

牛顿型摄动运动方程是直接以摄动力三分量形式进行推导的，不再要求摄动力必须是保守力。通常有两种形式：一是将摄动力 $\boldsymbol{F}_1$ 分解到径向、横向和轨道面外法向，得到 (S,T,W) 型摄动运动方程；二是将摄动力 $\boldsymbol{F}_1$ 分解到切向、主法向和次法向(即轨道面外法向)，得到 (U,N,W) 型摄动运动方程。这里仍然不再给出具体推导过程，直接介绍两种形式的摄动运动方程。

1) 牛顿型摄动运动方程 (S,T,W)

$$
\begin{cases}
\dfrac{\mathrm{d}a}{\mathrm{d}t}=\dfrac{2}{n\sqrt{1-e^2}}[Se\sin f+T(1+e\cos f)] \\
\dfrac{\mathrm{d}e}{\mathrm{d}t}=\dfrac{\sqrt{1-e^2}}{na}[S\sin f+T(\cos f+\cos E)] \\
\dfrac{\mathrm{d}i}{\mathrm{d}t}=\dfrac{r\cos u}{na^2\sqrt{1-e^2}}W \\
\dfrac{\mathrm{d}\Omega}{\mathrm{d}t}=\dfrac{r\sin u}{na^2\sqrt{1-e^2}\sin i}W \\
\dfrac{\mathrm{d}\omega}{\mathrm{d}t}=\dfrac{\sqrt{1-e^2}}{nae}[-S\cos f+T(1+\dfrac{r}{p})\sin f]-\cos i\dfrac{\mathrm{d}\Omega}{\mathrm{d}t} \\
\dfrac{\mathrm{d}M}{\mathrm{d}t}=n-\dfrac{1-e^2}{nae}[-S(\cos f-2e\dfrac{r}{p})+T(1+\dfrac{r}{p})\sin f]
\end{cases}
\tag{6-17}
$$

式中，S、T和W为摄动力$\boldsymbol{F}_1$在径向、横向和轨道面外法向的三分量；$p=a(1-e^2)$为半通径；$u=f+\omega$，f为真近点角，ω为近升角距；其他符号含义与式(6-16)相同。

2) 牛顿型摄动运动方程 (U,N,W)

$$
\begin{cases}
\dfrac{\mathrm{d}a}{\mathrm{d}t}=\dfrac{2}{n\sqrt{1-e^2}}(1+2e\cos f+e^2)^{1/2}U \\
\dfrac{\mathrm{d}e}{\mathrm{d}t}=\dfrac{\sqrt{1-e^2}}{na}(1+2e\cos f+e^2)^{-1/2}[2(\cos f+e)U-\sqrt{1-e^2}\sin EN] \\
\dfrac{\mathrm{d}i}{\mathrm{d}t}=\dfrac{r\cos u}{na^2\sqrt{1-e^2}}W \\
\dfrac{\mathrm{d}\Omega}{\mathrm{d}t}=\dfrac{r\sin u}{na^2\sqrt{1-e^2}\sin i}W \\
\dfrac{\mathrm{d}\omega}{\mathrm{d}t}=\dfrac{\sqrt{1-e^2}}{nae}(1+2e\cos f+e^2)^{-1/2}[2\sin fU+(\cos E+e)N]-\cos i\dfrac{\mathrm{d}\Omega}{\mathrm{d}t} \\
\dfrac{\mathrm{d}M}{\mathrm{d}t}=n-\dfrac{1-e^2}{nae}(1+2e\cos f+e^2)^{-1/2}[(2\sin f+\dfrac{2e^2}{\sqrt{1-e^2}}\sin E)U+(\cos E-e)N]
\end{cases}
\tag{6-18}
$$

式中，U、N和W为摄动力$\boldsymbol{F}_1$在切向、主法向和次法向的三分量；E为偏近点角；其他符号含义与式(6-17)相同。

6.2.3　奇点问题及处理

在仅考虑保守力的条件下，拉格朗日型摄动运动方程是更为常用的摄动运动方程形式，但是，从式(6-16)可以看出：$\mathrm{d}\omega/\mathrm{d}t$和$\mathrm{d}M/\mathrm{d}t$右端含有因子$1/e$，而$\mathrm{d}\Omega/\mathrm{d}t$和$\mathrm{d}i/\mathrm{d}t$的右端含有因子$1/\sin i$，因此，$e=0$和$\sin i=0(i=0$或$i$=180°)是摄动运动方程的奇点。当$e\approx 0, i\approx 0$或$i\approx 180°$时，解就将失效。但是，相应的运动仍然是正常的，如近圆轨道（$e\approx 0$）或者地球静止轨道卫星（$i\approx 0$）显然是存在的。

实际上，这类小 e、小 i 引起的奇点问题，是相应的基本变量的选择不当引起的。这种选择不当，在上述方程中必然要反映出来，只要对相应变量的选择加以修改，即可消除上述奇点。

1. 适用于任意偏心率（$0 \leqslant e < 1$）的摄动运动方程

在此条件下，不再使用已有的 6 个轨道根数，而引入新的轨道根数，形式为

$$a, i, \Omega, \xi = e\cos\omega, \eta = -e\sin\omega, \lambda = M + \omega \tag{6-19}$$

式中，ξ, η, λ 为新引入的三个轨道根数。

为了得到新根数对应的拉格朗日型摄动运动方程，可以借助新老根数之间的关系，直接从式(6-16)推导获得。由式(6-19)可得

$$\begin{cases} \dfrac{\mathrm{d}\xi}{\mathrm{d}t} = \cos\omega\dfrac{\mathrm{d}e}{\mathrm{d}t} - e\sin\omega\dfrac{\mathrm{d}\omega}{\mathrm{d}t} \\ \dfrac{\mathrm{d}\eta}{\mathrm{d}t} = -\sin\omega\dfrac{\mathrm{d}e}{\mathrm{d}t} - e\cos\omega\dfrac{\mathrm{d}\omega}{\mathrm{d}t} \\ \dfrac{\mathrm{d}\lambda}{\mathrm{d}t} = \dfrac{\mathrm{d}M}{\mathrm{d}t} + \dfrac{\mathrm{d}\omega}{\mathrm{d}t} \end{cases} \tag{6-20}$$

同时，利用式(6-19)新老根数之间的关系，替换式(6-16)中的老根数，可以得到新根数所满足的拉格朗日型摄动运动方程：

$$\begin{cases} \dfrac{\mathrm{d}a}{\mathrm{d}t} = \dfrac{2}{na}\dfrac{\partial R}{\partial M} \\ \dfrac{\mathrm{d}i}{\mathrm{d}t} = \dfrac{1}{na^2\sqrt{1-e^2}\sin i}\left[\cos i\left(\eta\dfrac{\partial R}{\partial \xi} - \xi\dfrac{\partial R}{\partial \eta} + \dfrac{\partial R}{\partial \lambda}\right) - \dfrac{\partial R}{\partial \Omega}\right] \\ \dfrac{\mathrm{d}\Omega}{\mathrm{d}t} = \dfrac{1}{na^2\sqrt{1-e^2}\sin i}\dfrac{\partial R}{\partial i} \\ \dfrac{\mathrm{d}\xi}{\mathrm{d}t} = \dfrac{\sqrt{1-e^2}}{na^2}\dfrac{\partial R}{\partial \eta} - \xi\dfrac{\sqrt{1-e^2}}{na^2(1+\sqrt{1-e^2})}\dfrac{\partial R}{\partial \lambda} - \eta\cos i\dfrac{\mathrm{d}\Omega}{\mathrm{d}t} \\ \dfrac{\mathrm{d}\eta}{\mathrm{d}t} = -\dfrac{\sqrt{1-e^2}}{na^2}\dfrac{\partial R}{\partial \xi} - \eta\dfrac{\sqrt{1-e^2}}{na^2(1+\sqrt{1-e^2})}\dfrac{\partial R}{\partial \lambda} + \xi\cos i\dfrac{\mathrm{d}\Omega}{\mathrm{d}t} \\ \dfrac{\mathrm{d}\lambda}{\mathrm{d}t} = n - \dfrac{2}{na}\dfrac{\partial R}{\partial a} + \dfrac{\sqrt{1-e^2}}{na^2(1+\sqrt{1-e^2})}\left(\xi\dfrac{\partial R}{\partial \xi} + \eta\dfrac{\partial R}{\partial \eta}\right) - \cos i\dfrac{\mathrm{d}\Omega}{\mathrm{d}t} \end{cases} \tag{6-21}$$

2. 适用于任意倾角（$0° \leqslant i < 180°$）的摄动运动方程

在此条件下，可引入如下 6 个轨道根数：

$$a, e, h = \sin i\cos\Omega, k = -\sin i\sin\Omega, \tilde{\omega} = \omega + \Omega, M \tag{6-22}$$

式中，$h, k, \tilde{\omega}$ 为新引入的三个轨道根数。

新根数所满足的拉格朗日型摄动运动方程可按照适用于任意偏心率根数的推导方法获得。

3. 适用于任意偏心率（$0 \leqslant e < 1$）和倾角（$0° \leqslant i < 180°$）的摄动运动方程

在此条件下，引入 6 个轨道根数，形式如下：

$$a, h = \sin i \cos \Omega, k = -\sin i \sin \Omega, \xi = e\cos(\omega + \Omega), \eta = -e\sin(\omega + \Omega), \lambda = M + \omega + \Omega \tag{6-23}$$

式中，h,k,ξ,η,λ 为新引入的轨道根数。

新根数所满足的拉格朗日型摄动运动方程仍可按照适用于任意偏心率根数的推导方法获得。

6.3 摄　动　力

按照摄动力的性质，可将摄动力区分为保守力和非保守力。在 6.2 节中，我们指出，保守力所做的功与路径无关，仅由质点的始末位置决定，而非保守力所做的功与质点经过的路径有关。常见的摄动力中，地球非球形引力、第三体引力摄动、地球潮汐等为保守力，大气阻力、太阳光压、相对论效应、地球辐射压、经验力、推力等为非保守力。具体分类见表 6-1。

表 6-1　卫星轨道主要摄动力

分类	摄动力
保守力	地球非球形引力
	第三体引力摄动
	地球潮汐
非保守力	大气阻力
	太阳光压
	相对论效应
	地球辐射压
	经验力
	推力

下面将分别对地球非球形引力、第三体引力摄动、大气阻力、太阳光压等四种摄动力进行重点介绍，同时，简单给出其他摄动力的模型及主要性质。

6.3.1 地球非球形引力

卫星轨道基本上是椭圆轨道，这是由地球中心引力场决定的，但地球引力场又不是完全的中心引力场，实际的地球不是球对称的，它具有扁度、梨状和“赤道膨胀”等形态，这样的非中心性对卫星轨道会产生摄动作用。

在地心地固坐标系下，地球非球形引力位可表示为球谐函数的展开形式（Montenbruck and Gill, 2000）：

$$U^* = \frac{GM_{\oplus}}{r}\sum_{n=2}^{\infty}\sum_{m=0}^{n}\frac{R_{\oplus}^n}{r^n}P_{nm}(\sin\phi)\left[C_{nm}\cos(m\lambda) + S_{nm}\sin(m\lambda)\right] \tag{6-24}$$

式中，$GM_{\oplus}$ 为地球引力常数；r 为卫星到地心的矢量模；$R_{\oplus}$ 为地球椭球的半长轴；

$P_{nm}(\sin\phi)$ 为伴随勒让德多项式；λ、ϕ 为卫星的地心经纬度；C_{nm}、S_{nm} 为球谐函数系数，可从地球重力场模型中获取。

实际计算中，通常同时考虑地球中心引力和非球形引力，并令

$$V_{nm}=\left(\frac{R_{\oplus}}{r}\right)^{n+1}\cdot P_{nm}(\sin\phi)\cdot\cos m\lambda \tag{6-25}$$

$$W_{nm}=\left(\frac{R_{\oplus}}{r}\right)^{n+1}\cdot P_{nm}(\sin\phi)\cdot\sin m\lambda \tag{6-26}$$

地球引力位可表示为

$$U=\frac{GM_{\oplus}}{R_{\oplus}}\sum_{n=0}^{\infty}\sum_{m=0}^{n}(C_{nm}V_{nm}+S_{nm}W_{nm}) \tag{6-27}$$

关于地球非球形引力，有以下几点需要说明。

(1) $m=0$ 的引力位系数称为带谐项系数，因为它们描述了不依赖于经度值的位势部分，此时所有 $S_{n0}=0$，定义 $J_n=-C_{n0}$ 表示带谐项系数；其他引力位系数分别为田谐项系数（$m<n$）和扇谐项系数（$m=n$）。

(2) 建立引力场(重力场)模型主要是确定 C_{nm}、S_{nm} 的具体数值，其测量方法有：①卫星跟踪；②表面重力测量；③高度计数据。常见的重力场模型包括：EMG96(360×360)、JGM-3(70×70)、GEM(180×180)、Rapp-81(180×180)和我国 DQM-99(360×360)等(许厚泽等，2005)。

设 $\ddot{r}'=(\ddot{x}',\ddot{y}',\ddot{z}')^{\mathrm{T}}$ 为卫星在地球引力作用下总的加速度矢量，$\ddot{r}'_{nm}=(\ddot{x}'_{nm},\ddot{y}'_{nm},\ddot{z}'_{nm})^{\mathrm{T}}$ 为各阶次引力位产生的加速度分量，有

$$\ddot{\boldsymbol{r}}'=\sum_{n,m}\ddot{\boldsymbol{r}}'_{nm} \tag{6-28}$$

其中，

$$\ddot{x}'_{nm}=\begin{cases}\dfrac{GM_{\oplus}}{R_{\oplus}^2}\cdot\left(-C_{n0}V_{n+1,1}\right) & m=0\\[2ex] \dfrac{GM_{\oplus}}{R_{\oplus}^2}\cdot\dfrac{1}{2}\cdot\left[(-C_{nm}V_{n+1,m+1}-S_{nm}W_{n+1,m+1})\right.\\ \qquad\left.+\dfrac{(n-m+2)!}{(n-m)!}\cdot(+C_{nm}V_{n+1,m-1}+S_{nm}W_{n+1,m-1})\right], & m>0\end{cases}$$

$$\ddot{y}'_{nm}=\begin{cases}\dfrac{GM_{\oplus}}{R_{\oplus}^2}\cdot\left(-C_{n0}W_{n+1,1}\right), & m=0\\[2ex] \dfrac{GM_{\oplus}}{R_{\oplus}^2}\cdot\dfrac{1}{2}\cdot\left[(-C_{nm}W_{n+1,m+1}+S_{nm}V_{n+1,m+1})\right.\\ \qquad\left.+\dfrac{(n-m+2)!}{(n-m)!}\cdot(-C_{nm}W_{n+1,m-1}+S_{nm}V_{n+1,m-1})\right], & m>0\end{cases}$$

$$\ddot{z}'_{nm} = \frac{GM_{\oplus}}{R_{\oplus}^2} \cdot \left[(n-m+1) \cdot (-C_{nm}V_{n+1,m} - S_{nm}W_{n+1,m}) \right]$$

通过以上计算给出的加速度 $\ddot{\boldsymbol{r}}'$ 是地心地固坐标系下的，在定轨中，需要将其转换到地心惯性系。

$$\ddot{\boldsymbol{r}}_{\text{geo}} = (\boldsymbol{HG})^{\text{T}} \ddot{\boldsymbol{r}}' \tag{6-29}$$

式中，$\ddot{\boldsymbol{r}}_{\text{geo}}$ 为惯性系下地球引力产生的卫星加速度矢量；$(\boldsymbol{HG})$ 为历元地心惯性系到地心地固坐标系的转换矩阵。

地球非球形引力作为人造卫星最为重要的摄动力，对卫星轨道运动有着重要影响，其影响规律可以借助在第 7 章将要介绍的分析解法，通过解析解结果进行定性分析，这里不加推导证明，先给出其主要定性影响。

(1) 地球非球形引力是保守力，a,e,i 无长期项变化，地球形状摄动的主要影响是产生轨道面的进动，摄动解中 Ω 和 ω 有长期变化。

(2) 地球带谐项摄动导致卫星轨道平面及拱线在空间不断旋转，旋转的方向取决于倾角的大小：

当 $0° < i < 90°$，$\dot{\Omega} < 0$。即对于顺行卫星，升交点或轨道平面不断西退，对于 $i = 0°$ 的赤道卫星，西退速度最大。

当 $90° < i < 180°$ 时，$\dot{\Omega} > 0$。即逆行卫星的轨道平面不断东进，对于 $i = 90°$ 的极轨卫星，$\dot{\Omega} = 0$，说明其轨道面不变。

当 $i = 63°26'$ 或 $i = 116°34'$（临界倾角）时，$\dot{\omega}=0$，近地点角距没有长期变化；当 $0° < i < 63°26'$ 时，$\dot{\omega}>0$，卫星轨道近地点沿卫星运动方向移动，接近赤道的圆轨道，近地点移动的速度最大，每天约移动 20°；而大倾角（$i > 63°26'$）时，近地点沿卫星运动相反方向移动。

6.3.2 第三体引力摄动

在受摄二体问题的 N 体系统中，已知摄动天体的轨道，则摄动天体产生的摄动称为第三体摄动，对地球卫星主要为日月引力摄动。由于日、月到地心的距离较之卫星到地心的距离要远得多，在分析日月引力摄动问题时，可以将中心天体和摄动天体当作质点进行处理(Montenbruck and Gill, 2000)。

在惯性系下，日月对地球产生的引力加速度为

$$\ddot{\boldsymbol{r}}_n^{\text{E}} = GM_n \cdot \frac{\boldsymbol{s}_n}{|\boldsymbol{s}_n|^3} \tag{6-30}$$

式中，$n=1$ 表示太阳，$n=2$ 表示月球；GM_n 为太阳(月球)引力常数；$\boldsymbol{s}_n$ 为太阳(月球)的地心位置矢量；$\ddot{\boldsymbol{r}}_n^{\text{E}}$ 为太阳(月球)对地球产生的引力加速度。

相应地，日月对卫星产生的引力加速度为

$$\ddot{\boldsymbol{r}}_n^{\text{S}} = GM_n \cdot \frac{\boldsymbol{s}_n - \boldsymbol{r}}{|\boldsymbol{s}_n - \boldsymbol{r}|^3} \tag{6-31}$$

式中，$\boldsymbol{r}$ 为卫星地心位置矢量；$\ddot{\boldsymbol{r}}_n^{\text{S}}$ 为太阳(月球)对卫星产生的引力加速度；其他符号与

式(6-30)相同。

由此可得，在日月引力摄动作用下产生的卫星相对地球的加速度为

$$\ddot{\boldsymbol{r}}_n = GM_n \cdot \left(\frac{\boldsymbol{s}_n - \boldsymbol{r}}{\left|\boldsymbol{s}_n - \boldsymbol{r}\right|^3} - \frac{\boldsymbol{s}_n}{\left|\boldsymbol{s}_n\right|^3} \right) \tag{6-32}$$

日月引力摄动模型形式简单，易于计算，其关键是确定日(月)在惯性系下的地心位置，可以通过天体动力学方法解析计算，或从相关的行星历表(如 DE200 等)中插值得到。

第三体引力(日月引力摄动)对卫星轨道的影响有如下主要结论。

(1) 日月摄动是一种保守力，在更完善的模型中，日、月和地球都不再简单地看成质点，还要考虑日、月引力引起的地球形变(潮汐形变)对卫星的影响。

(2) 人造卫星在日、月摄动下，其轨道参数有短周期变化，除 a 外也都有长周期变化，此外，Ω、ω 和 M 还有长期变化。

(3) 月球摄动约为太阳摄动的 2.2 倍。

6.3.3　大气阻力

1. 大气层结构

地球大气的总重量为 3.9×10^{18} kg，约占地球总重量的百万分之一，其质量分布也极不均匀，75%在 10km 以下，90%分布在 30km 以下。整个大气层大致可划分为五层，分别如下。

(1) 对流层：对流层对整个大气圈而言只是很薄的一层，但它集中了大气质量的 80%以上，对流层顶的平均高度为 10～12km。

(2) 平流层：对流层顶向上至距地面约 50km。空气稳定，能见度好，臭氧层在其中，大气的垂直运动很弱，主要是水平流动。

(3) 中间层：平流层顶向上至距地面约 85km。60km 以上大气分子开始电离，电离层的底就在中间层内。

(4) 热层：中间层顶至距地面 500km 左右，由于热层的分子氧和原子氧能吸收 0.17μm 的太阳紫外辐射和太阳微粒辐射，温度会随高度升高而迅速增高。

(5) 外层：气体非常稀薄，大气粒子很少互相碰撞，高速运动的空气质点可克服地球引力，向星际空间逃逸，在外层会形成地冕。

大气层特性与其结构有着密切联系，总结起来有如下几点。

(1) 大气的密度随高度升高而减小。在标准状况下，大气在海平面的密度是 1.293kg/m^3，随着高度的增加大气密度迅速降低，在 100km 的高空，大气密度约只有海平面的百万分之一，再往上，密度更小，不过变化逐渐减慢。根据人造地球卫星运动的测定，在 2000～3000km 的高空还有大气，究竟大气的边界在何处还不清楚。

(2) 大气层的等密度面在低层接近于地球的形状，大致为扁球面，越高则越接近球面，而且随着地球自转(通常人们认为此效应随着高度的增加而减小，但也有人提出不同的看法)。高层受到太阳辐射的影响较大，情况很复杂。

(3) 大气层的温度变化也很复杂。随着高度的增加，温度变化有些地方是升高，有些

地方则是减小；在同一高度上的温度变化也很大，它与太阳的照射情况有关，并有周、日、季节等各种变化。高层大气受太阳活动的影响也很显著，温度变化直接影响到大气的密度分布，使大气阻力发生变化。

(4) 大气的成分也随着高度而变化，不过它的变化没有密度和温度那样显著。在低层，一直到几十千米甚至 100km，大气的成分基本不变，主要是氮分子和氧分子，但在 30km 左右有一个臭氧层，那里的臭氧浓度比较大。100km 以上出现电离层，有各种带电粒子（电子、氮离子和氧离子等）。

2. 大气密度

在大气阻力建模过程中，大气密度是其中重要的影响因素，从以上的分析中我们可以看到大气密度变化复杂。为描述大气变化，学者提出了各种大气模式，并编制成标准大气表，已公布的标准大气主要有美国标准大气 USSA1965、USSA1966，国际宇宙空间委员会标准大气模式 CIRA1961、CIRA1965、CIRA1972 等。其中，CIRA1972 是在 CIRA1961 和 CIRA1965 基础上，采用大量的卫星和火箭探测资料综合分析研究而成，是目前计算大气密度广泛采用的。另外，还有在此基础上改进的模式，如 Jacchia1977 新模式、改进的 Harri-Priester 大气模式、CIRA1986 等，还有 MSIS 系列模型、DTM 模型等。

为了便于应用，考虑到高度是影响大气密度的主要因素，常采用一些随高度变化的简单模型来描述大气密度，包括指数函数模型、代数函数模型和对数函数模型。

1) 指数函数模型

对于 80km 以下的大气层，常采用指数函数模型：

$$\rho = \rho_0 \exp\left(-\frac{r - r_0}{H}\right) \tag{6-33}$$

式中，ρ、ρ_0 分别为参考球面 $r=r$ 和 $r=r_0$ 上的大气密度；H 为密度标高，定义为单位高度变化所引起的大气密度相对变化的倒数：

$$H = -\frac{\rho \mathrm{d}h}{\mathrm{d}\rho} \tag{6-34}$$

2) 代数函数模型

在热成层（80～1000km）中，温度随高度升高而增加，并可近似地认为温度与高度呈线性关系，常采用代数函数模型：

$$\rho = \rho_0 \left(\frac{h}{h_0}\right)^{-n} \tag{6-35}$$

式中，ρ、ρ_0 分别为高程 h、h_0 处的大气密度；n 为常数（$n = 6.3025$）。

3) 对数函数模型

对于地面高度在 1000km 以上的大气层，密度随高度的变化很缓慢，通常用对数函数模型：

$$\rho = \rho_0 \left[\ln\left(\frac{h}{10}\right)\right]^B \tag{6-36}$$

式中，$B < 0$，可根据各个高度相应的标高数值用最小二乘法解出。

3. 大气阻力模型

大气阻力影响随着卫星高度不同有较大变化，其中，低轨卫星受大气阻力影响最为严重。大气阻力也是低轨卫星最大的非引力摄动，但是，由于受到大气物理特性复杂等因素的影响，大气阻力的精确建模存在较大困难。下面简要论述大气阻力建模的基本方法。

大气阻力的影响主要表现为阻力、升力和副法向力，其中，升力和副法向力量级较小，通常忽略不计；阻力的方向与卫星相对于气流的运动速度方向相反，是大气阻力建模中主要考虑的因素。

考虑某时间间隔 Δt 内，与卫星表面横截面积 A 相撞击的柱形大气质量 Δm 满足：

$$\Delta m = \rho A v_r \Delta t \tag{6-37}$$

式中，ρ 为卫星所在位置的大气密度；v_r 为卫星相对大气运动的速度。

作用于卫星上的冲量为

$$\Delta p = \Delta m v_r = \rho A {v_r}^2 \Delta t \tag{6-38}$$

大气阻力的方向与卫星相对于气流运动速度方向相反，同时 $F = \Delta p / \Delta t$，由此可知大气阻力产生的卫星加速度为

$$\ddot{\boldsymbol{r}} = -\frac{1}{2} C_D \frac{A}{m} \rho {v_r}^2 \boldsymbol{e}_v \tag{6-39}$$

式中，m 为卫星质量；A 为卫星表面横截面积；ρ 为大气密度，可采用以上介绍的大气密度模型；阻尼系数 C_D 为量纲一的量，用来描述大气与卫星表面材料的相互作用，C_D 值一般为 1.5～3.0，在轨道确定中常作为自由参数来估计。公式中引入 $\frac{1}{2}$，仅是为了和空气动力学的所有分支保持公式一致。

此外，需要强调说明的是，式(6-39)中，v_r 代表的是卫星相对于气流运动速度的大小，$\boldsymbol{e}_v$ 代表该相对速度的方向。卫星相对于大气的相对速度与采用的大气运动模式具有较大的相关性，常采用两种简单的大气运动模式：一种是静止大气模式，即一种静态平均模式，假定大气层与地球一起转动，可以反映大气阻力摄动的主要特征；一种是旋转大气模式，即旋转速率随高度不同而变化，还有周、日变化和季节变化，相对较为复杂。这里采用静止大气模式，则有

$$\boldsymbol{v}_r = \boldsymbol{v} - \boldsymbol{\omega} \times \boldsymbol{r} \tag{6-40}$$

式中，$\boldsymbol{v}_r$ 为卫星相对大气的相对速度矢量；$\boldsymbol{v}$ 为卫星惯性速度矢量；$\boldsymbol{r}$ 为卫星惯性位置矢量；$\boldsymbol{\omega}$ 为地球角速度矢量。

4. 大气阻力影响

大气阻力对卫星轨道的影响，有如下主要结论。

(1) 卫星在大气层中运动时，受到大气阻力的影响。对于近地卫星，大气阻力具有长时间的累积效应，因为它始终作用在卫星上。

(2) 大气阻力对 ω、M 两个根数主要是周期影响，而对 a、e 两个根数则有长期影响，随时间增加而增强。

(3) 大气阻力是一种耗散力，它使卫星运动的能量不断损失，从而使 $\frac{\mathrm{d}a}{\mathrm{d}t}$ 永远小于 0，即轨道不断变小；而且在近地点附近 $\frac{\mathrm{d}e}{\mathrm{d}t}<0$，即轨道不断变圆。在大气阻力作用下，卫星轨道逐渐降低，轨道周期也逐渐变小，最后进入稠密大气层烧毁。

6.3.4 太阳光压

光与人类生活的关系非常密切，伴随科学的发展和人类文明的进步，人们对光的认识也越来越深入：光携带能量和动量，光与物体相互作用时彼此交换能量和动量。1616 年，开普勒提出光压的概念：具有一定动量的光子入射到物体上时无论是被吸收还是反射，光子的动量都会发生变化，因而必然会有力作用在物体上，这种作用力称为光压。当太阳发出的光子流与卫星表面碰撞时，产生的作用力称为太阳光压。太阳光压也是影响导航卫星等中高轨卫星精密定轨精度最重要的摄动力(刘伟平，2014)。

1. 太阳光压模型

太阳光压引起的摄动力大小与卫星介质特性、几何构型和太阳辐射流量有关。

根据质能方程，光子的能量可表示为

$$E = mc^2 \tag{6-41}$$

式中，E 为能量；m 为物质质量；c 为光速。

光子的动量可表示为

$$P = mc = \frac{E}{c} \tag{6-42}$$

单位时间内单位面积上穿过的太阳辐射能量称为太阳流量，可表示为

$$\varPhi = \frac{\Delta E}{A \cdot \Delta t} \tag{6-43}$$

式中，$\varPhi$ 为太阳流量；Δt 为时间间隔；A 为卫星表面横截面积；ΔE 为 Δt 时间内流过卫星表面横截面积 A 的能量。

假设卫星表面垂直于太阳光入射方向，并吸收所有入射光子，则在时间间隔 Δt 内，其动量增量可表示为

$$\Delta P = \frac{\Delta E}{c} = \frac{\varPhi}{c} \cdot A \cdot \Delta t \tag{6-44}$$

根据动量定理，卫星受到的力为

$$F = \frac{\Delta P}{\Delta t} = \frac{\varPhi}{c} \cdot A \tag{6-45}$$

定义太阳光压压强为

$$P_* = \frac{\varPhi}{c} \tag{6-46}$$

在距离太阳 1ua(天文单位)处，即地球附近，太阳流量值为 $\varPhi \approx 1367\,\mathrm{W/m^2}$，可估算出太阳光压的压强 $P_* \approx 4.5 \times 10^{-6}\,\mathrm{N/m^2}$。

实际中，当太阳光入射卫星表面时，不会被完全吸收，而是一部分被吸收，一部分被反射。此外，卫星表面在实际中通常与太阳入射光有一定夹角。假定卫星表面反射系数为ε，对于入射能量ΔE，吸收的能量为$(1-\varepsilon)\Delta E$，发射的能量为$\varepsilon\Delta E$。于是，对于吸收部分，其产生的力与太阳光入射方向相同，其大小在式(6-45)的基础上，还需要考虑表面吸收率及有效截面，如图 6-1 所示。其中，$\boldsymbol{F}_{\text{abs}}$表示吸收部分产生的力；$\boldsymbol{e}_*$表示太阳方向矢量；$\boldsymbol{n}$表示卫星表面法向向量；$A$表示卫星表面横截面积。

吸收部分产生的力为

$$\boldsymbol{F}_{\text{abs}}=-(1-\varepsilon)P_* A\cos\theta\boldsymbol{e}_* \tag{6-47}$$

式中，ε为卫星表面反射系数；P_*为太阳光压压强；A为卫星表面横截面积；$\boldsymbol{e}_*$为太阳方向矢量；θ为卫星表面法向向量$\boldsymbol{n}$与太阳方向矢量$\boldsymbol{e}_*$之间的夹角。

对于反射部分，产生的力由入射光和发射光共同作用，平行于卫星表面方向的两股力相互抵消，而垂直卫星表面方向两股力形成合力，方向正好沿卫星表面法向向量$\boldsymbol{n}$的反方向，此外，其大小也应在式(6-45)的基础上考虑表面吸收率及有效截面，如图 6-2 所示。

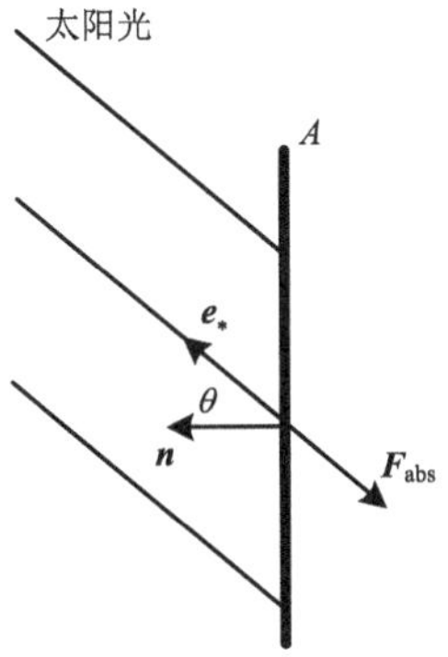

图 6-1　太阳光照吸收部分产生的力

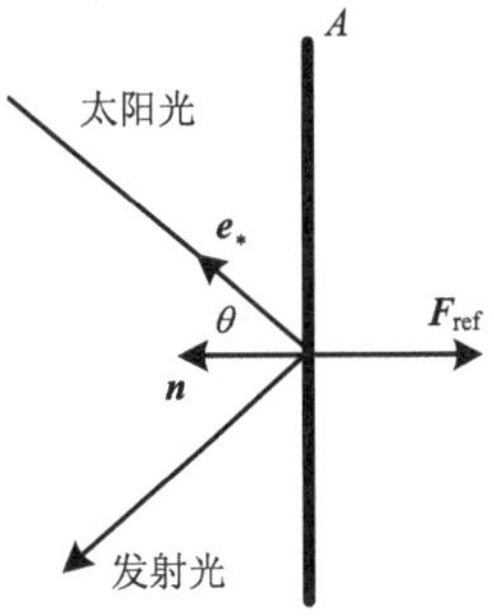

图 6-2　太阳光照发射部分产生的力

反射部分产生的力为

$$\boldsymbol{F}_{\text{ref}}=-2\varepsilon P_*\cos\theta A\cos\theta\boldsymbol{n} \tag{6-48}$$

于是，综合式(6-47)和式(6-48)，可得太阳光压为

$$\boldsymbol{F}=-P_*\cos\theta A[(1-\varepsilon)\boldsymbol{e}_*+2\varepsilon\cos\theta\boldsymbol{n}] \tag{6-49}$$

太阳流量与卫星到太阳距离的平方成反比，而人造卫星到太阳的距离每年大致在$1.47\times10^8\text{km}$到$1.52\times10^8\text{km}$之间变化，因此太阳光压每年会变化±3.3%。于是由太阳光压引起的卫星加速度可表示为

$$\ddot{\boldsymbol{r}}=-P_*\frac{\text{ua}^2}{|\boldsymbol{r}_*|^2}\frac{A}{m}\cos\theta[(1-\varepsilon)\boldsymbol{e}_*+2\varepsilon\cos\theta\boldsymbol{n}] \tag{6-50}$$

式中，ua 为一个天文单位对应的距离；m为卫星质量；$\boldsymbol{r}_*$为太阳的地心位置矢量。

由于$\cos\theta=\boldsymbol{n}^{\text{T}}\boldsymbol{e}_*$，同时可以认为卫星表面法向向量$\boldsymbol{n}$指向太阳，于是

$$\ddot{\boldsymbol{r}} = -P_* C_{\mathrm{R}} \frac{A}{m} \frac{\boldsymbol{r}_*}{\left|\boldsymbol{r}_*\right|^3} \mathrm{ua}^2 \tag{6-51}$$

式中，$C_{\mathrm{R}} = 1 + \varepsilon$，$\varepsilon$ 为卫星表面反射系数，通常作为力学参数，在定轨中进行求解；其他符号含义与式(6-50)相同。

此外，当卫星穿过地球处于黑夜的一边时，太阳会被地球遮挡，出现偏食或全食，称为星蚀。我们通过地影因子表征星蚀对太阳光压模型的影响，最终得到的太阳光压模型为

$$\ddot{\boldsymbol{r}} = -\upsilon P_* C_R \frac{A}{m} \frac{\boldsymbol{r}_*}{\left|\boldsymbol{r}_*\right|^3} \mathrm{ua}^2 \tag{6-52}$$

式中，υ 为地影因子。

卫星是否发生星蚀，通常需要借助地影模型进行判断。需要指出的是，以上介绍的是通用太阳光压模型，实际中，人们通常结合数据处理经验，建立了许多其他具有实用价值的太阳光压模型。例如，在导航卫星精密定轨中常用的 ECOM 模型就是其中的典型代表。ECOM 模型于 1994 年由 Beutler 最先提出并在 Bernese 软件中实现(Beutler et al., 1994)，该模型主要通过 9 个待估参数来描述：

$$\boldsymbol{a}_{\mathrm{rpr}} = \boldsymbol{a}_{\mathrm{ROCK}} + \boldsymbol{a}_D + \boldsymbol{a}_Y + \boldsymbol{a}_X \tag{6-53}$$

$$\begin{cases} \boldsymbol{a}_D = (a_{D0} + a_{DC} \cdot \cos u + a_{DS} \cdot \sin u) \cdot \boldsymbol{e}_D = D(u) \cdot \boldsymbol{e}_D \\ \boldsymbol{a}_Y = (a_{Y0} + a_{YC} \cdot \cos u + a_{YS} \cdot \sin u) \cdot \boldsymbol{e}_Y = Y(u) \cdot \boldsymbol{e}_Y \\ \boldsymbol{a}_X = (a_{X0} + a_{XC} \cdot \cos u + a_{XS} \cdot \sin u) \cdot \boldsymbol{e}_X = X(u) \cdot \boldsymbol{e}_X \end{cases} \tag{6-54}$$

式中，a_{D0}、a_{DC}、a_{DS}、a_{Y0}、a_{YC}、a_{YS}、a_{X0}、a_{XC} 和 a_{XS} 为待估的太阳光压模型经验参数；$\boldsymbol{e}_D$ 为由太阳到卫星的单位矢量；$\boldsymbol{e}_Y = \dfrac{\boldsymbol{e}_D \times \boldsymbol{r}}{\left|\boldsymbol{e}_D \times \boldsymbol{r}\right|}$ 为卫星太阳面板轴向的单位矢量，$\boldsymbol{e}_X = \boldsymbol{e}_Y \times \boldsymbol{e}_D$；$D(u)$、$Y(u)$ 和 $X(u)$ 为在 $\boldsymbol{e}_D$、$\boldsymbol{e}_Y$ 和 $\boldsymbol{e}_X$ 三个方向上的摄动加速度；u 为纬度。$\boldsymbol{a}_{\mathrm{ROCK}}$ 为太阳光压模型初值。虽然在介绍该模型时没有特意说明，但在使用该模型描述太阳光压摄动时，同样需要考虑地影问题。

2. 地影模型

常用的地影模型包括柱形地影模型、锥形地影模型等，这里以柱形地影模型为例，介绍星蚀判决方法。

由于太阳距离地球较远，近似地可以把太阳光处理成从无穷远射来的平行光，从而形成“柱形”地影。如图 6-3 所示，$\boldsymbol{e}_*$ 表示太阳方向矢量，$\boldsymbol{r}$ 表示卫星位置矢量，R_{E} 表示地球平均半径，于是卫星进出地影的条件可表示为

$$\begin{cases} \cos\psi = \boldsymbol{e}_* \cdot \boldsymbol{r}_0 \\ \sin\psi = \dfrac{R_{\mathrm{E}}}{r} \end{cases} \tag{6-55}$$

式中，ψ 为太阳方向与卫星位置矢量之间的夹角；$\boldsymbol{r}_0$ 为卫星位置单位矢量；r 为卫星位置矢量的模。

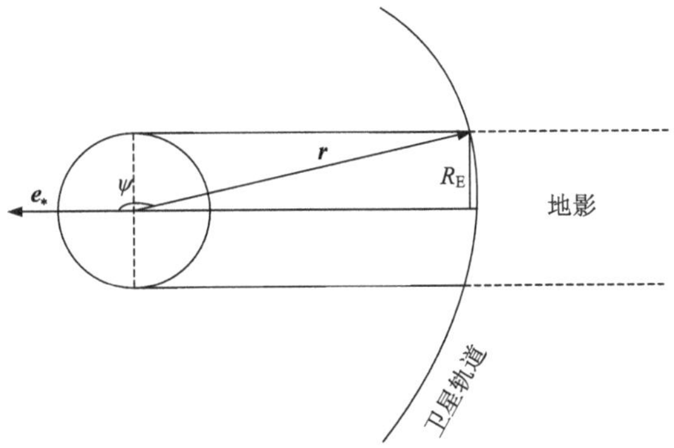

图 6-3　柱形地影模型

由此可见，判断卫星是否进入地影，需要已知太阳位置和卫星位置，前者可以通过天体动力学方法解析计算或从相关的天文历表(如 DE200 等)中插值得到，而后者可以在定轨计算中迭代获得。当然，如果对于近圆轨道，以上的计算将进一步得到简化。其中r可以认为是卫星轨道半径，从而可将式(6-55)中第二式作为地影边界判定条件，利用式(6-55)中第一式可以计算当前卫星位置对应的ψ角，从而判断卫星是否进入地影。

3. 太阳光压影响

太阳光压对卫星轨道的影响，有如下主要结论。

(1)太阳光压是一种与引力相反的有心力，因此也存在摄动函数。因为卫星有时进入地球地影中，出现光压摄动的地影效应，故太阳光压摄动力是不连续的。

(2)地影的存在使a出现长周期变化，从而导致周期T的非单调递减现象。另外，偏心率e的变化出现了周期长、变幅大的情况。

6.3.5　其他摄动力

1. 地球潮汐摄动

太阳和月球的引力对地球的卫星产生一个直接的作用力，即日月引力摄动。此外，这些力同时对地球本体也产生作用，使地球产生一个随时间变化的形变，由此产生的摄动影响称为地球潮汐摄动，包括固体潮、海潮、大气潮，其中，固体潮和海潮影响量级更大。

固体潮：由于地球不是刚体，在月球和太阳引力的作用下，地球的陆地部分会发生弹性形变，这种形变称为固体潮。

海潮：在月球和太阳引力位的作用下，海洋发生潮汐涨落现象，称为海潮。

实际中，固体潮和海潮的影响可通过对地球引力场系数的修正进行描述。

固体潮对地球引力位系数的修正公式为

$$\begin{Bmatrix}\Delta C_{nm}\\ \Delta S_{nm}\end{Bmatrix}=4k_n\left(\frac{GM}{GM_\oplus}\right)\left(\frac{R_\oplus}{s}\right)^{n+1}\sqrt{\frac{(n+2)(n-m)!^3}{(n+m)!^3}}P_{nm}(\sin\phi)\begin{Bmatrix}\cos(m\lambda)\\ \sin(m\lambda)\end{Bmatrix} \tag{6-56}$$

式中，k_n为n阶勒夫(Love)系数；λ、ϕ为卫星的地理经纬度。

海潮对地球引力位系数的修正公式为

$$\begin{Bmatrix} \Delta C_{nm} \\ \Delta S_{nm} \end{Bmatrix} = \frac{4\pi G R_{\oplus}^2 \rho_{\omega}}{GM_{\oplus}} \frac{1+k_n{}'}{2n+1} \begin{Bmatrix} \sum\limits_{s(n,m)} (C_{snm}^{+} + C_{snm}^{-})\cos\theta_s + (S_{snm}^{+} + S_{snm}^{-})\sin\theta_s \\ \sum\limits_{s(n,m)} (S_{snm}^{+} - S_{snm}^{-})\cos\theta_s - (C_{snm}^{+} - C_{snm}^{-})\sin\theta_s \end{Bmatrix} \tag{6-57}$$

式中，ρ_{ω} 为海水密度；$k_n{}'$ 为负荷形变系数；$C_{snm}^{\pm}$ 和 $S_{snm}^{\pm}$ 为潮汐成分的海潮系数；θ_s 为 6 个杜德森(Doodson)变量的加权和。

2. 相对论效应

对卫星运动的严格处理应该与广义相对论相一致，狭义相对论考虑了平坦的四维时空，这在地球附近不再正确。根据广义相对论，卫星的运动可以采用测地方程表示：

$$\frac{\mathrm{d}^2 \boldsymbol{x}^{\mu}}{\mathrm{d}\tau^2} + \boldsymbol{\Gamma}_{\upsilon\sigma}^{\mu} \frac{\mathrm{d}\boldsymbol{x}^{\upsilon}}{\mathrm{d}\tau} \frac{\mathrm{d}\boldsymbol{x}^{\sigma}}{\mathrm{d}\tau} = 0 \tag{6-58}$$

式中，$\boldsymbol{x}^{\mu} = (ct, x^1, x^2, x^3)$ 为标准四维时空坐标；τ 为时间参数，又称为原时；$\boldsymbol{\Gamma}_{\upsilon\sigma}^{\mu}$ 为来自于时空度规 $\boldsymbol{g}_{\alpha\mu}$ 的导数，即

$$\boldsymbol{\Gamma}_{\upsilon\sigma}^{\mu} = \frac{1}{2} \boldsymbol{g}^{\alpha\mu} \left(\frac{\partial \boldsymbol{g}_{\alpha\upsilon}}{\partial \boldsymbol{x}^{\sigma}} + \frac{\partial \boldsymbol{g}_{\alpha\sigma}}{\partial \boldsymbol{x}^{\upsilon}} - \frac{\partial \boldsymbol{g}_{\upsilon\sigma}}{\partial \boldsymbol{x}^{\alpha}} \right) \tag{6-59}$$

式中，$\boldsymbol{g}^{\alpha\mu}$ 为 $\boldsymbol{g}_{\alpha\mu}$ 的逆矩阵。

基于地球附近的指定度规，测地方程可以展开成一阶相对论项，从而引出了后牛顿加速度修正：

$$\ddot{\boldsymbol{r}} = -\frac{GM_{\oplus}}{r^2} \left[\left(4\frac{GM_{\oplus}}{c^2 r} - \frac{v^2}{c^2} \right) \boldsymbol{e}_r + 4\frac{v^2}{c^2} (\boldsymbol{e}_r \cdot \boldsymbol{e}_v) \boldsymbol{e}_v \right] \tag{6-60}$$

式中，$GM_{\oplus}$ 为地球引力常数；$\boldsymbol{e}_r$ 和 $\boldsymbol{e}_v$ 为卫星位置和速度的单位矢量；r 为卫星地心向径；v 为卫星速度大小；c 为光速。

对于圆轨道，速度和径向矢量相垂直，相应的加速度相对论修正量为

$$\ddot{\boldsymbol{r}} = -\frac{GM_{\oplus}}{r^2} \boldsymbol{e}_r \left(3\frac{v^2}{c^2} \right) \tag{6-61}$$

3. 地球辐射压

除太阳直接辐射外，地球辐射对卫星也会产生一个小的压力，分为短波光学辐射和长波红外辐射。其中，短波光学辐射是由地球表面对太阳入射光的反射和散射产生的，长波红外辐射是由地球及其大气层所吸收的太阳辐射的近似各向同性的再发射。

地球辐射产生的摄动加速度可表示为

$$\ddot{\boldsymbol{r}} = \sum_{j=0}^{N} C_{\mathrm{R}} \left(v_j a_j \cos\theta_j^{\mathrm{E}} + \frac{1}{4}\varepsilon_j \right) P_{\oplus} \frac{A}{M} \cos\theta_j^{\mathrm{S}} \frac{\mathrm{d}A_j}{\pi r_j^2} \boldsymbol{e}_j \tag{6-62}$$

式中，v_j 为地球面元的阴影函数；θ_j^{E} 和 θ_j^{S} 分别为入射太阳光和地球表面或卫星表面法线的夹角；$\boldsymbol{e}_j$ 为地球表面元指向卫星的单位矢量；r_j 为地球表面元到地心的距离；$P_{\oplus}$ 为辐射压强；ε_j 为红外辐射的发射率；a_j 为光学辐射的反照率；A 为卫星表面横截面积；M 为卫星的质量；$\mathrm{d}A_j$ 为地球的不同面元，一般分为 20 个地球表面元；C_{R} 与式(6-51)

中的含义相同，表示卫星表面反射情况。

4. 经验力

尽管轨道确定的力学模型已有极大的改进，但要进一步改进模型却越来越困难。原因有以下几点：①轨道力学模型本身的复杂度和计算量；②非保守力模型的不完善对高精度力学建模有很大限制；③即使最详尽的力模型也受限于随时间变化的姿态、材料特性和表面温度的不确定性。

卫星力学模型误差大多发生的频率为每圈一次(1 CPR)，相应地，采用常数项和 1CPR 经验加速度来进行力学补偿：

$$\ddot{\boldsymbol{r}} = \boldsymbol{E}\left(a_0 + a_1 \sin f + a_2 \cos f\right) \tag{6-63}$$

式中，a_0 为恒定的加速度偏移量；a_1 和 a_2 为 1CPR 系数；f 为真近点角；经验加速度的方向通常在径向、法向和沿迹方向，通过矩阵 $\boldsymbol{E}$ 将其转换到惯性系。

为了对未模型化的摄动力进行最佳补偿，轨道确定中需要同时估计改进经验加速度系数和其他参数。

5. 推力

卫星的运动还可能受到星载推进系统作用力的影响。推进器频繁地应用于轨道控制、姿态控制或者两者的联合控制，并且呈现出不同的力度和作用时间。对于导航卫星而言，由于某些导航卫星运行周期的特殊性，其与地球非球形引力存在共振项，卫星轨道参数存在长期漂移，为了修正这类卫星的轨道有时需要借助推力定期进行轨道机动。此外，导航卫星正常工作需要保持一定的姿态，通常以动量轮进行调整，理论上这样的调整不会影响卫星的质心运动，但由于动力、机械、安装调试的不完善有时也会造成导航卫星轨道的突变，特别地，当 GEO 卫星用作导航卫星时(如我国的北斗导航卫星系统就包含 GEO 卫星)，为了保持该类卫星定点在赤道上空某一位置，更是需要频繁的轨道机动(杜兰，2006)。这里以常见的脉冲机动为例对推力摄动进行说明。

脉冲机动情况下，推进器工作时间一般有限，推力通常可以看作发生在脉冲机动瞬间的速度增量：

$$\boldsymbol{v}(t_i^+) = \boldsymbol{v}(t_i^-) + \Delta\boldsymbol{v}(t_i) \tag{6-64}$$

式中，$\boldsymbol{v}(t_i^-)$ 为机动前的卫星速度；$\boldsymbol{v}(t_i^+)$ 为机动后的卫星速度。

这里只是以脉冲机动推力为例进行说明，实际中，还常用到持续机动推力。对持续机动推力则需要一个合适的推力模型。卫星的推力系统不同，实施机动的方式各异，通常很难用一种统一的力学模型对其进行建模，需要结合不同的机动方式进行相应的推力建模。

第 7 章　受摄运动方程解算

第 6 章介绍了卫星受摄运动，并建立了相应的受摄运动方程。该方程本质上属于微分方程，对其进行合理求解，是卫星轨道确定需要解决的重要问题。经过多年发展，人们研究了许多受摄运动方程的解算方法，总结起来，大致可分为分析解法和数值解法两大类(刘林等，2005)，其中，分析解法主要是借助各种理论分析方法，求解卫星运动变化的解析解；数值解法则是将历元时刻卫星位置、速度(或轨道根数)作为初始值，采用数值方法精确地求得任意时刻的卫星位置、速度(或轨道根数)。下面分别对两类方法进行详细介绍。

7.1　分 析 解 法

我们知道，二体问题是迄今为止唯一能得到严密分析解的轨道运动(许其凤，1989)。对于受摄运动问题，虽然目前还无法获得严密的分析解，但是也有一些近似解法可以使用(Brouwer, 1959; Kozai, 1959)。本章重点介绍分析解法中的小参数幂级数解法和平均根数法(刘林，1992; 刘林，1998)。这类方法虽然精度有限，但是能够反映轨道变化规律、计算简单，在目前的卫星定轨领域仍有较大的应用空间。

7.1.1　小参数幂级数解法

小参数幂级数解法主要是根据摄动力相对地球中心引力是微小量这一特点，将摄动运动方程展开成幂级数，然后以逐步迭代方法进行求解。

1. 小参数幂级数解的构造

由 6.2.1 节可知，经常数变易法的处理，受摄运动方程

$$\ddot{\boldsymbol{r}} = \boldsymbol{F}_0\left(\boldsymbol{r}\right) + \boldsymbol{F}_1\left(\boldsymbol{r}, \dot{\boldsymbol{r}}, t; \varepsilon\right) \tag{7-1}$$

的求解问题，可转化为相应的摄动运动方程

$$\frac{\mathrm{d}\boldsymbol{\sigma}}{\mathrm{d}t} = \boldsymbol{f}(\boldsymbol{\sigma}, t, \varepsilon) \tag{7-2}$$

的求解问题。

如 6.2.2 节所述，摄动运动方程有多种形式，本节采用拉格朗日型摄动运动方程[参见式(6-16)]。式(7-2)可以理解为拉格朗日型摄动运动方程的向量形式，至此，原受摄运动问题的解将由两部分组成，即

$$\boldsymbol{r} = \boldsymbol{r}(\boldsymbol{\sigma}, t), \qquad \dot{\boldsymbol{r}} = \dot{\boldsymbol{r}}(\boldsymbol{\sigma}, t) \tag{7-3}$$

$$\boldsymbol{\sigma}(t) = \boldsymbol{\sigma}(\boldsymbol{\sigma}_0, t_0; t, \varepsilon), \qquad \boldsymbol{\sigma}(t_0) = \boldsymbol{\sigma}_0 \tag{7-4}$$

式中，$\boldsymbol{r}$ 为卫星位置向量；$\dot{\boldsymbol{r}}$ 为卫星速度向量；t 为时间参数；$\boldsymbol{\sigma}(t)$ 为 t 时刻轨道根数向

量；t_0 为参考时刻；$\boldsymbol{\sigma}(t_0)$ 为 t_0 时刻轨道根数向量；ε 为一阶小量。

可以这样理解：式(7-3)表示的是当前时刻轨道根数和卫星位置速度之间的关系。我们知道，在任何一个瞬时时刻，所有二体问题公式都适用于受摄运动问题，所以我们利用二体问题公式就可以解决式(7-3)描述的问题；式(7-4)表示的是当前时刻轨道根数与参考时刻轨道根数之间的关系，这是本节需要重点解决的问题。

在拉格朗日型摄动运动方程式(6-16)中，如果第 6 个根数采用 τ 或 $M_0 = -n\tau$，则上述小参数摄动方程的右函数的 6 个元素的量级均为 $O(\varepsilon)$。然而，通常第 6 个根数采用平近点角 M，那么上述右函数的第 6 个元素含有一项 $n = \sqrt{\mu}a^{-2/3} = O(\varepsilon^0)$，此时，式(7-2)可改写为

$$\frac{\mathrm{d}\boldsymbol{\sigma}}{\mathrm{d}t} = \boldsymbol{f}_0(a) + \boldsymbol{f}_\varepsilon(\boldsymbol{\sigma}, t, \varepsilon) \tag{7-5}$$

其中，

$$\begin{cases} \boldsymbol{f}_0(a) = \boldsymbol{\delta} \cdot n \\ \boldsymbol{\delta} = \begin{bmatrix} 0 & 0 & 0 & 0 & 0 & 1 \end{bmatrix}^\mathrm{T} \end{cases} \tag{7-6}$$

$$\left| \boldsymbol{f}_{\varepsilon i}(\boldsymbol{\sigma}, t, \varepsilon) \right| = \boldsymbol{O}(\varepsilon) \quad i = 1, 2, \cdots, 6 \tag{7-7}$$

以上方程的小参数幂级数解形式为

$$\boldsymbol{\sigma}(t) = \boldsymbol{\sigma}^{(0)}(t) + \Delta\boldsymbol{\sigma}^{(1)}(t, \varepsilon) + \Delta\boldsymbol{\sigma}^{(2)}(t, \varepsilon^2) + \cdots + \Delta\boldsymbol{\sigma}^{(l)}(t, \varepsilon^l) + \cdots \tag{7-8}$$

不难看出，展开的小参数幂级数解实际上就是解 $\sigma(t)$ 在参考轨道——无摄运动解 $\boldsymbol{\sigma}^{(0)}(t)$ 处的展开，$\Delta\sigma^{(l)}(t, \varepsilon^l)$ 即 l 阶摄动变化项，简称 l 阶摄动项。

将形式解式(7-8)代入摄动运动方程式(7-5)，并对方程进行泰勒级数展开，得

$$\begin{aligned} &\frac{\mathrm{d}}{\mathrm{d}t}[\boldsymbol{\sigma}^{(0)}(t) + \Delta\boldsymbol{\sigma}^{(1)}(t, \varepsilon) + \Delta\boldsymbol{\sigma}^{(2)}(t, \varepsilon^2) + \cdots + \Delta\boldsymbol{\sigma}^{(l)}(t, \varepsilon^l) + \cdots] \\ &= \boldsymbol{f}_0(a)\big|_{\boldsymbol{\sigma}^{(0)}} + \left.\frac{\partial \boldsymbol{f}_0}{\partial a}\right|_{\boldsymbol{\sigma}^{(0)}} \cdot [\Delta a^{(1)} + \Delta a^{(2)} + \cdots] + \frac{1}{2}\left.\frac{\partial^2 \boldsymbol{f}_0}{\partial a^2}\right|_{\boldsymbol{\sigma}^{(0)}} \cdot [\Delta a^{(1)} + \Delta a^{(2)} + \cdots]^2 + \cdots \\ &\quad + \boldsymbol{f}_\varepsilon(\boldsymbol{\sigma}, t, \varepsilon)\big|_{\boldsymbol{\sigma}^{(0)}} + \sum_{j=1}^{6}\left[\left.\frac{\partial \boldsymbol{f}_\varepsilon}{\partial \boldsymbol{\sigma}_j}\right|_{\boldsymbol{\sigma}^{(0)}} \cdot [\Delta\boldsymbol{\sigma}_j^{(1)} + \Delta\boldsymbol{\sigma}_j^{(2)} + \cdots] \right] + \cdots \end{aligned} \tag{7-9}$$

需要说明的是，式(7-9)右端各项出现的根数均应取参考轨道，即无摄运动解。积分并比较展开式两端同次幂的系数，得

$$\begin{cases} \boldsymbol{\sigma}^{(0)}(t) = \boldsymbol{\sigma}_0 + \boldsymbol{\delta} n_0 (t - t_0) \\ \Delta\boldsymbol{\sigma}^{(1)}(t) = \displaystyle\int_{t_0}^{t} \left[\boldsymbol{\delta} \frac{\partial n}{\partial a} \Delta a^{(1)} + \boldsymbol{f}_\varepsilon(\boldsymbol{\sigma}, t, \varepsilon) \right]_{\boldsymbol{\sigma}^{(0)}} \mathrm{d}t \\ \Delta\boldsymbol{\sigma}^{(2)}(t) = \displaystyle\int_{t_0}^{t} \left[\boldsymbol{\delta}\left(\frac{\partial n}{\partial a}\Delta a^{(2)} + \frac{1}{2}\frac{\partial^2 n}{\partial a^2}(\Delta a^{(1)})^2 \right) + \sum_j \frac{\partial \boldsymbol{f}_\varepsilon}{\partial \boldsymbol{\sigma}_j}\Delta\boldsymbol{\sigma}_j^{(1)} \right]_{\boldsymbol{\sigma}^{(0)}} \mathrm{d}t \\ \vdots \end{cases} \tag{7-10}$$

需要说明的是，利用式(7-10)进行小参数幂级数解的构造过程是一个递推过程，即

由低阶摄动求高阶摄动，将 $\boldsymbol{f}_{\varepsilon}(\boldsymbol{\sigma},t,\varepsilon)$ 的具体形式代入后，即可给出各阶摄动项的表达式，从而构造出摄动运动方程的小参数幂级数解。这一构造级数解的方法，即摄动法（经典摄动法）。

最后，根据精度需求，将式(7-10)对应项代入式(7-8)，即可获得小参数幂级数解的最终结果。

2. 解算实例

为了更加直观地说明小参数幂级数解法的应用方法，这里给出一个简化的二阶小参数方程，然后，利用小参数幂级数解法，对其进行求解。这一方程实质上也可以理解为对卫星受摄运动方程的简化。我们可以按照处理无摄运动和受摄运动的思路来理解以下求解过程。

用小参数幂级数解法求解二阶小参数方程

$$\ddot{x}+\omega^2 x=-\varepsilon x^3 \quad (\varepsilon \ll 1) \tag{7-11}$$

式中，$\omega>0$，是实常数。

解：

当 $\varepsilon=0$ 时，相当于无摄运动方程

$$\ddot{x}+\omega^2 x=0 \tag{7-12}$$

容易获得其解为

$$\begin{cases} x=a\cos(\omega t+M_0) \\ \dot{x}=-\omega a\sin(\omega t+M_0) \end{cases} \tag{7-13}$$

这里初始时刻取 $t_0=0$，积分常数 a、M_0 相当于两个无摄根数。

当 $\varepsilon \neq 0$ 时，用 6.2.1 节介绍的常数变易法建立相应的摄动运动方程，根据式(6-10)，有

$$\begin{cases} \dfrac{\partial x}{\partial a}\dot{a}+\dfrac{\partial x}{\partial M_0}\dot{M}_0=0 \\ \dfrac{\partial \dot{x}}{\partial a}\dot{a}+\dfrac{\partial \dot{x}}{\partial M_0}\dot{M}_0=-\varepsilon x^3 \end{cases} \tag{7-14}$$

由此导出摄动运动方程为

$$\begin{cases} \dot{a}=\dfrac{\varepsilon}{\omega}a^3\left(\dfrac{1}{4}\sin 2M+\dfrac{1}{8}\sin 4M\right)=(f_1)_a \\ \dot{M}=\omega+\dot{M}_0=\omega+\dfrac{\varepsilon}{\omega}a^2\left(\dfrac{3}{8}+\dfrac{1}{2}\cos 2M+\dfrac{1}{8}\cos 4M\right)=\omega+(f_1)_M \end{cases} \tag{7-15}$$

利用式(7-10)，该方程的小参数幂级数解即

$$\boldsymbol{\sigma}(t)=\boldsymbol{\sigma}^{(0)}(t)+\Delta\boldsymbol{\sigma}^{(1)}(t)+\cdots \tag{7-16}$$

其中，

$$\boldsymbol{\sigma}^{(0)}(t)=\begin{pmatrix} a_0 \\ M_0+\omega t \end{pmatrix} \tag{7-17}$$

于是由

$$\Delta\boldsymbol{\sigma}^{(1)}(t)=\int_0^t[\boldsymbol{f}_1(\sigma,t,\varepsilon)]_{\sigma^{(0)}}\mathrm{d}t \tag{7-18}$$

积分得

$$\Delta a^{(1)}(t)=\frac{\varepsilon}{\omega^2}a_0^3\left[-\frac{1}{8}\cos 2(M_0+\omega t)-\frac{1}{32}\cos 4(M_0+\omega t)\right]-\frac{\varepsilon}{\omega^2}a_0^3\left(-\frac{1}{8}\cos 2M_0-\frac{1}{32}\cos 4M_0\right) \tag{7-19}$$

$$\begin{aligned}\Delta M^{(1)}(t)=&\frac{\varepsilon}{\omega^2}a_0^2\left[\frac{3}{8}\omega t+\frac{1}{4}\sin 2(M_0+\omega t)+\frac{1}{32}\sin 4(M_0+\omega t)\right]\\&-\frac{\varepsilon}{\omega^2}a_0^2\left(\frac{1}{4}\sin 2M_0+\frac{1}{32}\sin 4M_0\right)\end{aligned} \tag{7-20}$$

二阶摄动项的计算公式为

$$\Delta a^{(2)}=\int_0^t[\frac{\partial(\boldsymbol{f}_1)_a}{\partial a}\Delta a^{(1)}+\frac{\partial(\boldsymbol{f}_1)_a}{\partial M}\Delta M^{(1)}]_{\sigma^{(0)}}\mathrm{d}t \tag{7-21}$$

$$\Delta M^{(2)}=\int_0^t[\frac{\partial(\boldsymbol{f}_1)_M}{\partial a}\Delta a^{(1)}+\frac{\partial(\boldsymbol{f}_1)_M}{\partial M}\Delta M^{(1)}]_{\sigma^{(0)}}\mathrm{d}t \tag{7-22}$$

将 $\Delta\boldsymbol{\sigma}^{(1)}$ 代入后积分即得二阶摄动项 $\Delta a^{(2)}$、$\Delta M^{(2)}$。不难看出，由于 $\Delta M^{(1)}$ 中含有 ωt 这种项，那么求 $\Delta\boldsymbol{\sigma}^{(2)}$ 时，将会出现如下形式的积分：

$$\int_0^t\begin{pmatrix}\sin kM\\ \cos kM\end{pmatrix}\omega t\mathrm{d}t \quad (k=0,1,\cdots) \tag{7-23}$$

称为泊松项。

3. 周期项和长期项

如果摄动力是保守力，在有限时间间隔内，通常 a,e,i 仅有周期项，Ω,ω 随时间长期变化，但比 M 的变化缓慢得多，因为 M 是直接反映运动天体绕中心天体运动的轨道根数，而 Ω,ω 的变化仅仅是摄动引起的。故通常称 a,e,i 为不变量，Ω,ω 为慢变量，而 M 为快变量。

在上述情况下，各阶摄动变化 $\Delta\boldsymbol{\sigma}^{(1)},\Delta\boldsymbol{\sigma}^{(2)},\cdots$ 中一般包含三种性质不同的项：长期项、长周期项和短周期项。长期项是 $t-t_0$ 的线性函数或多项式，其系数仅是 a,e,i 的函数；长周期项是 Ω,ω 的三角函数；短周期项则是 M 的周期函数(也是三角函数)。另外，还有形如 $(t-t_0)\sin(At+B)$ 和 $(t-t_0)\cos(At+B)$ 等形式的泊松项，也称混合项。

从定性角度看，当摄动力为保守力时，通常 a,e,i 是没有长期变化的，但按上述经典摄动法来构造摄动解，即会导致出现长期变化，这就歪曲了轨道变化的性质。即使从定量角度来看，虽然对于短弧而言无关紧要，但对于长弧情况，长周期项与长期项的差别就明显了，这将影响解的精度。选择参考轨道为无摄运动解的经典摄动法有明显的缺点，对它进行改进是完全有必要的。

7.1.2　平均根数法

小参数幂级数法有明显的缺点，对于较长弧段，其定量计算精度不理想，如果取项太多则难以实现，即使在一定精度的前提下，它也不能真实地反映轨道变化的规律。前面我们指出，导致这一状况的原因是参考轨道(即无摄运动解)太简单，因此有必要改进参考轨道的选择。在平均根数法中，选择平均根数作为参考轨道，为了更好地理解该方法，首先介绍平均根数。

1. 平均根数

将小参数幂级数解式(7-8)中轨道根数的摄动变化 $\Delta\boldsymbol{\sigma}^{(1)},\Delta\boldsymbol{\sigma}^{(2)},\cdots$ 按其性质分解成长期变化、长周期变化和短周期变化三部分，分别记作 $\boldsymbol{\sigma}_1(t-t_0)$、$\cdots$、$\Delta\boldsymbol{\sigma}_1^{(1)}(t)$、$\cdots$、$\Delta\boldsymbol{\sigma}_s^{(1)}(t)$、$\cdots$，而相应摄动方程的小参数幂级数解的形式将改写为

$$\boldsymbol{\sigma}(t)=\bar{\boldsymbol{\sigma}}(t)+\boldsymbol{\sigma}_1^{(1)}(t)+\cdots+\boldsymbol{\sigma}_s^{(1)}(t)+\cdots \tag{7-24}$$

式中，$\boldsymbol{\sigma}(t)$ 为 t 时刻瞬时轨道根数；$\bar{\boldsymbol{\sigma}}(t)$ 为 t 时刻平均轨道根数；$\boldsymbol{\sigma}_1^{(1)}(t)+\cdots$ 为 t 时刻轨道根数长周期项；$\boldsymbol{\sigma}_s^{(1)}(t)+\cdots$ 为 t 时刻轨道根数短周期项。

为了更好地理解平均轨道根数的含义，可以通过如下公式描述其含义：

$$\bar{\boldsymbol{\sigma}}(t)=\bar{\boldsymbol{\sigma}}^{(0)}(t)+\boldsymbol{\sigma}_1(t-t_0)+\cdots \tag{7-25}$$

式中，$\bar{\boldsymbol{\sigma}}^{(0)}(t)$ 为 t 时刻平均轨道根数的 0 阶项；$\boldsymbol{\sigma}_1(t-t_0)+\cdots$ 为 t 时刻轨道根数的长期变化项。

$$\bar{\boldsymbol{\sigma}}^{(0)}(t)=\bar{\boldsymbol{\sigma}}_0+\boldsymbol{\delta}\cdot\bar{n}(t-t_0) \tag{7-26}$$

式中，$\bar{\boldsymbol{\sigma}}_0$ 为 t_0 时刻平均轨道根数；$\bar{n}$ 为平均角速度；$\boldsymbol{\delta}$ 的含义与式(7-6)相同。

$$\bar{\boldsymbol{\sigma}}_0=\bar{\boldsymbol{\sigma}}(t_0)=\boldsymbol{\sigma}_0-[\boldsymbol{\sigma}_1^{(1)}(t_0)+\cdots+\boldsymbol{\sigma}_s^{(1)}(t_0)+\cdots] \tag{7-27}$$

式中，$\boldsymbol{\sigma}_1^{(1)}(t_0)+\cdots$ 为 t_0 时刻轨道根数的长周期项；$\boldsymbol{\sigma}_s^{(1)}(t_0)+\cdots$ 为 t_0 时刻轨道根数的短周期项。

上述形式解表明，原摄动变化不仅按其变化性质分成不同部分，而且改为以摄动项表达的形式，即原

$$\Delta\boldsymbol{\sigma}_1^{(1)}(t)=\boldsymbol{\sigma}_1^{(1)}(t)-\boldsymbol{\sigma}_1^{(1)}(t_0) \tag{7-28}$$

$$\Delta\boldsymbol{\sigma}_s^{(1)}(t)=\boldsymbol{\sigma}_s^{(1)}(t)-\boldsymbol{\sigma}_s^{(1)}(t_0) \tag{7-29}$$

在表达式中只出现 $\boldsymbol{\sigma}_1^{(1)}(t)$、$\cdots$、$\boldsymbol{\sigma}_s^{(1)}(t)$、$\cdots$，而 $\boldsymbol{\sigma}_1^{(1)}(t_0)$、$\cdots$、$\boldsymbol{\sigma}_s^{(1)}(t_0)$、$\cdots$ 已从 $\boldsymbol{\sigma}_0$ 中消去。这样的分解就使得 $\bar{\boldsymbol{\sigma}}(t)$ 只包含长期变化，故称其为平均轨道根数，简称平均根数，或平根数。

平均根数法就是取 $\bar{\boldsymbol{\sigma}}(t)$ 为其参考解，显然，$\bar{\boldsymbol{\sigma}}(t)$ 对应的仍是一个椭圆轨道，但它不再是一个固定不变的椭圆，而是一个包含长期摄动变化的椭圆。在保守力摄动下，它将是一个长期进动椭圆，即该椭圆轨道平面和拱线方向在空间转动。平均根数法仍是建立在受摄二体问题基础上的一种摄动法，是一种改进的摄动法。

2. 摄动函数的分解

在平均根数法摄动解的构造中，通常需要将摄动函数对应分解为长期项和周期项，这里介绍一般的分解方法。

任一函数在一个运动周期内的平均值定义为

$$\bar{F}=\frac{1}{T}\int_0^T F(t)\mathrm{d}t \tag{7-30}$$

式中，T 为运动周期；$F(t)$ 为时间 t 的函数；$\bar{F}$ 为函数在运动周期内的平均值。

若记 F_s 和 F_c 分别为周期项和非周期项，则显然有

$$F_c = \bar{F} \tag{7-31}$$

$$F_s = F - \bar{F} \tag{7-32}$$

$$F(t) = F_s + F_c \tag{7-33}$$

于是，可用对一个运动周期求平均值的方法将周期项分离出来，相应的函数即被分解成两个部分。需要说明的是，对于长周期项和短周期项的分离，仍可按照上述方法进行，在短周期之内，长周期项可以理解为长期项，于是，在短周期之内，对周期项 F_s 按照式(7-30)进行平均值求取，而后按照式(7-31)和式(7-32)可以实现长周期项和短周期项的分解。

另外，7.1.1 节指出，如果摄动力是保守力，通常 a,e,i 为不变量，Ω,ω 为慢变量，M 为快变量。在上述情况下，各阶摄动变化 $\Delta\sigma^{(1)},\Delta\sigma^{(2)},\cdots$ 中一般包含三种性质不同的项：长期项、长周期项和短周期项。长期项是 $t-t_0$ 的线性函数或多项式，其系数仅是 a,e,i 的函数；长周期项是 Ω,ω 的三角函数；短周期项则是 M 的三角函数。此时，如果摄动函数形式较为简单，可以借助以上规律，通过简单观察函数结构，实现摄动函数的分解。

3. 摄动解的构造

首先，对于小参数摄动运动方程式(7-5)中的摄动函数 $\boldsymbol{f}_\varepsilon(\boldsymbol{\sigma},t,\varepsilon)$，可按照量级展开为小参数的幂级数，即

$$\boldsymbol{f}_\varepsilon(\boldsymbol{\sigma},t,\varepsilon) = \boldsymbol{f}_1(\boldsymbol{\sigma},t,\varepsilon) + \boldsymbol{f}_2(\boldsymbol{\sigma},t,\varepsilon^2) + \cdots + \boldsymbol{f}_N(\boldsymbol{\sigma},t,\varepsilon^N) + \cdots \tag{7-34}$$

式中，$\boldsymbol{f}_N = \boldsymbol{O}(\varepsilon^N)$。

其次，按摄动解影响特性进一步展开，方法可参照第 2 小节论述，分解成相应的三个部分，即

$$\boldsymbol{f}_N = \boldsymbol{f}_{Nc} + \boldsymbol{f}_{Nl} + \boldsymbol{f}_{Ns} \quad (N = 1,2,\cdots) \tag{7-35}$$

式中，下标 c、l和s 分别表示长期、长周期和短周期部分。

注意，要使平均根数法有效，要求

$$\boldsymbol{f}_{1l} = 0 \tag{7-36}$$

这在卫星轨道中是常被满足或近似满足的。

将平均根数形式解式(7-24)和式(7-25)代入摄动运动方程，如式(6-16)，右函数在平均根数 $\bar{\boldsymbol{\sigma}}(t)$ 展开，这与小参数幂级数解式(7-9)在无摄运动轨道处进行展开有本质区别，有

$$\begin{aligned}
&\frac{\mathrm{d}}{\mathrm{d}t}[\bar{\boldsymbol{\sigma}}^{(0)}(t) + \boldsymbol{\sigma}_1(t-t_0) + \boldsymbol{\sigma}_2(t-t_0) + \cdots + \boldsymbol{\sigma}_l^{(1)}(t) + \cdots + \boldsymbol{\sigma}_s^{(1)}(t) + \cdots] \\
&= \boldsymbol{f}_0(\bar{a}) + \frac{\partial \boldsymbol{f}_0}{\partial a}[a_l^{(1)} + a_l^{(2)} + \cdots + a_s^{(1)} + a_s^{(2)} + \cdots] \\
&\quad + \frac{1}{2}\frac{\partial^2 \boldsymbol{f}_0}{\partial a^2}[a_l^{(1)} + a_l^{(2)} + \cdots + a_s^{(1)} + a_s^{(2)} + \cdots]^2 + \cdots
\end{aligned}$$

$$
\begin{aligned}
&+\boldsymbol{f}_1(\overline{\boldsymbol{\sigma}},t,\varepsilon)+\sum_{j=1}^{6}\frac{\partial \boldsymbol{f}_1}{\partial \boldsymbol{\sigma}_j}\left[\boldsymbol{\sigma}_l^{(1)}+\cdots+\boldsymbol{\sigma}_s^{(1)}+\cdots\right]_j\\
&+\frac{1}{2}\sum_{j=1}^{6}\sum_{k=1}^{6}\frac{\partial^2 \boldsymbol{f}_1}{\partial \boldsymbol{\sigma}_j\partial \boldsymbol{\sigma}_k}\left[\boldsymbol{\sigma}_l^{(1)}+\cdots+\boldsymbol{\sigma}_s^{(1)}+\cdots\right]_j\left[\boldsymbol{\sigma}_l^{(1)}+\cdots+\boldsymbol{\sigma}_s^{(1)}+\cdots\right]_k+\cdots \qquad (7\text{-}37)\\
&+\boldsymbol{f}_2(\overline{\boldsymbol{\sigma}},t,\varepsilon^2)+\sum_{j=1}^{6}\frac{\partial \boldsymbol{f}_2}{\partial \boldsymbol{\sigma}_j}\left[\boldsymbol{\sigma}_l^{(1)}+\cdots+\boldsymbol{\sigma}_s^{(1)}+\cdots\right]_j+\cdots+\cdots+\boldsymbol{f}_N(\overline{\boldsymbol{\sigma}},t,\varepsilon^N)+\cdots
\end{aligned}
$$

需要注意的是，式(7-37)右端出现的根数均应取参考轨道，即平均根数$\overline{\boldsymbol{\sigma}}(t)$，而小参数幂级数解式(7-9)右端出现的根数则应取无摄运动解$\boldsymbol{\sigma}^{(0)}(t)$，注意两者的区别。

比较展开式两端同性质同次幂的系数，并分别积分，得

$$
\begin{cases}
\overline{\boldsymbol{\sigma}}^{(0)}(t)=\displaystyle\int_{t_0}^{t}\boldsymbol{f}_0(\overline{a})\mathrm{d}t=\overline{\boldsymbol{\sigma}}_0+\boldsymbol{\delta}\overline{n}(t-t_0)\\
\boldsymbol{\sigma}_1(t-t_0)=\displaystyle\int_{t_0}^{t}\left[\boldsymbol{f}_{1c}\right]_{\overline{\boldsymbol{\sigma}}}\mathrm{d}t\\
\boldsymbol{\sigma}_s^{(1)}(t)=\displaystyle\int^{t}\left[\boldsymbol{\delta}\frac{\partial n}{\partial a}a_s^{(1)}+\boldsymbol{f}_{1s}\right]_{\overline{\boldsymbol{\sigma}}}\mathrm{d}t\\
\boldsymbol{\sigma}_2(t-t_0)=\displaystyle\int_{t_0}^{t}\left[\boldsymbol{\delta}\frac{1}{2}\frac{\partial^2 n}{\partial a^2}(a_s^{(1)})_c^2+\left[\sum_j\frac{\partial \boldsymbol{f}_1}{\partial \boldsymbol{\sigma}_j}(\boldsymbol{\sigma}_l^{(1)}+\boldsymbol{\sigma}_s^{(1)})_j\right]_c+\boldsymbol{f}_{2c}\right]_{\overline{\boldsymbol{\sigma}}}\mathrm{d}t\\
\boldsymbol{\sigma}_l^{(1)}(t)=\displaystyle\int^{t}\left[\boldsymbol{\delta}\frac{\partial n}{\partial a}a_l^{(2)}+\boldsymbol{\delta}\frac{1}{2}\frac{\partial^2 n}{\partial a^2}(a_s^{(1)})_l^2+\left[\sum_j\frac{\partial \boldsymbol{f}_1}{\partial \boldsymbol{\sigma}_j}(\boldsymbol{\sigma}_l^{(1)}+\boldsymbol{\sigma}_s^{(1)})_j\right]_l+\boldsymbol{f}_{2l}\right]_{\overline{\boldsymbol{\sigma}}}\mathrm{d}t\\
\boldsymbol{\sigma}_s^{(2)}(t)=\displaystyle\int^{t}\left[\boldsymbol{\delta}\frac{\partial n}{\partial a}a_s^{(2)}+\boldsymbol{\delta}\frac{1}{2}\frac{\partial^2 n}{\partial a^2}(a_s^{(1)})_s^2+\left[\sum_j\frac{\partial \boldsymbol{f}_1}{\partial \boldsymbol{\sigma}_j}(\boldsymbol{\sigma}_l^{(1)}+\boldsymbol{\sigma}_s^{(1)})_j\right]_s+\boldsymbol{f}_{2s}\right]_{\overline{\boldsymbol{\sigma}}}\mathrm{d}t\\
\vdots
\end{cases}
\qquad (7\text{-}38)
$$

几点说明如下。

(1)与经典摄动法不同，参考解$\overline{\sigma}(t)$实际上是在递推过程中形成的，但这并不影响上述级数解的构造。

(2)对于保守力摄动，a,e,i的变化无长期项；如果是耗散力，解的结构会复杂些。

(3)分析解法常采用一阶摄动解、二阶摄动解；对于更高精度的要求，常采用数值解法。通常要求：一阶摄动解(简称一阶解)取到所有的一阶摄动项(包括长期、长周期和短周期项)和二阶长期项；二阶摄动解(简称二阶解)取到所有的一、二阶摄动项和三阶长期项。

(4)需要注意的是，平均根数法解的构造中，长周期项积分存在降阶现象。

长周期项的变化取决于慢变量Ω和ω，以ω为例，有

$$
\overline{\omega}=\overline{\omega}_0+\omega_1(t-t_0)+\omega_2(t-t_0)+\cdots \qquad (7\text{-}39)
$$

式中，$\overline{\omega}_0$为t_0时刻平均根数；$\omega_1,\omega_2,\cdots$为ω变化的各阶长期项系数，其中，$\omega_1=O(\varepsilon)$是一阶小量。

若 $f_{21}=\varepsilon^2\cos\bar{\omega}$，有

$$\begin{aligned}\int f_{21}\mathrm{d}t &= \int \varepsilon^2\cos\bar{\omega}\mathrm{d}t \\ &= \frac{\varepsilon^2\sin\bar{\omega}}{\omega_1+\omega_2+\cdots} \\ &= A\sin\bar{\omega}\end{aligned} \tag{7-40}$$

式中，$A=O(\varepsilon)$。

式(7-40)给出的积分结果是一阶长周期项，而不是二阶长周期项，这就是长周期项积分的降阶现象。式(7-38)中第 5 个公式左端记为 $\sigma_l^{(1)}(t)$，即由降阶现象导致。实际上，以上结果在长周期项积分中都会出现，也就是说，由 f_{3l} 积分给出 $\sigma_l^{(2)}(t)$，由 f_{4l} 积分给出 $\sigma_l^{(3)}(t)$，以此类推。

需要说明的是，降阶现象仅出现在长周期项积分中，不会出现在短周期项积分中，原因是短周期项的变化通常取决于快变量 M，有

$$\bar{M}=\bar{M}_0+\bar{n}_0(t-t_0)+M_1(t-t_0)+M_2(t-t_0)+\cdots \tag{7-41}$$

式中，$\bar{M}_0$ 为 t_0 时刻平均根数；$\bar{n}_0=O(\varepsilon^0)$；$M_1, M_2, \cdots$ 为 M 变化的各阶长期项系数。

式(7-41)与式(7-39)相比，多出了 $\bar{n}_0(t-t_0)$ 的 0 阶变化项，这也正是 M 被称为快变量的主要原因，其变化速度要比 Ω 和 ω 快许多，此时，假设 $f_{2s}=\varepsilon^2\cos\bar{M}$，有

$$\begin{aligned}\int f_{2s}\mathrm{d}t &= \int \varepsilon^2\cos\bar{M}\mathrm{d}t \\ &= \frac{\varepsilon^2\sin\bar{M}}{\bar{n}_0+M_1+M_2+\cdots} \\ &= B\sin\bar{M}\end{aligned} \tag{7-42}$$

式中，$B=O(\varepsilon^2)$。

由式(7-42)可见，与快变量 M 相关的短周期项在积分中通常不会发生降阶现象。

4. 解算实例

这里仍然使用 7.1.1 节讲授小参数幂级数解时给出的算例，所不同的是，这里将使用平均根数法进行摄动解的构造，可与小参数幂级数解法进行对比。

用平均根数法求解二阶小参数方程

$$\ddot{x}+\omega^2x=-\varepsilon x^3 \quad (\varepsilon \ll 1) \tag{7-43}$$

其中，$\omega>0$，是实常数。

解：

当 $\varepsilon=0$ 时，无摄运动方程

$$\ddot{x}+\omega^2x=0 \tag{7-44}$$

的解为

$$\begin{cases}x=a\cos(\omega t+M_0)\\ \dot{x}=-\omega a\sin(\omega t+M_0)\end{cases} \tag{7-45}$$

式中，积分常数 a、M_0 相当于两个无摄根数。

当 $\varepsilon \neq 0$ 时，用 6.2.1 节介绍的常数变易法建立相应的摄动运动方程，根据式(6-10)，有

$$\begin{cases} \dfrac{\partial x}{\partial a}\dot{a} + \dfrac{\partial x}{\partial M_0}\dot{M}_0 = 0 \\ \dfrac{\partial \dot{x}}{\partial a}\dot{a} + \dfrac{\partial \dot{x}}{\partial M_0}\dot{M}_0 = -\varepsilon x^3 \end{cases} \tag{7-46}$$

由此导出摄动运动方程为

$$\begin{cases} \dot{a} = \dfrac{\varepsilon}{\omega}a^3(\dfrac{1}{4}\sin 2M + \dfrac{1}{8}\sin 4M) \\ \dot{M} = \omega + \dot{M}_0 = \omega + \dfrac{\varepsilon}{\omega}a^2(\dfrac{3}{8} + \dfrac{1}{2}\cos 2M + \dfrac{1}{8}\cos 4M) \end{cases} \tag{7-47}$$

利用平均根数法解该方程，其形式改写为

$$\begin{cases} \dot{a} = (f_{1s})_a \\ \dot{M} = (f_0)_M + (f_{1c})_M + (f_{1s})_M \end{cases} \tag{7-48}$$

其中，

$$\begin{cases} (f_{1s})_a = \dfrac{\varepsilon}{\omega}a^3(\dfrac{1}{4}\sin 2M + \dfrac{1}{8}\sin 4M) \\ (f_0)_M = \omega \\ (f_{1c})_M = \dfrac{\varepsilon}{\omega}a^2(\dfrac{3}{8}) \\ (f_{1s})_M = \dfrac{\varepsilon}{\omega}a^2(\dfrac{1}{2}\cos 2M + \dfrac{1}{8}\cos 4M) \end{cases} \tag{7-49}$$

根据平均根数法解的形式，即式(7-38)，有

$$\begin{cases} \bar{a}^{(0)}(t) = \bar{a}_0 \\ \bar{M}^{(0)}(t) = \bar{M}_0 + \omega(t - t_0) \end{cases} \tag{7-50}$$

$$\begin{cases} a_1(t - t_0) = 0 \\ M_1(t - t_0) = \dfrac{\varepsilon}{\omega^2}\bar{a}^2\left(\dfrac{3}{8}\right)\omega(t - t_0) \end{cases} \tag{7-51}$$

$$\begin{cases} a_s^{(1)}(t) = \dfrac{\varepsilon}{\omega^2(1 + M_1/\omega + \cdots)}\bar{a}^3(-\dfrac{1}{8}\cos 2\bar{M} - \dfrac{1}{32}\cos 4\bar{M}) \\ M_s^{(1)}(t) = \dfrac{\varepsilon}{\omega^2(1 + M_1/\omega + \cdots)}\bar{a}^2(\dfrac{1}{4}\sin 2\bar{M} + \dfrac{1}{32}\sin 4\bar{M}) \end{cases} \tag{7-52}$$

$$\begin{cases} a_2(t - t_0) = \displaystyle\int_{t_0}^{t}\left[\dfrac{\partial (f_{1s})_a}{\partial a}a_s^{(1)} + \dfrac{\partial (f_{1s})_a}{\partial M}M_s^{(1)}\right]_c \mathrm{d}t = 0 \\ M_2(t - t_0) = \displaystyle\int_{t_0}^{t}\left[\dfrac{\partial (f_{1s})_M}{\partial a}a_s^{(1)} + \dfrac{\partial (f_{1s})_M}{\partial M}M_s^{(1)}\right]_c \mathrm{d}t = \left(\dfrac{\varepsilon}{\omega^2}\bar{a}^2\right)^2\left(-\dfrac{51}{256}\right)\omega(t - t_0) \end{cases} \tag{7-53}$$

从上述各阶摄动项的表达式可以看出，解的结构比小参数幂级数法给出的简单，而且不会出现泊松项。最终解的形式可表示为

$$\begin{cases}a(t)=\bar{a}_0+a_s^{(1)}(t)+\cdots \\ M(t)=\bar{M}_0+\omega(t-t_0)+(M_1+M_2+\cdots)(t-t_0)+M_s^{(1)}(t)+\cdots\end{cases} \tag{7-54}$$

7.1.3　扁率摄动解

为了进一步说明平均根数法求解受摄运动的基本方法，这里以卫星轨道运动中的扁率摄动解为例进行说明。扁率摄动是地球非球形引力摄动中影响最大的一项摄动，实际上也是卫星受摄运动中具有最大影响量级的一项摄动。本节首先介绍扁率摄动，而后按照 7.1.2 节介绍的方法，给出扁率摄动解的求取方法，需要说明的是，扁率摄动解由于考虑了主要的摄动影响，在分析卫星轨道变化规律、开展轨道运动预报等方面也具有较大的应用空间。

1. 扁率摄动

考虑扁率摄动的地球引力位可表示为

$$V(\boldsymbol{r})=\frac{GM_{\oplus}}{r}\left[1-J_2\left(\frac{R_{\oplus}}{r}\right)^2 P_2(\sin\varphi)\right] \tag{7-55}$$

式中，$GM_{\oplus}$ 为地球引力常数；$R_{\oplus}$ 为地球椭球的半长轴；r、φ 为卫星的向径、纬度；$P_2(\sin\varphi)$ 为二阶勒让德多项式 $P_2(\sin\varphi)=\frac{3}{2}\sin^2\varphi-\frac{1}{2}$；$J_2$ 为常数，其大小反映地球对均匀球体的偏离程度，通常与中心天体的几何扁率同量级 $J_2=O(10^{-3})$。

采用人卫单位，有

$$V(\boldsymbol{r})=V_0+V_1 \tag{7-56}$$

$$V_0=\frac{1}{r} \tag{7-57}$$

$$V_1=-\frac{J_2}{r^3}\left(\frac{3}{2}\sin^2\varphi-\frac{1}{2}\right) \tag{7-58}$$

在仅考虑扁率摄动的条件下，V_1 就是摄动函数 R，相应的摄动加速度为

$$\boldsymbol{F}_1=\mathrm{grad}R \tag{7-59}$$

2. 摄动解的构造

1）摄动函数 R 的分解

对于扁率摄动而言，摄动函数表示为式(7-58)，按照 7.1.2 节介绍的方法，摄动函数可分解为

$$R=R_{1c}+R_{1l}+R_{1s} \tag{7-60}$$

式中，下标 c、l 和 s 分别表示长期、长周期和短周期部分。

这里不再给出推导过程，直接给出如下形式：

$$R_{1c}=\frac{J_2}{2a^3}\left(1-\frac{3}{2}\sin^2 i\right)(1-e^2)^{-3/2} \tag{7-61}$$

$$R_{1l}=0 \tag{7-62}$$

$$R_{1s}=\frac{J_2}{2a^3}\left\{(1-\frac{3}{2}\sin^2 i)\left[(\frac{a}{r})^3-(1-e^2)^{-3/2}\right]+\frac{3}{2}\sin^2 i(\frac{a}{r})^3\cos 2(f+\omega)\right\} \tag{7-63}$$

2) 建立摄动运动方程

将分解后的摄动函数式(7-60)代入拉格朗日型摄动运动方程式(6-16)，并对其进行整理，有

$$\dot{\boldsymbol{\sigma}}=\boldsymbol{f}_0(a)+\boldsymbol{f}_{1c}(\boldsymbol{\sigma},t,\varepsilon)+\boldsymbol{f}_{1s}(\boldsymbol{\sigma},t,\varepsilon) \tag{7-64}$$

$$\begin{cases}\boldsymbol{f}_0(a)=\boldsymbol{\delta}n,n=a^{-3/2}\\ \boldsymbol{\delta}=\begin{bmatrix}0 & 0 & 0 & 0 & 0 & 1\end{bmatrix}^{\mathrm{T}}\end{cases} \tag{7-65}$$

3) 利用平均根数法求摄动解

根据平均根数法解的形式，即式(7-38)，可以推导获得扁率摄动解，这里不加推导，给出扁率摄动解的一阶解。为了表示方便，以下公式中均采用人卫单位，公式右端出现的轨道根数均为平均根数。

(1) 一阶长期项：

$$a_1(t-t_0)=0 \tag{7-66}$$

$$e_1(t-t_0)=0 \tag{7-67}$$

$$i_1(t-t_0)=0 \tag{7-68}$$

$$\Omega_1(t-t_0)=-\frac{3J_2}{2p^2}\cdot(\cos i)\cdot n(t-t_0) \tag{7-69}$$

$$\omega_1(t-t_0)=\frac{3J_2}{2p^2}(2-\frac{5}{2}\sin^2 i)n(t-t_0) \tag{7-70}$$

$$M_1(t-t_0)=\frac{3J_2}{2p^2}(1-\frac{3}{2}\sin^2 i)\sqrt{1-e^2}\,n(t-t_0) \tag{7-71}$$

(2) 一阶短周期项：

$$a_s^{(1)}(t)=\frac{J_2}{a}\left\{\left(1-\frac{3}{2}\sin^2 i\right)\left[\left(\frac{a}{r}\right)^3-(1-e^2)^{-3/2}\right]+\frac{3}{2}\sin^2 i\left(\frac{a}{r}\right)^3\cos 2(\omega+f)\right\} \tag{7-72}$$

$$\begin{aligned}e_s^{(1)}(t)=&\frac{J_2}{2a^2}\left(\frac{1-e^2}{e}\right)\left\{\left(1-\frac{3}{2}\sin^2 i\right)\left[\left(\frac{a}{r}\right)^3-(1-e^2)^{-3/2}\right]+\frac{3}{2}\sin^2 i\left(\frac{a}{r}\right)^3\cos 2(\omega+f)\right.\\&\left.-\frac{3\sin^2 i}{2(1-e^2)^2}\left[e\cos(f+2\omega)+\cos(2f+2\omega)+\frac{e}{3}\cos(3f+2\omega)\right]\right\}\end{aligned} \tag{7-73}$$

$$i_s^{(1)}(t)=\frac{3J_2}{8p^2}\sin 2i\left\{e\cos(f+2\omega)+\cos(2f+2\omega)+\frac{e}{3}\cos(3f+2\omega)\right\} \tag{7-74}$$

$$\begin{aligned}\omega_s^{(1)}(t)=\frac{3J_2}{2p^2}&\left\{\left(2-\frac{5}{2}\sin^2 i\right)(f-M+e\sin f)\right.\\&+\left(1-\frac{3}{2}\sin^2 i\right)\left[\left(\frac{1}{e}-\frac{e}{4}\right)\sin f+\frac{\sin 2f}{2}+\frac{e}{12}\sin 3f\right]\\&-\left[\frac{1}{4e}\sin^2 i+\left(\frac{1}{2}-\frac{15}{16}\sin^2 i\right)e\right]\sin(f+2\omega)-\left(\frac{1}{2}-\frac{5}{4}\sin^2 i\right)\sin 2(f+\omega)\\&+\left[\frac{7}{12e}\sin^2 i-\left(\frac{1}{6}-\frac{19}{48}\sin^2 i\right)e\right]\sin(3f+2\omega)+\left(\frac{3}{8}\sin^2 i\right)\sin(4f+2\omega)\\&\left.+\frac{e}{16}(\sin^2 i)\cdot\left[\sin(5f+2\omega)+\sin(f-2\omega)\right]\right\}\end{aligned}\tag{7-75}$$

$$\Omega_s^{(1)}(t)=-\frac{3J_2}{2p^2}(\cos i)\cdot\left\{(f-M+e\sin f)-\frac{1}{2}\left[e\sin(f+2\omega)+\sin 2(f+\omega)+\frac{e}{3}\sin(3f+2\omega)\right]\right\}\tag{7-76}$$

$$\begin{aligned}M_s^{(1)}(t)=\sqrt{1-e^2}\,\frac{3J_2}{2p^2}&\left\{-\left(1-\frac{3}{2}\sin^2 i\right)\left[\left(\frac{1}{e}-\frac{e}{4}\right)\sin f+\frac{\sin 2f}{2}+\frac{e}{12}\sin 3f\right]\right.\\&+\left[\left(\frac{1}{4e}+\frac{15}{16}e\right)\sin^2 i\right]\sin(f+2\omega)-\left(\frac{7}{12e}-\frac{1}{48}e\right)\sin^2 i\sin(3f+2\omega)\\&\left.+\left(\frac{3}{8}\sin^2 i\right)\sin(4f+2\omega)-\frac{e}{16}\sin^2 i\sin(5f+2\omega)-\frac{e}{16}\sin^2 i\sin(f-2\omega)\right\}\end{aligned}\tag{7-77}$$

(3) 一阶长周期项：

$$a_l^{(1)}(t)=0\tag{7-78}$$

$$e_l^{(1)}(t)=-\left(\frac{1-e^2}{e}\tan i\right)i_l^{(1)}(t)\tag{7-79}$$

$$i_l^{(1)}(t)=-\left(\frac{3J_2}{2p^2}\right)\frac{\sin 2i}{(4-5\sin^2 i)}\left(\frac{7}{24}-\frac{5}{16}\sin^2 i\right)e^2\cos 2\omega\tag{7-80}$$

$$\Omega_l^{(1)}(t)=-\left(\frac{3J_2}{2p^2}\right)\frac{\cos i}{(4-5\sin^2 i)^2}\left(\frac{7}{3}-5\sin^2 i+\frac{25}{8}\sin^4 i\right)e^2\sin 2\omega\tag{7-81}$$

$$\begin{aligned}\omega_l^{(1)}(t)=-\left(\frac{3J_2}{2p^2}\right)\frac{1}{(4-5\sin^2 i)^2}&\left[\sin^2 i\left(\frac{25}{3}-\frac{245}{12}\sin^2 i+\frac{25}{2}\sin^4 i\right)\right.\\&\left.-e^2\left(\frac{7}{3}-\frac{17}{2}\sin^2 i+\frac{65}{6}\sin^4 i-\frac{75}{16}\sin^6 i\right)\right]\sin 2\omega\end{aligned}\tag{7-82}$$

$$\begin{aligned}M_l^{(1)}(t)=\left(\frac{3J_2}{2p^2}\right)\frac{\sin^2 i}{(4-5\sin^2 i)^2}\sqrt{1-e^2}&\left[\left(\frac{25}{3}-\frac{245}{12}\sin^2 i+\frac{25}{2}\sin^4 i\right)\right.\\&\left.-e^2(4-5\sin^2 i)\left(\frac{7}{12}-\frac{5}{8}\sin^2 i\right)\right]\sin 2\omega\end{aligned}\tag{7-83}$$

(4) 二阶长期项：

$$a_2(t-t_0)=0 \tag{7-84}$$

$$e_2(t-t_0)=0 \tag{7-85}$$

$$i_2(t-t_0)=0 \tag{7-86}$$

$$\Omega_2(t-t_0)=-\left(\frac{3J_2}{2p^2}\right)^2\cos i\left[\left(\frac{3}{2}+\frac{1}{6}e^2+\sqrt{1-e^2}\right)-\sin^2 i\left(\frac{5}{3}-\frac{5}{24}e^2+\frac{3}{2}\sqrt{1-e^2}\right)\right]n(t-t_0) \tag{7-87}$$

$$\begin{aligned}\omega_2(t-t_0)=&\left(\frac{3J_2}{2p^2}\right)^2\left[\left(4+\frac{7}{12}e^2+2\sqrt{1-e^2}\right)-\sin^2 i\left(\frac{103}{12}+\frac{3}{8}e^2+\frac{11}{2}\sqrt{1-e^2}\right)\right.\\&\left.+\sin^4 i\left(\frac{215}{48}-\frac{15}{32}e^2+\frac{15}{4}\sqrt{1-e^2}\right)\right]n(t-t_0)\end{aligned} \tag{7-88}$$

$$\begin{aligned}M_2(t-t_0)=&\left(\frac{3J_2}{2p^2}\right)^2\sqrt{1-e^2}\left[\frac{1}{2}\left(1-\frac{3}{2}\sin^2 i\right)^2\sqrt{1-e^2}+\frac{5}{2}+\frac{10}{3}e^2-\sin^2 i\left(\frac{19}{3}+\frac{26}{3}e^2\right)\right.\\&\left.+\sin^4 i\left(\frac{233}{48}+\frac{103}{12}e^2\right)+\frac{e^4}{1-e^2}\left(\frac{35}{12}-\frac{35}{4}\sin^2 i+\frac{315}{32}\sin^4 i\right)\right]n(t-t_0)\end{aligned} \tag{7-89}$$

3. 解算步骤

在利用平均根数法进行轨道解算时，通常需要借助如下所述的解算步骤。这里结合扁率摄动解公式，给出平均根数法的解算步骤。这里只求解一阶解，其中涉及的一阶长期项、一阶长周期项、一阶短周期项、二阶长期项公式可参考第 2 小节。需要说明的是，本节给出的解算步骤也适用于更高阶次平均根数解的求取，只要对应变换公式即可。

已知初始条件：历元时刻 t_0 的 $\sigma_j(t_0)$ 即 $a_0,e_0,i_0,\Omega_0,\omega_0,M_0$。

求解：t 时刻的瞬时轨道根数 $\sigma_j(t)$。

解：

(1) 计算历元时刻 t_0 的一阶短周期项 $\sigma_s^{(1)}(t_0)$ 和一阶长周期项 $\sigma_l^{(1)}(t_0)$ 公式中的 t 应换成 t_0；用 $\sigma(t_0)$ 代替 $\bar{\sigma}(t_0)$。

(2) 计算历元时刻 t_0 的平均根数 $\bar{\sigma}(t_0)$：

$$\bar{\sigma}(t_0)=\sigma(t_0)-\sigma_s^{(1)}(t_0)-\sigma_l^{(1)}(t_0) \tag{7-90}$$

(3) 计算一、二阶长期项 $\sigma_1(t-t_0)$、$\sigma_2(t-t_0)$，公式中的轨道根数采用 t_0 平均根数 $\bar{\sigma}(t_0)$。

(4) 计算所求时刻 t 的平均根数：

$$\bar{\sigma}(t)=\bar{\sigma}(t_0)+\delta\bar{n}(t-t_0)+\sigma_1(t-t_0)+\sigma_2(t-t_0) \tag{7-91}$$

(5) 计算所求时刻 t 的一阶短周期项 $\sigma_s^{(1)}(t)$ 和一阶长周期项 $\sigma_l^{(1)}(t)$，根数采用 $\bar{\sigma}(t)$。

(6) 计算所求时刻 t 的瞬时轨道根数 $\sigma_j(t)$：

$$\sigma(t)=\bar{\sigma}(t)+\sigma_l^{(1)}(t)+\sigma_s^{(1)}(t) \tag{7-92}$$

4. 通约奇点

由扁率摄动解公式中可以发现，在一阶长周期项中均含$1/(4-5\sin^2 i)$，当$i=63°26'$或$i=116°34'$时，解失效，此时i称为临界倾角。此外，在J_{22}项摄动解的分母中会出现$1-\alpha,1-2\alpha,\cdots$，其中，$\alpha=n_e/n$，为摄动体和中心天体之间的角速度比值，当$\alpha=1,1/2,\cdots$时，解也失效。

上述由通约引起的小分母问题，本质是摄动体与中心天体的某种频率之间的对应，从而在一定程度内使相应的周期项振幅增大，周期变长；而当分母小到一定程度时摄动解就会失效，称为通约奇点。

以上现象是平均根数法本身产生的，需要进一步引入拟平均根数法，具体方法本书不再赘述。

7.2　数 值 解 法

研究人造卫星及其他天体的运动，除分析法外，自 20 世纪 60 年代后广泛使用数值解法。数值解法与分析解法的差别在于不再将摄动解表示为时间的函数方程式，而只是求出卫星于某一确定时刻在空间位置的数值。常把分析解法称为普通摄动法或一般摄动法，而将数值解法称为特别摄动法(Vetter, 2007)。

数值解法的实质是用离散化的方法处理连续问题，其最大优势在于能以比分析法高得多的精度预测卫星位置，可将复杂的问题转化为简单的计算，而不会出现基本的数学困难。但是，数值解法也存在明显的缺陷，主要表现在：数值解法只能求得卫星运动问题的近似解，并且单纯用数值方法不能得出卫星运动的一般规律。

对一个微分方程的初值问题：

$$\begin{cases} y'(x)=f(x,y) \\ y(a)=y_a \end{cases} \tag{7-93}$$

式中，x为自变量；y为因变量；$f(x,y)$为微分方程右函数；当取结点$x=a$时，$y=y_a$。

如果利用数值解法对方程式(7-93)进行求解，其基本思路是：先取自变量一系列离散点，把微分方程离散化，而后，通过对离散后的问题进行适当处理，最终实现微分方程求解。总体上来讲，数值解法常可以划分为单步法和多步法。单步法是指已知结点x_n上y_n的值，便可计算y_{n+1}的值的解法；单步法可以自己起步，即可从方程的初值y_0一步步计算出$y_1,y_2,\cdots$。多步法是已知$y_n,y_{n-1},\cdots,y_{n-k+1}(k\geqslant 2)$的值才能算出$y_{n+1}$的值的解法，又称$k$步法，多步法不能自行起步，即给了初值$y_0$以后，还要用其他解法(如单步法)算出$y_1,y_2,\cdots,y_{k-1}$后，才能继续向下计算。如果多步法公式对$f_i$和$y_i$都是线性的，则称作线性多步法。

7.2.1　问题描述

利用数值解法可以直接对 6.2.2 节介绍的拉格朗日型摄动运动方程或牛顿型摄动运动方程进行求解，但更多的时候，为了保证精度，可以直接对式(6-2)的摄动运动方程进行求解。其为二阶微分方程，可以将其表示为

$$\ddot{\boldsymbol{r}} = \boldsymbol{a}\left(t, \boldsymbol{r}, \dot{\boldsymbol{r}}\right) \tag{7-94}$$

式中，$\boldsymbol{a}$ 为卫星受到的各种力，包括中心引力和各种摄动力，具体函数形式可参考 6.3 节；$\ddot{\boldsymbol{r}}$ 为卫星加速度向量；$\boldsymbol{r}$ 为卫星位置向量；$\dot{\boldsymbol{r}}$ 为卫星速度向量；t 为时间参数。

在数值解法中，更常见的是一阶微分方程形式，即令

$$\boldsymbol{Y} = \begin{pmatrix} \boldsymbol{r} \\ \dot{\boldsymbol{r}} \end{pmatrix} \tag{7-95}$$

有

$$\dot{\boldsymbol{Y}} = \boldsymbol{f}\left(t, \boldsymbol{Y}\right) \tag{7-96}$$

式中，$\boldsymbol{f}\left(t, \boldsymbol{Y}\right) = \begin{pmatrix} \dot{\boldsymbol{r}} \\ \boldsymbol{a}\left(t, \boldsymbol{r}, \dot{\boldsymbol{r}}\right) \end{pmatrix}$ 称为右函数。

在已知初始时刻卫星位置和速度，即给定方程式(7-96)初值之后，摄动运动方程的求解问题实际上转换为微分方程初值问题：

$$\begin{cases} \dot{\boldsymbol{Y}} = \boldsymbol{f}\left(t, \boldsymbol{Y}\right) \\ \boldsymbol{Y}(t_0) = \boldsymbol{Y}_0 \end{cases} \tag{7-97}$$

下面介绍数值解法时，主要针对形如式(7-97)的卫星摄动运动微分方程。需要说明的是，这里介绍的数值解法也可以用于轨道改进，具体方法将在第 8 章探讨。下面分单步法和多步法介绍数值解法。

7.2.2 单步法

对于式(7-96)，比较直观的解法是：由 t_0 时刻初始值 $\boldsymbol{Y}_0 = \boldsymbol{Y}\left(t_0\right)$ 通过一阶泰勒展开式可以近似计算 $t_0 + h$ 时刻的 $\boldsymbol{Y}$，有

$$\boldsymbol{Y}\left(t_0 + h\right) \approx \boldsymbol{Y}_0 + h\dot{\boldsymbol{Y}}_0 = \boldsymbol{Y}_0 + h\boldsymbol{f}\left(t_0, \boldsymbol{Y}_0\right) \tag{7-98}$$

上述形式又称为欧拉积分，几何解释为：由 $\left(t_0, \boldsymbol{Y}_0\right)$ 出发，沿曲线 $\boldsymbol{Y}$ 的切线方向前进时间步长 h。需要说明的是，利用式(7-98)逐步计算，可以获得任意时刻 $t_i = t_0 + ih(i = 1, 2, \cdots)$ 的式(7-96)的近似解。

利用以上方法可以实现对式(7-96)的求解，但是精度有限。为此，19 世纪末期，数学家卡尔·龙格和马丁·威尔海默·库塔对上述方法进行了改进，提出了龙格-库塔(Runge-Kutta, RK)方法，其基本思想是：用积分区间上若干个点的右函数值的线性组合来代替直接采用导数值，从而提高积分精度。龙格-库塔方法是单步法的典型代表，这里以该方法为例介绍单步法，并重点介绍其中的 RK4 和 RKF7(8)两种方法。

1. RK4 方法

RK4 方法全称为 4 阶龙格-库塔方法，也是最为经典的数值解法。利用该方法对式(7-97)进行求解，计算公式较为简单，如下：

$$\boldsymbol{Y}_{k+1} = \boldsymbol{Y}_k + h/6 \cdot (\boldsymbol{K}_1 + 2\boldsymbol{K}_2 + 2\boldsymbol{K}_3 + \boldsymbol{K}_4) \tag{7-99}$$

式中，$\boldsymbol{Y}_k$、$\boldsymbol{Y}_{k+1}$ 分别为 t_k、t_{k+1} 时刻卫星位置速度向量；$h = t_{k+1} - t_k$ 为积分步长；原先在式(7-98)中的导数值通过 4 个斜率的加权平均予以替代：

$$\begin{cases}\boldsymbol{K}_1 = \boldsymbol{f}(t_k, \boldsymbol{Y}_k) \\ \boldsymbol{K}_2 = \boldsymbol{f}(t_k + h/2, \boldsymbol{Y}_k + h/2 \cdot \boldsymbol{K}_1) \\ \boldsymbol{K}_3 = \boldsymbol{f}(t_k + h/2, \boldsymbol{Y}_k + h/2 \cdot \boldsymbol{K}_2) \\ \boldsymbol{K}_4 = \boldsymbol{f}(t_k + h, \boldsymbol{Y}_k + h \cdot \boldsymbol{K}_3)\end{cases} \tag{7-100}$$

说明如下。

(1) RK4 方法不必进行复杂的求导计算，但精度相当于四阶泰勒展开，可达到 h^4 量级，故称为四阶方法。

(2) 受摄运动方程是微分方程组，其与单一方程的数值解法并没有原则区别，只不过计算方程右函数要涉及其他方程的解，故要求各方程“齐头并进”解算。

(3) 数值解法本质上属于近似解法，龙格-库塔方法也不例外，不可避免存在截断误差。截断误差是指将微分方程离散化所带来的误差。又可细分为全局截断误差和局部截断误差。全局截断误差是指按照近似方法得出的最终计算值与真实值之间的差异，而局部截断误差是指每前进一步近似方法计算值与真实值之间的差异，其中，局部截断误差对全局截断误差具有直接影响，在数值解法中，通常需要重点关注。对于 m 阶 RK 方法，其局部截断误差为

$$\boldsymbol{T}_k = \boldsymbol{\psi}(t_k, \boldsymbol{Y}_k) h^{m+1} + O(h^{m+2}) \tag{7-101}$$

式中，$\boldsymbol{\psi}(t_k, \boldsymbol{Y}_k)$ 是 h^{m+1} 的系数，其形式主要由右函数决定。

对于 RK 方法，局部截断误差的展开式通常都较为复杂，甚至难以具体表达出来。但从式 (7-101) 可以知道，RK 方法的局部截断误差与 h^{m+1} 成正比，也就是说，步长越大，局部截断误差也越大。但是，步长也不宜过小，因为这样会极大增加计算负担。这里介绍的 RK4 方法是一种定步长的数值解法，为了合理平衡精度和效率之间的关系，需要对步长进行合理控制，这时需要用到变步长数值解法。

2. RKF7 (8) 方法

RKF7 (8) 方法为 FehLberg 提出的嵌套 RKF 方法的一种 (Fehlberg, 1968)，其基本思路是：同时给出 p 阶和 $p+1$ 阶两组 RK 公式，用两组公式计算出的 y_{n+1} 之差来估计局部截断误差，由此可确定下一步的步长，从而起到自动控制步长的作用。由于 RKF 方法简单易实现，能够同时给出局部截断误差，变步长方便，能保持所需要的精度，而且稳定性好，已在人造卫星和天体力学中得到广泛应用。

嵌套 RKF 方法最大的优势是可以通过对每步步长进行调节，实现精度和效率之间的平衡。其控制步长具体方法如下。

假定使用给定步长 h 进行单步积分，对于低阶公式产生的局部截断误差估计为

$$e(h) \approx |\hat{\eta} - \eta| \tag{7-102}$$

式中，$\hat{\eta}$ 为 p 阶公式求定的近似解；η 为 $p+1$ 阶公式求定的近似解。

给定容许误差 ε，如果

$$e(h) \geqslant \varepsilon \tag{7-103}$$

则需要使用更小的步长 h^* 进行积分。由式 (7-101) 可知：对于 p 阶 RK 方法，$e(h)$ 与 h^{p+1} 成正比。于是，使用步长 h^*，其局部截断误差为

$$e(h^*) = e(h)\left(\frac{h^*}{h}\right)^{p+1} \approx |\hat{\eta} - \eta|\left(\frac{h^*}{h}\right)^{p+1} \tag{7-104}$$

要求

$$e(h^*) < \varepsilon \tag{7-105}$$

则可解出最大允许步长为

$$h^* = \sqrt[p+1]{\frac{\varepsilon}{e(h)}} \cdot h \approx \sqrt[p+1]{\frac{\varepsilon}{|\hat{\eta} - \eta|}} \cdot h \tag{7-106}$$

实际上，为保证下一步能够满足条件，一般采用式(7-106)最大允许步长的 0.9 倍，同时，为了避免步长的快速跳变，从本次到下次的步长变化幅度一般不应超过 2～5 倍。另外，通常可以选取卫星运动周期的 1/100 作为起始步长。

具体来讲，利用 RKF7(8)方法对式(7-97)进行求解，计算公式为

$$\begin{cases} \boldsymbol{Y}_{k+1} = \boldsymbol{Y}_k + h\sum_{n=0}^{10} c_n \boldsymbol{f}_n + O(h^8) \\ \hat{\boldsymbol{Y}}_{k+1} = \boldsymbol{Y}_k + h\sum_{n=0}^{12} \hat{c}_n \boldsymbol{f}_n + O(h^9) \end{cases} \tag{7-107}$$

其中，

$$\begin{cases} \boldsymbol{f}_0 = \boldsymbol{f}(t_k, \boldsymbol{Y}_k) \\ \boldsymbol{f}_n = \boldsymbol{f}(t_k + a_n h, \boldsymbol{Y}_k + h\sum_{s=0}^{n-1} b_{ns} \boldsymbol{f}_s) \quad (n = 1, 2, \cdots, 12) \end{cases} \tag{7-108}$$

RKF7(8)公式中，各系数见表 7-1。

RKF7(8)方法作为变步长数值解法，利用 7 阶和 8 阶两组 RK 公式估计的局部截断误差为

$$\boldsymbol{T}_{n+1} = \frac{41}{840}(\boldsymbol{f}_0 + \boldsymbol{f}_{10} - \boldsymbol{f}_{11} - \boldsymbol{f}_{12})h \tag{7-109}$$

利用式(7-106)控制 RKF7(8)方法的计算步长，并直接使用式(7-109)计算式(7-106)中的 $e(h)$，即可实现变步长单步法解算。

以上，我们以定步长 RK4 方法和变步长 RKF7(8)方法为例介绍了数值解法中的单步法，这里总结一下单步法的优缺点。其优点在于：①可自行起步，从初值条件可计算任意历元位置的离散值。②截断误差计算相对简单，精度可靠，便于检验和控制误差。其缺点主要是：每一步都要计算大量右函数，当右函数计算复杂时，需要大量计算时间。

7.2.3　多步法

多步法产生于 19 世纪末 20 世纪初，主要归功于天文学家，他们利用这些方法对太阳系天体轨道运动进行了精确计算，例如，海王星发现者 Adams，准确预报哈雷彗星 1910 年回归的 Moulton 和 Cowell 等。本节主要介绍其中的典型代表，包括 Adams 方法、Cowell 方法以及 Adams-Cowell 方法。

表 7-1　RKF7(8)系数表

n	a_n	b_{ns}												c_n	$\hat{c}_n$
		0	1	2	3	4	5	6	7	8	9	10	11		
0	0	0												41/840	0
1	2/27	2/27												0	0
2	1/9	1/36	3/36											0	0
3	1/6	1/24	0	3/24										0	0
4	5/12	5/12	0	–25/16	25/16									0	0
5	1/2	1/20	0	0	5/20	4/20								34/105	34/105
6	5/6	–25/108	0	0	125/108	–260/108	250/108							9/35	9/35
7	1/6	93/900	0	0	0	244/900	–200/900	13/900						9/35	9/35
8	2/3	180/90	0	0	–795/90	1408/90	–1070/90	67/90	270/90					9/280	9/280
9	1/3	–455/540	0	0	115/540	–3904/540	3110/540	–171/540	1530/540	–45/540				9/280	9/280
10	1	2383/4100	0	0	–8525/4100	17984/4100	–15050/4100	2133/4100	2250/4100	1125/4100	1800/4100			41/840	0
11	0	3/205	0	0	0	0	–30/205	–3/205	–15/205	15/205	30/205	0			41/840
12	1	–1777/4100	0	0	–8525/4100	17984/4100	–14450/4100	2193/4100	2550/4100	825/4100	1200/4100	0	1		41/840

1. Adams 方法

1) 基本原理

对形如式(7-96)进行求解，有如下形式：

$$\boldsymbol{Y}_{k+1}=\boldsymbol{Y}_k+\int_{t_k}^{t_{k+1}}\boldsymbol{f}\left(t,\boldsymbol{Y}\right)\mathrm{d}t \tag{7-110}$$

式中，t_k、t_{k+1}分别为相邻两个时间节点。

$\boldsymbol{f}\left(t,\boldsymbol{Y}\right)$的完整形式较为复杂，难以直接进行积分运算，于是，Adams 方法利用插值多项式来代替$\boldsymbol{f}\left(t,\boldsymbol{Y}\right)$，从而使其离散化以得到数值公式，这就是 Adams 方法的基本原理。

2) 显式公式

Adams 显式公式又称为 Adams-Bashforth 方法，其利用牛顿后向差分公式作为插值多项式，从而构造相应的数值算法，这里不再对方法的构造过程进行推导，直接给出显式公式的计算步骤。

(1) 按求解精度确定阶数 p 和步长 h。

(2) 按照如下递推公式计算 $\gamma_0,\gamma_1,\cdots,\gamma_p$：

$$\begin{cases}\gamma_0=1\\ \gamma_j=1-\displaystyle\sum_{i=1}^{j}\frac{1}{i+1}\gamma_{j-i}\end{cases} \tag{7-111}$$

(3) 计算 $\beta_0,\beta_1,\cdots,\beta_p$：

$$\beta_n=\sum_{j=n}^{p}(-1)^n\gamma_j\begin{pmatrix}j\\n\end{pmatrix} \tag{7-112}$$

式中，$\begin{pmatrix}j\\n\end{pmatrix}$表示从 j 个不同元素中取出 n 个元素的组合数。

(4) 计算 $\boldsymbol{Y}_{k+1}$：

$$\boldsymbol{Y}_{k+1}=\boldsymbol{Y}_k+h\sum_{n=0}^{p}\beta_n\boldsymbol{f}_{k-n} \tag{7-113}$$

在式(7-113)中，未知的$\boldsymbol{Y}_{k+1}$明显地被表示出来，右端没有$\boldsymbol{f}_{k+1}$，也无须$\boldsymbol{Y}_{k+1}$，故将其称为显式公式。由以上解算过程可见，Adams 显式公式每次将解推进一步(求$\boldsymbol{Y}_{k+1}$)，只需要计算右函数$\boldsymbol{f}_k$一次，其余的$\boldsymbol{f}_{k-1},\boldsymbol{f}_{k-2},\cdots,\boldsymbol{f}_{k-p}$都是计算前一步时已求出的。与单步法每推进一步需多次计算右函数相比，可大大节省计算时间。但该公式不能自行起步，通常需要单步法计算出所需的前 $p+1$ 步点上的解。

3) 隐式公式

Adams 隐式公式又称为 Adams-Moulton 方法，与显式公式不同，利用 Admas 隐式公式求解$\boldsymbol{Y}_{k+1}$时，不仅使用$\boldsymbol{f}_k,\boldsymbol{f}_{k-1},\boldsymbol{f}_{k-2},\cdots,\boldsymbol{f}_{k-p+1}$，还需要用到$\boldsymbol{Y}_{k+1}$的初值，故隐式公式求解微分方程是一个迭代过程。方法如下。

(1) 按求解精度确定阶数 p 和步长 h。

(2) 按照如下递推公式计算 $\gamma_0^*, \gamma_1^*, \cdots, \gamma_p^*$

$$\begin{cases} \gamma_0^* = 1 \\ \gamma_j^* + \dfrac{1}{2}\gamma_{j-1}^* + \cdots + \dfrac{1}{j+1}\gamma_0^* = \begin{cases} 1 & (j=0) \\ 0 & (j \neq 0) \end{cases} \end{cases} \tag{7-114}$$

(3) 计算 $\beta_0^*, \beta_1^*, \cdots, \beta_p^*$：

$$\beta_n^* = \sum_{j=n}^{p} (-1)^n \gamma_j^* \binom{j}{n} \tag{7-115}$$

(4) 计算 $\boldsymbol{Y}_{k+1}$：

$$\boldsymbol{Y}_{k+1} = \boldsymbol{Y}_k + h\sum_{n=0}^{p} \beta_n^* \boldsymbol{f}_{k-n+1} \tag{7-116}$$

同阶的隐式与显式公式截断误差有如下关系：

$$R_p^* = \frac{\gamma_{p+1}^*}{\gamma_{p+1}} R_p \tag{7-117}$$

式中，R_p 为 p 阶显式公式的截断误差；R_p^* 为 p 阶隐式公式的截断误差。

隐式公式在计算精度上较显式公式有明显提高，这是采用隐式公式的主要原因。但隐式公式要用迭代法计算，大大增加了计算量。

4) 预报校正公式

通过上面的介绍，我们可以知道，显式公式计算较为简单，但精度有限，隐式公式精度较高，但需要迭代，计算复杂，一个折中的办法是将显式公式与隐式公式联合使用，即先由显式公式(7-113)计算 $\boldsymbol{Y}_{k+1}$ 的预估值，而后将该预估值代入隐式公式(7-116)，利用隐式公式予以校正，这就是预报校正公式。预报校正公式既可以保证足够精度，又具有较高的计算效率，在卫星受摄运动方程解算中被广泛采用。其具体解法可参照以上介绍的显式公式和隐式公式，这里不再赘述。

2. Cowell 方法

以上介绍的数值解法都是针对式(7-96)的，以求解一阶微分方程为目标，但是，式(7-96)是从式(7-94)推导而来，观察式(7-94)可见，卫星运动微分方程本身是二阶微分方程，只是为了方便求解，我们对其做了降阶处理。与这些方法不同，Cowell 方法可以直接求解不显含一阶导数的二阶微分方程。

需要说明的是，在不考虑大气阻力等的情况下，式(7-94)通常并不显含一阶导数，可以表示为

$$\ddot{\boldsymbol{r}} = \boldsymbol{a}(t, \boldsymbol{r}) \tag{7-118}$$

式中，各符号含义与式(7-94)相同。

在这种条件下，可使用 Cowell 方法进行求解，该方法也分为显式公式、隐式公式和预报校正公式，下面分别进行介绍。

1）显式公式

$$\begin{cases} \boldsymbol{r}_{k+1} = 2\boldsymbol{r}_k - \boldsymbol{r}_{k-1} + h^2 \sum_{n=0}^{p} \beta_n \boldsymbol{a}_{k-n} \\ \beta_n = \sum_{j=n}^{p} (-1)^n \begin{pmatrix} j \\ n \end{pmatrix} \sigma_j \\ \sigma_j = 1 - \sum_{i=1}^{j} \frac{2}{i+2} c_{i+1} \sigma_{j-i} \quad (\sigma_0 = 1) \\ c_i = \sum_{l=1}^{i} \frac{1}{l} \end{cases} \tag{7-119}$$

2）隐式公式

$$\begin{cases} \boldsymbol{r}_{k+1} = 2\boldsymbol{r}_k - \boldsymbol{r}_{k-1} + h^2 \sum_{n=0}^{p} \beta_n^* \boldsymbol{a}_{k-n+1} \\ \beta_n^* = \sum_{j=n}^{p} (-1)^n \begin{pmatrix} j \\ n \end{pmatrix} \sigma_j^* \\ \sigma_j^* = -\sum_{i=1}^{j} \frac{2}{i+2} c_{i+1} \sigma_{j-i}^* \\ c_i = \sum_{l=1}^{i} \frac{1}{l} \end{cases} \tag{7-120}$$

3）预报校正公式

与 Adams 方法类似，这里也可以联合显式公式和隐式公式，得到预报校正公式，即先由 Cowell 方法显式公式(7-119)计算 $\boldsymbol{r}_{k+1}$ 的预估值，而后将该预估值代入隐式公式(7-120)，利用隐式公式予以校正。

需要说明的是，研究表明：同阶的 Cowell 公式的精度约为 Adams 公式的 4 倍，因此，当右函数不涉及一阶导数问题时，使用 Cowell 方法较好。

3. Adams-Cowell 方法

Cowell 方法虽然精度较高，但是，仅能解算不显含一阶导数的二阶微分方程。当右函数涉及位置的一阶导数(即速度)时，可以联合使用 Adams 方法和 Cowell 方法。

例如，在考虑大气阻力时，卫星受摄运动方程为

$$\begin{cases} \ddot{\boldsymbol{r}} = \boldsymbol{a}(t, \boldsymbol{r}, \dot{\boldsymbol{r}}) \\ \dot{\boldsymbol{r}}(t_0) = \dot{\boldsymbol{r}}_0 \\ \boldsymbol{r}(t_0) = \boldsymbol{r}_0 \end{cases} \tag{7-121}$$

令 $\boldsymbol{v}(t) = \dot{\boldsymbol{r}}(t)$，式(7-121)也可以表示为

$$\begin{cases} \dot{\boldsymbol{v}}(t) = \boldsymbol{a}(t, \boldsymbol{r}, \boldsymbol{v}) \\ \boldsymbol{v}(t_0) = \dot{\boldsymbol{r}}_0 \\ \boldsymbol{r}(t_0) = \boldsymbol{r}_0 \end{cases} \tag{7-122}$$

式(7-122)是一阶微分方程，在已知 $\boldsymbol{v}_k, \boldsymbol{v}_{k-1}, \cdots, \boldsymbol{v}_{k-p}$ 的情况下(由单步法计算)，可用 Adams 的公式求得 $\boldsymbol{v}_{k+1}$，而后用 Cowell 公式求解式(7-121)得 $\boldsymbol{r}_{k+1}$，得到 $\boldsymbol{v}_{k+1}$ 和 $\boldsymbol{r}_{k+1}$ 后，又可求出 $\boldsymbol{a}_{k+1}$，这种逐步平行地使用两种公式的求解方法，称为 Adams-Cowell 方法。

本节通过比较有代表的三类方法：Adams 方法、Cowell 方法、Adams-Cowell 方法，介绍了数值解法中的多步法。相比于单步法，其优点在于：每推进一步，只需要计算一次右函数，其余右函数是计算前一步时已求出的，所以，当右函数复杂时，计算速度比单步法快。但也存在一些缺点，表现为：本身计算公式较为复杂；截断误差计算复杂；特别是不能自行起步，要先用单步法计算前面若干步的值。

第 8 章　卫星轨道改进

如果说初轨确定只是利用少量观测量粗略确定卫星轨道，那么，轨道改进的主要任务则是精确确定卫星轨道，所以轨道改进又被称为精密定轨。通常轨道改进被用以对初始轨道(来源于初轨确定或其他先验信息)及一些其他参数进行精密校正(刘林等，2005)。按照本书 1.1 节所述，轨道改进(或精密定轨)是指利用带有误差的观测信息和并非精确的动力学信息，使用统计学原理对卫星位置、速度(或轨道根数)进行估值的过程。轨道改进需要解决的基本问题可描述为：对一个微分方程并不精确已知的动力学过程，使用带有随机误差的观测数据，以及不够精确的初始状态，求解在某种意义之下卫星运动状态的“最优”估值(李济生，1995)。本章将从动力学模型、观测模型和参数估计方法三个维度系统介绍卫星轨道改进的基本理论，并在此基础上，介绍常用的轨道精度评估方法。

8.1　动力学模型

卫星动力学模型主要用以描述卫星的动力学运动规律，在轨道改进中包括卫星运动方程、变分方程及轨道积分(刘伟平，2014)。其中，卫星运动方程已经在第 5 章介绍过，这里将结合轨道改进特点，做进一步的说明。变分方程由卫星运动方程变形获得，用以求解轨道改进需要的偏导数。轨道积分包括分析解法和数值解法(参见第 7 章)，这里主要介绍轨道积分在轨道改进中的具体应用。

8.1.1　卫星运动方程

卫星受摄运动方程可以通过轨道根数表示，其具有清晰的物理意义和几何意义，便于开展理论分析，我们已经在 6.2 节做了介绍，并在 7.1 节给出了其分析解法。实际上，卫星受摄运动方程也可以通过卫星位置、速度表示，其基本形式如式(6-2)所示，这里介绍轨道改进方法时，以该形式的卫星运动方程为例。

在轨道改进中，除了关注卫星位置速度等状态参数外，考虑到某些力学模型参数(如光压参数等)无法准确预知，经常还会将这些参数与卫星状态参数在轨道改进中同时进行估计。为更加方便说明轨道改进原理，这里将形如式(6-2)的卫星运动方程进一步表示为

$$\boldsymbol{a}(t)=\ddot{\boldsymbol{r}}(t)=\boldsymbol{F}_0\left(\boldsymbol{r}\right)+\boldsymbol{F}_1\left(t,\boldsymbol{r},\boldsymbol{v},\boldsymbol{p}\right) \tag{8-1}$$

式中，t 为时间参数；$\ddot{\boldsymbol{r}}(t)$（或 $\boldsymbol{a}(t)$）为 t 时刻卫星在惯性系下的加速度矢量；$\boldsymbol{r}$、$\boldsymbol{v}$ 为 t 时刻卫星在惯性系下的位置、速度矢量；$\boldsymbol{p}$ 为力学参数(如光压参数等)，通常需要在轨道改进中一并估计；$\boldsymbol{F}_0\left(\boldsymbol{r}\right)$ 为地球质心引力；$\boldsymbol{F}_1\left(t,\boldsymbol{r},\boldsymbol{v},\boldsymbol{p}\right)$ 为各种摄动力的合力。

式(8-1)给出的运动方程是一个二阶微分方程，为方便轨道改进求解，通常会将其转化为一阶微分方程形式，有

$$\begin{cases}\dot{\boldsymbol{r}}(t)=\boldsymbol{v}(t)\\ \dot{\boldsymbol{v}}(t)=\boldsymbol{a}(t)\\ \dot{\boldsymbol{p}}=\boldsymbol{0}\end{cases} \tag{8-2}$$

式中，$\boldsymbol{v}(t)$ 为 t 时刻卫星的速度向量；$\boldsymbol{a}(t)$ 的意义同式(8-1)。

令 $\boldsymbol{X}=\begin{pmatrix}\boldsymbol{r}(t)\\ \boldsymbol{v}(t)\\ \boldsymbol{p}\end{pmatrix}$，$\boldsymbol{f}(t,\boldsymbol{X})=\begin{pmatrix}\boldsymbol{v}(t)\\ \boldsymbol{a}(t)\\ \boldsymbol{0}\end{pmatrix}$，则卫星运动方程可表示为

$$\dot{\boldsymbol{X}}(t)=\boldsymbol{f}(t,\boldsymbol{X}) \tag{8-3}$$

式中，$\boldsymbol{X}$ 为轨道参数，包含卫星状态参数(当前时刻的卫星位置、速度)和力学参数(如光压参数、大气阻力参数等)。

8.1.2　变分方程

在轨道确定过程中，为了对卫星初始状态和某些力学参数进行改进，需要知道观测时刻卫星状态矢量(位置、速度)对卫星初始状态和力学参数的偏导数。这些值可以通过求解变分方程获得。

给定初始时刻轨道参数参考值为 $\boldsymbol{X}_0$，则通过积分卫星运动微分方程可获取 t 时刻卫星参考轨道 $\boldsymbol{X}^*$，据此对式(8-3)进行线性展开，得

$$\dot{\boldsymbol{X}}=\dot{\boldsymbol{X}}^*+\left.\frac{\partial \boldsymbol{f}}{\partial \boldsymbol{X}}\right|_{\boldsymbol{X}^*}\left(\boldsymbol{X}-\boldsymbol{X}^*\right) \tag{8-4}$$

式中，$\dfrac{\partial \boldsymbol{f}}{\partial \boldsymbol{X}}=\begin{pmatrix}\boldsymbol{0} & \boldsymbol{I} & \boldsymbol{0}\\ \dfrac{\partial \boldsymbol{a}}{\partial \boldsymbol{r}} & \dfrac{\partial \boldsymbol{a}}{\partial \boldsymbol{v}} & \dfrac{\partial \boldsymbol{a}}{\partial \boldsymbol{p}}\\ \boldsymbol{0} & \boldsymbol{0} & \boldsymbol{0}\end{pmatrix}$。

令 $\boldsymbol{A}=\left.\dfrac{\partial \boldsymbol{f}}{\partial \boldsymbol{X}}\right|_{\boldsymbol{X}^*}$，$\boldsymbol{x}=\boldsymbol{X}-\boldsymbol{X}^*$，则式(8-4)可表示为

$$\dot{\boldsymbol{x}}=\boldsymbol{A}\boldsymbol{x} \tag{8-5}$$

由线性估值理论，式(8-5)的解可表示为

$$\boldsymbol{x}=\boldsymbol{\Psi}\left(t,t_0\right)\boldsymbol{x}_0 \tag{8-6}$$

式中，$\boldsymbol{x}_0$ 为相对初始时刻轨道参数参考值 $\boldsymbol{X}_0$ 的改正量。

将式(8-6)代入式(8-5)，得变分方程：

$$\dot{\boldsymbol{\Psi}}\left(t,t_0\right)=\boldsymbol{A}\boldsymbol{\Psi}\left(t,t_0\right) \tag{8-7}$$

式中，$\boldsymbol{\Psi}\left(t,t_0\right)$ 称为转移矩阵，具体形式为

$$\boldsymbol{\Psi}\left(t,t_0\right)=\begin{pmatrix}\dfrac{\partial \boldsymbol{r}}{\partial \boldsymbol{r}_0} & \dfrac{\partial \boldsymbol{r}}{\partial \boldsymbol{v}_0} & \dfrac{\partial \boldsymbol{r}}{\partial \boldsymbol{p}}\\ \dfrac{\partial \boldsymbol{v}}{\partial \boldsymbol{r}_0} & \dfrac{\partial \boldsymbol{v}}{\partial \boldsymbol{v}_0} & \dfrac{\partial \boldsymbol{v}}{\partial \boldsymbol{p}}\\ \boldsymbol{0} & \boldsymbol{0} & \boldsymbol{I}\end{pmatrix} \tag{8-8}$$

式中，$\boldsymbol{S}=\begin{pmatrix}\dfrac{\partial \boldsymbol{r}}{\partial \boldsymbol{p}}\\ \dfrac{\partial \boldsymbol{v}}{\partial \boldsymbol{p}}\end{pmatrix}$为敏感矩阵，表示任意时刻卫星状态量与力学参数之间的关系；$\boldsymbol{\Phi}=\begin{pmatrix}\dfrac{\partial \boldsymbol{r}}{\partial \boldsymbol{r}_0} & \dfrac{\partial \boldsymbol{r}}{\partial \boldsymbol{v}_0}\\ \dfrac{\partial \boldsymbol{v}}{\partial \boldsymbol{r}_0} & \dfrac{\partial \boldsymbol{v}}{\partial \boldsymbol{v}_0}\end{pmatrix}$为状态转移矩阵，表示任意时刻卫星状态量与初始时刻卫星状态量之间的关系。

需要说明的是，对于变分方程，其初值可通过如下方式获取。

令 $t=t_0$，则

$$\boldsymbol{\Psi}(t_0,t_0)=\begin{pmatrix}\dfrac{\partial \boldsymbol{r}_0}{\partial \boldsymbol{r}_0} & \dfrac{\partial \boldsymbol{r}_0}{\partial \boldsymbol{v}_0} & \dfrac{\partial \boldsymbol{r}_0}{\partial \boldsymbol{p}}\\ \dfrac{\partial \boldsymbol{v}_0}{\partial \boldsymbol{r}_0} & \dfrac{\partial \boldsymbol{v}_0}{\partial \boldsymbol{v}_0} & \dfrac{\partial \boldsymbol{v}_0}{\partial \boldsymbol{p}}\\ \boldsymbol{0} & \boldsymbol{0} & \boldsymbol{I}\end{pmatrix}=\begin{pmatrix}\boldsymbol{I}_{3\times3} & \boldsymbol{0} & \boldsymbol{0}\\ \boldsymbol{0} & \boldsymbol{I}_{3\times3} & \boldsymbol{0}\\ \boldsymbol{0} & \boldsymbol{0} & \boldsymbol{I}_{n_p\times n_p}\end{pmatrix}=\boldsymbol{I}_{(6+n_p)\times(6+n_p)} \tag{8-9}$$

式中，n_p为力学参数个数。

由此可见，与卫星运动微分方程不同，变分方程的初值是确定的，即为单位矩阵。

8.1.3　轨道积分

可将卫星运动方程的积分转换为一阶常微分方程的初值问题：

$$\begin{cases}\dot{\boldsymbol{X}}=\boldsymbol{f}(t,\boldsymbol{X})\\ \boldsymbol{X}\big|_{t_0}=\boldsymbol{X}_0\end{cases} \tag{8-10}$$

相应地，变分方程的积分也可以转换为一阶常微分方程的初值问题：

$$\begin{cases}\dot{\boldsymbol{\Psi}}(t,t_0)=\boldsymbol{A}\boldsymbol{\Psi}(t,t_0)\\ \boldsymbol{\Psi}(t_0,t_0)=\boldsymbol{I}_{(6+n_p)\times(6+n_p)}\end{cases} \tag{8-11}$$

事实上，计算变分方程的右函数$\boldsymbol{A}$时需要卫星的状态矢量，而卫星的状态矢量需要积分运动方程才能够获得。因此，在卫星精密定轨中，通常需要对运动方程和变分方程进行联合积分。需要说明的是，在联合积分中，运动方程和变分方程所使用的力学模型必须相同，否则会产生错误的积分结果(Montenbruck and Gill, 2000)。

联合式(8-10)和式(8-11)，可得

$$\frac{\mathrm{d}}{\mathrm{d}t}\left(\boldsymbol{X}_{(6+n_p)\times1},\boldsymbol{\Psi}(t,t_0)_{(6+n_p)\times(6+n_p)}\right)=\left(\boldsymbol{f}(t,\boldsymbol{X}),\boldsymbol{A}\boldsymbol{\Psi}(t,t_0)\right) \tag{8-12}$$

其初值为

$$\begin{cases}\boldsymbol{X}\big|_{t_0}=\boldsymbol{X}_0\\ \boldsymbol{\Psi}(t_0,t_0)=\boldsymbol{I}\end{cases} \tag{8-13}$$

令 $\boldsymbol{Y}=\left(\boldsymbol{X}_{(6+n_p)\times 1},\boldsymbol{\Psi}\left(t,t_0\right)_{(6+n_p)\times(6+n_p)}\right)$，$\boldsymbol{F}\left(t,\boldsymbol{Y}\right)=\left(\boldsymbol{f}(t,\boldsymbol{X}),\boldsymbol{A\Psi}\left(t,t_0\right)\right)$，式(8-12)和式(8-13)可转换为如下一阶常微分方程的初值问题：

$$\begin{cases}\dot{\boldsymbol{Y}}=\boldsymbol{F}\left(t,\boldsymbol{Y}\right)\\ \boldsymbol{Y}_0=\left(\boldsymbol{X}_0,\boldsymbol{I}\right)\end{cases} \tag{8-14}$$

对于式(8-14)的求解可以使用分析解法或数值解法进行解算，但考虑到计算精度等问题，目前实际工程实践中通常使用数值解法进行解算，具体解算方法可参考 7.2 节。

8.2　观 测 模 型

本书在第 3 章系统介绍了定轨观测量，观测信息在定轨过程中具有重要作用，而要充分发挥观测信息的作用，科学合理的观测模型是必需的。这里不再区分具体观测量，直接介绍轨道改进中的通用观测模型，在此基础上，我们可以参照第 3 章的内容，较为容易地获得具体定轨观测量对应的观测模型。

设 t_i 时刻的观测方程为

$$\boldsymbol{Y}_i=\boldsymbol{G}\left(\boldsymbol{X}_i,\boldsymbol{q},t_i\right)+\boldsymbol{\varepsilon}_i \quad \boldsymbol{P}_i \tag{8-15}$$

式中，$\boldsymbol{X}_i$ 为 t_i 时刻卫星轨道参数(包含卫星状态参数和力学参数)；$\boldsymbol{q}$ 为待估的观测模型参数(如对流层延迟参数等)；$\boldsymbol{Y}_i$ 为 t_i 时刻的观测量(具体类型可参考第 3 章)；$\boldsymbol{P}_i$ 为对应的观测权阵。

按照 7.2 节介绍的方法，积分卫星运动微分方程获得 t_i 时刻参考轨道 $\boldsymbol{X}_i^*$，取观测模型参数参考值为 $\boldsymbol{q}^*$，对式(8-15)进行线性展开，可得

$$\boldsymbol{Y}_i=\boldsymbol{Y}_i^*+\left.\frac{\partial \boldsymbol{G}}{\partial \boldsymbol{X}_i}\right|_*\left(\boldsymbol{X}_i-\boldsymbol{X}_i^*\right)+\left.\frac{\partial \boldsymbol{G}}{\partial \boldsymbol{q}}\right|_*\left(\boldsymbol{q}-\boldsymbol{q}^*\right)+\boldsymbol{\varepsilon}_i \tag{8-16}$$

令 $\boldsymbol{y}_i=\boldsymbol{Y}_i-\boldsymbol{Y}_i^*$，$\delta\boldsymbol{q}=\boldsymbol{q}-\boldsymbol{q}^*$，$\boldsymbol{x}_i=\boldsymbol{X}_i-\boldsymbol{X}_i^*$，$\tilde{\boldsymbol{H}}_X=\left.\frac{\partial \boldsymbol{G}}{\partial \boldsymbol{X}_i}\right|_*$，$\tilde{\boldsymbol{H}}_q=\left.\frac{\partial \boldsymbol{G}}{\partial \boldsymbol{q}}\right|_*$，并取

$$\tilde{\boldsymbol{x}}_i=\begin{pmatrix}\boldsymbol{x}_i\\ \delta\boldsymbol{q}\end{pmatrix} \tag{8-17}$$

$$\tilde{\boldsymbol{H}}_i=\begin{pmatrix}\tilde{\boldsymbol{H}}_X & \tilde{\boldsymbol{H}}_q\end{pmatrix} \tag{8-18}$$

则线性化的观测方程可表示为

$$\boldsymbol{y}_i=\tilde{\boldsymbol{H}}_i\tilde{\boldsymbol{x}}_i+\boldsymbol{\varepsilon}_i \tag{8-19}$$

又由式(8-6)和式(8-17)可知

$$\tilde{\boldsymbol{x}}_i=\begin{pmatrix}\boldsymbol{x}_i\\ \delta\boldsymbol{q}\end{pmatrix}=\begin{pmatrix}\boldsymbol{\Psi}\left(t_i,t_0\right)\boldsymbol{x}_0\\ \delta\boldsymbol{q}\end{pmatrix}=\begin{pmatrix}\boldsymbol{\Psi}\left(t_i,t_0\right) & \boldsymbol{0}\\ \boldsymbol{0} & \boldsymbol{I}\end{pmatrix}\begin{pmatrix}\boldsymbol{x}_0\\ \delta\boldsymbol{q}\end{pmatrix}=\tilde{\boldsymbol{\Psi}}\left(t_i,t_0\right)\tilde{\boldsymbol{x}}_0 \tag{8-20}$$

将式(8-20)代入式(8-19)，得

$$\boldsymbol{y}_i=\boldsymbol{H}_i\tilde{\boldsymbol{x}}_0+\boldsymbol{\varepsilon}_i \tag{8-21}$$

式中，$\boldsymbol{H}_i=\tilde{\boldsymbol{H}}_i\tilde{\boldsymbol{\Psi}}\left(t_i,t_0\right)$。

至此，卫星精密定轨问题就转化为经典的线性估值问题。

8.3　参数估计方法

根据参数估计方法的不同，卫星精密定轨方法通常可分为两大类：①批处理方法；②序贯处理方法。前者是将某一观测区间中的所有观测量一次处理，从而获得参数的最优估值，常采用加权最小二乘方法(黄维彬，1992；隋立芬和宋力杰，2004)；后者则每次仅处理新增的观测量，从而获得截止到当前时刻的最优估值，常采用扩展卡尔曼滤波方法(Kalman, 1960; Kalman and Bucy, 1961; Bucy and Senne, 1971)。

8.3.1　加权最小二乘方法

在式(8-21)的基础上，对于某时间区间上的所有观测矢量，定义

$$\boldsymbol{l}=\begin{pmatrix}\boldsymbol{y}_1\\ \vdots\\ \boldsymbol{y}_n\end{pmatrix},\quad \boldsymbol{H}=\begin{pmatrix}\boldsymbol{H}_1\\ \vdots\\ \boldsymbol{H}_n\end{pmatrix},\quad \boldsymbol{V}=\begin{pmatrix}-\boldsymbol{\varepsilon}_1\\ \vdots\\ -\boldsymbol{\varepsilon}_n\end{pmatrix} \tag{8-22}$$

于是有

$$\boldsymbol{V}=\boldsymbol{H}\tilde{\boldsymbol{x}}_0-\boldsymbol{l} \tag{8-23}$$

设式(8-23)的观测权阵为 $\boldsymbol{P}$，按照加权最小二乘原则构造如下目标函数：

$$\Omega=\boldsymbol{V}^{\mathrm{T}}\boldsymbol{P}\boldsymbol{V}=\min \tag{8-24}$$

令

$$\frac{\mathrm{d}\Omega}{\mathrm{d}\tilde{\boldsymbol{x}}_0}=2\boldsymbol{V}^{\mathrm{T}}\boldsymbol{P}\boldsymbol{H}=0 \tag{8-25}$$

可得

$$\hat{\tilde{\boldsymbol{x}}}_0=\left(\boldsymbol{H}^{\mathrm{T}}\boldsymbol{P}\boldsymbol{H}\right)^{-1}\boldsymbol{H}^{\mathrm{T}}\boldsymbol{P}\boldsymbol{l} \tag{8-26}$$

$$\boldsymbol{Q}_{\hat{\tilde{\boldsymbol{x}}}_0}=\left(\boldsymbol{H}^{\mathrm{T}}\boldsymbol{P}\boldsymbol{H}\right)^{-1} \tag{8-27}$$

$$\hat{\sigma}_0^2=\boldsymbol{V}^{\mathrm{T}}\boldsymbol{P}\boldsymbol{V}/(n-t) \tag{8-28}$$

式中，n 为观测量个数；t 为待估参数个数。

据此，可获得初始时刻轨道参数及观测模型参数的最优估值为

$$\hat{\tilde{\boldsymbol{X}}}_0=\begin{pmatrix}\hat{\boldsymbol{X}}_0\\ \hat{\boldsymbol{q}}\end{pmatrix}=\begin{pmatrix}\boldsymbol{X}_0\\ \boldsymbol{q}_*\end{pmatrix}+\hat{\tilde{\boldsymbol{x}}}_0=\begin{pmatrix}\boldsymbol{X}_0\\ \boldsymbol{q}_*\end{pmatrix}+\begin{pmatrix}\hat{\boldsymbol{x}}_0\\ \delta\hat{\boldsymbol{q}}\end{pmatrix} \tag{8-29}$$

以上结果是通过将非线性问题线性化获得的，通常需要迭代以精化估值结果。至此，利用初始时刻轨道参数的最优估值 $\hat{\boldsymbol{X}}_0$，积分卫星运动微分方程式(8-3)，即可获得观测区间上的卫星精密轨道。

8.3.2　扩展卡尔曼滤波方法

为便于推导，首先对卫星运动方程和变分方程进行适当扩展。对于观测模型参数 $\boldsymbol{q}$，有

$$\boldsymbol{q}=0 \tag{8-30}$$

令

$$\tilde{\boldsymbol{X}}=\begin{pmatrix}\boldsymbol{r}(t)\\ \boldsymbol{v}(t)\\ \boldsymbol{p}\\ \boldsymbol{q}\end{pmatrix} \tag{8-31}$$

则卫星运动方程式(8-3)变为

$$\dot{\tilde{\boldsymbol{X}}}=\tilde{\boldsymbol{f}}(\tilde{\boldsymbol{X}},t) \tag{8-32}$$

式中，$\tilde{\boldsymbol{f}}(\tilde{\boldsymbol{X}},t)=\begin{pmatrix}\boldsymbol{v}(t)\\ \boldsymbol{a}(t)\\ \boldsymbol{0}\\ \boldsymbol{0}\end{pmatrix}$。

相应地，变分方程式(8-7)变为

$$\dot{\tilde{\boldsymbol{\Psi}}}\left(t,t_0\right)=\tilde{\boldsymbol{A}}\tilde{\boldsymbol{\Psi}}\left(t,t_0\right) \tag{8-33}$$

式中，$\tilde{\boldsymbol{\Psi}}\left(t,t_0\right)=\begin{pmatrix}\dfrac{\partial \boldsymbol{r}}{\partial \boldsymbol{r}_0} & \dfrac{\partial \boldsymbol{r}}{\partial \boldsymbol{v}_0} & \dfrac{\partial \boldsymbol{r}}{\partial \boldsymbol{p}} & \dfrac{\partial \boldsymbol{r}}{\partial \boldsymbol{q}}\\ \dfrac{\partial \boldsymbol{v}}{\partial \boldsymbol{r}_0} & \dfrac{\partial \boldsymbol{v}}{\partial \boldsymbol{v}_0} & \dfrac{\partial \boldsymbol{v}}{\partial \boldsymbol{p}} & \dfrac{\partial \boldsymbol{v}}{\partial \boldsymbol{q}}\\ \boldsymbol{0} & \boldsymbol{0} & \boldsymbol{I} & \boldsymbol{0}\\ \boldsymbol{0} & \boldsymbol{0} & \boldsymbol{0} & \boldsymbol{I}\end{pmatrix}$，$\tilde{\boldsymbol{A}}=\left.\dfrac{\partial \tilde{\boldsymbol{f}}}{\partial \tilde{\boldsymbol{X}}}\right|_{\tilde{X}^*}$。

至此，由扩展的卫星运动方程式(8-32)和变分方程式(8-33)即可得到包含所有待估参数的系统状态方程，而后，根据 8.1.3 节介绍的方法积分即可获得任意时刻对应的状态矢量 $\tilde{\boldsymbol{X}}_i$ 和转移矩阵 $\tilde{\boldsymbol{\Psi}}_i$。

给定观测序列的卡尔曼滤波，相当于最小二乘估计的一次迭代，因此要成功应用线性卡尔曼滤波，需要参考状态和估计状态之间的偏差足够小，以便能够忽略动力学模型和观测模型中的非线性项影响。如果参考状态和估计状态之间的偏差太大，可能会由于非线性项的影响而导致滤波发散。为了解决这一问题，需要引入扩展卡尔曼滤波(extended Kalman filter, EKF)，其与线性卡尔曼滤波方法的原理相同，只是在每次滤波开始之前都将参考状态 $\tilde{\boldsymbol{X}}_{i-1}^{\text{ref}}$ 替换为状态估计值 $\tilde{\boldsymbol{X}}_{i-1}^{+}$。其计算过程如下。

时间更新：由 t_{i-1} 时刻的状态估值 $\tilde{\boldsymbol{X}}_{i-1}^{+}$、积分运动微分方程和变分方程获得 t_i 时刻的状态预报值 $\tilde{\boldsymbol{X}}_i^{-}$ 及转移矩阵 $\tilde{\boldsymbol{\Psi}}_i=\partial\tilde{\boldsymbol{X}}_i^{\text{ref}}/\partial\tilde{\boldsymbol{X}}_{i-1}^{\text{ref}}$，并继而得到状态预报值的协因数矩阵 $\boldsymbol{Q}_i^{-}$。

$$\tilde{\boldsymbol{X}}_i^{-}=\tilde{\boldsymbol{X}}\left(t_i;\tilde{\boldsymbol{X}}(t_{i-1})=\tilde{\boldsymbol{X}}_{i-1}^{+}\right) \tag{8-34}$$

$$\boldsymbol{Q}_i^{-}=\tilde{\boldsymbol{\Psi}}_i\boldsymbol{Q}_{i-1}^{+}\tilde{\boldsymbol{\Psi}}_i^{\mathrm{T}} \tag{8-35}$$

测量更新：计算卡尔曼增益矩阵 $\boldsymbol{K}_i$、状态估值 $\tilde{\boldsymbol{X}}_i^{+}$ 及其协因数矩阵 $\boldsymbol{Q}_i^{+}$。

$$\boldsymbol{K}_i=\boldsymbol{Q}_i^{-}\tilde{\boldsymbol{H}}_i^{\mathrm{T}}\left(\boldsymbol{P}_i^{-1}+\tilde{\boldsymbol{H}}_i\boldsymbol{Q}_i^{-}\tilde{\boldsymbol{H}}_i^{\mathrm{T}}\right)^{1} \tag{8-36}$$

$$\tilde{\boldsymbol{X}}_i^+ = \tilde{\boldsymbol{X}}_i^- + \boldsymbol{K}_i\left(\boldsymbol{Y}_i - \boldsymbol{G}_i\left(\tilde{\boldsymbol{X}}_i^-\right)\right) \tag{8-37}$$

$$\boldsymbol{Q}_i^+ = \left(\boldsymbol{I} - \boldsymbol{K}_i\tilde{\boldsymbol{H}}_i\right)\boldsymbol{Q}_i^- \tag{8-38}$$

式中，$\boldsymbol{Y}_i$ 为 t_i 时刻的观测量；$\boldsymbol{G}_i\left(\tilde{\boldsymbol{X}}_i^-\right)$ 为观测函数；$\boldsymbol{P}_i$ 为观测权阵；$\tilde{\boldsymbol{H}}_i = \partial\boldsymbol{G}/\partial\tilde{\boldsymbol{X}}_i^-$ 。

与线性卡尔曼滤波相比，EKF 的性能有了显著提升，但在处理每一时刻的观测数据时，由于需要将参考状态替换为上一时刻的状态估值，故而必须重新启动积分器，从而在一定程度上降低了计算效率。

8.4　轨道精度评估方法

卫星定轨结果的精度如何是人们比较关心的问题，也对后续应用产生直接影响，轨道精度评估方法作为卫星定轨技术的重要组成部分，需要深入研究。目前，轨道精度评定方法通常可以划分为两类：一类是评估轨道的内符合精度，即主要反映定轨结果的内部符合程度；另一类是评估轨道的外符合精度，通常通过将定轨结果与外部参考标准进行比对实现。前者实现较为容易，但问题是通常较难反映定轨结果中可能存在的系统误差；后者难点在于找到可靠的外部参考标准，但对可能存在的系统误差有较强的发现能力。下面分别对两类方法进行介绍。

8.4.1　内符合精度评估

1. 定轨及轨道预报残差

尽管观测值的残差不能完全代表轨道的精度，但定轨及轨道预报残差在一定程度上能够反映观测数据与数学模型的符合程度，因此，定轨残差或预报残差的统计情况可作为轨道精度评估的一个重要指标，通常通过定轨残差或预报残差的均方根(root mean square，RMS)来反映。RMS 的计算公式可表示为

$$\mathrm{RMS} = \sqrt{\frac{\boldsymbol{V}^{\mathrm{T}}\boldsymbol{P}\boldsymbol{V}}{n}} \tag{8-39}$$

式中，n 为观测数据个数；$\boldsymbol{V}$ 为卫星定轨残差；$\boldsymbol{P}$ 为观测向量的权矩阵。

2. 轨道重叠弧段

轨道重叠弧段比较方法是一种轨道内部质量验证较为理想的方法。轨道重叠弧段比较的基本思想是：采用两个不同的数据集独立确定两个轨道弧段，并将这两个轨道弧段重叠的部分进行对比，最终将对比的统计结果作为轨道精度评定的依据。以 30h 定轨弧段为例，通常轨道解的中心为正午时刻，因此 30h 的轨道弧段与前一天和后一天都有 3h 的重叠弧段，如图 8-1 所示。可以对 6h 的轨道重叠弧段的径向、迹向和轨道面外法向的差异进行统计分析。在实际处理时往往会考虑轨道的边界效应，一般轨道的第一个小时和最后一个小时的弧段不参与轨道重叠弧段统计。轨道重叠弧段部分轨道各方向 RMS 的统计可表示为

$$\delta_{\mathrm{Pos}} = \sqrt{\delta_x^2 + \delta_y^2 + \delta_z^2} \tag{8-40}$$

$$\begin{cases} \delta_x = \sqrt{\dfrac{1}{n}\sum_{i=1}^{n}(x_1(t_i) - x_2(t_i))^2} \\ \delta_y = \sqrt{\dfrac{1}{n}\sum_{i=1}^{n}(y_1(t_i) - y_2(t_i))^2} \\ \delta_z = \sqrt{\dfrac{1}{n}\sum_{i=1}^{n}(z_1(t_i) - z_2(t_i))^2} \end{cases} \tag{8-41}$$

式中，$x_1(t_i)$、$y_1(t_i)$、$z_1(t_i)$和$x_2(t_i)$、$y_2(t_i)$、$z_2(t_i)$分别为t_i时刻轨道重叠部分的坐标位置；δ_x、δ_y和δ_z分别为重叠弧段的 3 个轨道方向的差异 RMS 值；δ_{Pos}为位置差异 RMS 值。

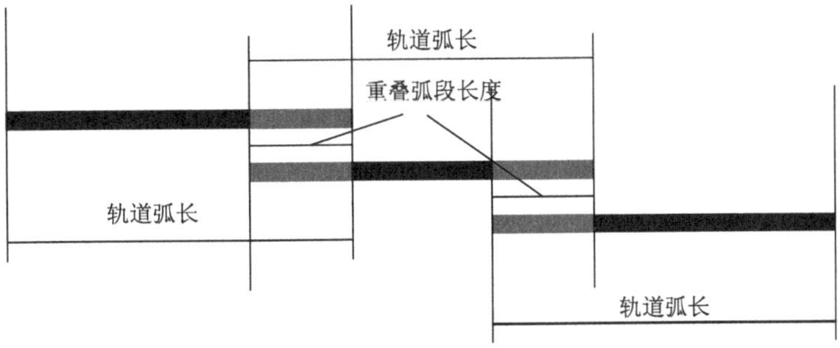

图 8-1　轨道重叠弧段精度评定方法示意图

3. 轨道不连续点

为了评定 IGS 事后精密轨道的精度，Griffiths 和 Ray(2009)提出通过连续两天精密轨道在衔接处的位置差异来评定轨道的精度，并获得了很好的效果。其主要思想是采用不同的数据集获得 Day *A* 24:00(Day *B* 00:00)时刻的位置(图 8-2)。如果力学模型和观测模型都能够正确反映卫星的轨道特性，则通过两个数据集获得的卫星位置是一致的，但在实际定轨过程中无论力学模型还是观测模型都存在误差，由此也可通过衔接处的位置符合程度来评定卫星定轨的精度。轨道位置不连续PD被定义为

$$\text{PD} = \frac{|x_B - x_A| + |y_B - y_A| + |z_B - z_A|}{3} \tag{8-42}$$

式中，(x_A, y_A, z_A)为 Day *A* 24:00 时刻的卫星位置矢量；(x_B, y_B, z_B)为 Day *B* 00:00 时刻卫星的位置矢量。

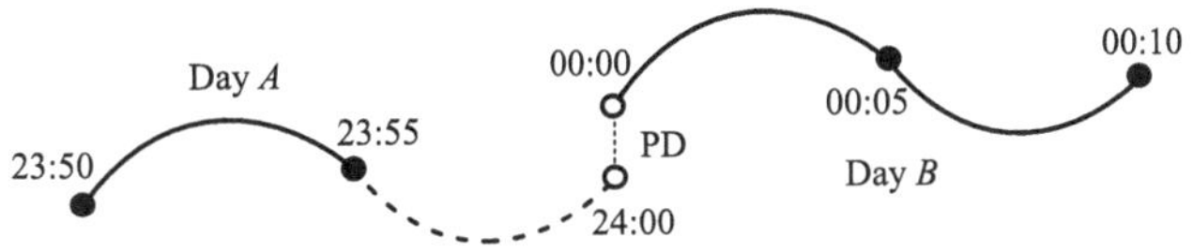

图 8-2　轨道不连续点精度评定方法示意图

4. 不同处理策略获得的轨道比较分析

不同处理策略获得的轨道比较分析主要是联合不同机构和单位，结合不同的定轨软件，以及在软件中采用不同的动力学模型、观测模型和参数估计方法等对精密定轨结果进行对比分析，对各自定轨系统的定轨精度进行评估。该方法对轨道精度的评价整体上是比较可靠的，也是一种重要的轨道精度评价方式，能够实现对整个轨道弧段的精度进行评定。但也存在一些缺陷，主要是由于上述诸多处理策略的差异，对于比较结果中的各类系统误差的影响不易分离，较难单纯根据这一种方法确定某一处理策略的实际定轨精度。

8.4.2 外符合精度评估

与内符合精度评估主要考察内部符合程度不同，外符合精度评估主要依靠外部参考标准进行精度评定，其评定结果更具客观性，尤其是能够避免内符合精度评估在反映系统误差方面的能力缺陷，在轨道精度评估中占据举足轻重的作用。但是，外符合精度评估的难点在于获得可靠的外部参考标准，尤其对于快速运行的卫星。目前，在卫星定轨领域，常用的外符合精度评估大体有两种：一种是直接获取更高精度的卫星轨道参考值，并以此为标准，对卫星定轨结果进行评估，常见的方式是从定轨机构获取高精度卫星轨道作为标准。例如，对于导航卫星而言，常以 IGS 发布的事后高精度 GNSS 轨道为外部标准，这种模式的精度评估本质上是通过两组坐标值取差实现的，算法较为简单，这里不再赘述。另一种为卫星激光测距(satellite laser ranging, SLR)数据检核，即卫星的 SLR 高精度测距数据，实现对定轨结果的精度评估。对于 SLR 观测，本书在 3.2.6 节已经做过介绍，通常需要卫星搭载后向反射镜，很明显，这种模式的精度评估并不适用于所有卫星，所幸，许多导航卫星都搭载有用于 SLR 观测的后向反射镜。因此，这种精度评估方法在导航卫星定轨中经常使用，这里对其基本原理进行简单介绍。

目前 SLR 测距精度已能达到亚厘米量级，与 GNSS 观测技术相比，SLR 技术具有无模糊度和不受电离层影响等特点。在 SLR 检核中，通常利用下式求取检核残差 Δ_i：

$$\Delta_i = (\rho_o^i - \Delta\rho_{\text{all}}^i) - \rho_c^i \tag{8-43}$$

式中，ρ_o^i 为通过 SLR 测得的 SLR 测站与卫星之间的距离观测值；ρ_c^i 为 SLR 测站至卫星之间的站星距，其中 SLR 测站坐标已知，卫星位置由定轨结果获得；$\Delta\rho_{\text{all}}^i$ 表示影响 SLR 距离观测量各类误差的等效距离和，这些误差主要包括测站偏心、对流层延迟、海潮和固体潮以及广义相对论效应等，都有相应的改正方法(田英国，2017)。

在式(8-43)的基础上，即可获得 SLR 检核卫星轨道残差的 RMS：

$$\Delta_{\text{R}} = \sqrt{\frac{1}{n}\sum_{i=1}^{n}\Delta_i^2} \tag{8-44}$$

式中，n 为 SLR 数据点个数；Δ_{R} 为 SLR 残差的 RMS 值。

第 9 章　定轨理论应用

本书介绍的定轨理论可以应用于各类人造地球卫星轨道的确定。本章以导航卫星轨道确定为例，给出定轨理论的几种典型应用，以此说明定轨理论在实践中的应用方法。

9.1　导航卫星几何法定轨

几何法定轨通常应用在低轨卫星定轨中，即利用星载接收机接收导航卫星的信号进行轨道解算，与地面的定位过程类似，该方法可实时确定卫星在轨位置，且不受动力学模型误差的影响(刘伟平等，2014a)。与低轨卫星不同，这里所述的几何法定轨是指利用多个地面观测站接收导航卫星的信号，并利用这些观测量确定导航卫星的在轨位置，本质上是一种“倒定位”的方法(刘伟平，2011)，由此会引入一些特殊问题，将在本节进行讨论。

需要说明的是，几何法定轨与两类经典的定轨方法，即第 5 章介绍的初轨确定和第 8 章介绍的精密定轨(轨道改进)，有着本质不同。之前介绍的方法在定轨中都至少使用了两类信息，即观测信息和动力学信息，而几何法定轨在定轨中仅使用一类信息——观测信息，这种定轨模式已经与定位很类似，这也是我们不在前述章节专门论述该方法的原因。当前几何法定轨在实际中已经很少直接应用，但在低轨卫星重力场建模、导航卫星机动后轨道恢复等场景下仍有重要应用。

通过本节介绍的导航卫星几何法定轨实例，可以体会如何在实际中应用几何法定轨。同时，通过介绍该方法，我们也可以学习如何在定轨中应用第 3 章介绍的导航系统观测量，为后续进一步学习定轨技术奠定良好基础。

9.1.1　基本原理

这里的几何法定轨考虑的基本条件是多个地面测站对同一导航卫星进行同步观测。利用星地测距数据，在仅考虑估计卫星位置坐标的条件下，观测方程为

$$\tilde{\rho}_j(t) = R_j(t) + \varepsilon_j(t) \tag{9-1}$$

式中，t 为导航系统时；ε_j 为观测噪声；$R_j(t)$ 为 t 时刻 j 测站到卫星的星地几何距离，其中含有待估的卫星位置信息；$\tilde{\rho}_j(t)$ 为 t 时刻 j 测站对卫星的距离观测量。

星地几何距离 $R_j(t)$ 展开形式为

$$R_j(t) = \sqrt{(X(t)-U_j(t))^2 + (Y(t)-V_j(t))^2 + (Z(t)-W_j(t))^2} \tag{9-2}$$

式中，$(U_j(t), V_j(t), W_j(t))^{\mathrm{T}}$ 为 t 时刻 j 测站的地固系坐标，在定轨中一般是已知量；$(X(t), Y(t), Z(t))^{\mathrm{T}}$ 为 t 时刻卫星的地心地固系坐标，是待估参数。

距离观测量 $\tilde{\rho}_j(t)$ 包含各项误差改正，即

$$\tilde{\rho}_j(t) = \rho_j(t) - c \cdot \delta t_j + c \cdot \delta t^{\mathrm{S}} - \Delta D \tag{9-3}$$

式中，$\rho_j(t)$ 为 t 时刻 j 测站对卫星的伪距观测量，后续处理中采用了消电离层非差伪距观测量或消电离层非差相位平滑伪距观测量，观测量的组合及平滑方法参见 3.1 节；c 为光速；δt_j、δt^{S} 分别为接收机钟差和卫星钟差，在几何法定轨中，测站接收机钟差通常借助站间时间同步技术予以解决，卫星钟差可借助外部信息进行修正；ΔD 为除钟差之外其他各项误差之和，可借助各类误差改正模型进行修正。

设 t 时刻卫星的近似坐标为 $\boldsymbol{Y}_0(t) = (X_0(t), Y_0(t), Z_0(t))^{\mathrm{T}}$，对式(9-1)进行线性展开，得

$$\tilde{\rho}_j(t) = R_j^0(t) + l_j(t) \cdot x(t) + m_j(t) \cdot y(t) + n_j(t) \cdot z(t) + \varepsilon_j(t) \tag{9-4}$$

式中，$R_j^0(t) = \sqrt{(X_0(t) - U_j(t))^2 + (Y_0(t) - V_j(t))^2 + (Z_0(t) - W_j(t))^2}$；$l_j(t) = \left.\dfrac{\partial R_j(t)}{\partial X(t)}\right|_0 = \dfrac{X_0(t) - U_j(t)}{R_j^0(t)}$；$m_j(t) = \left.\dfrac{\partial R_j(t)}{\partial Y(t)}\right|_0 = \dfrac{Y_0(t) - V_j(t)}{R_j^0(t)}$；$n_j(t) = \left.\dfrac{\partial R_j(t)}{\partial Z(t)}\right|_0 = \dfrac{Z_0(t) - W_j(t)}{R_j^0(t)}$。

当 t 时刻，有 k 个测站同时观测同一卫星时，观测方程为

$$\boldsymbol{V}(t) = \boldsymbol{A} \cdot \boldsymbol{y}(t) + \boldsymbol{L} \quad \boldsymbol{W} \tag{9-5}$$

式中，$\boldsymbol{W}$ 为对应的观测量权矩阵；$\boldsymbol{y}(t)$ 为 t 时刻卫星近似坐标的改正量，为待估参数。

$$\boldsymbol{A} = \begin{pmatrix} l_1(t) & m_1(t) & n_1(t) \\ l_2(t) & m_2(t) & n_2(t) \\ \vdots & \vdots & \vdots \\ l_k(t) & m_k(t) & n_k(t) \end{pmatrix}, \quad \boldsymbol{y}(t) = \begin{pmatrix} x(t) \\ y(t) \\ z(t) \end{pmatrix}, \quad \boldsymbol{L} = \begin{pmatrix} R_1^0(t) - \tilde{\rho}_1(t) \\ R_2^0(t) - \tilde{\rho}_2(t) \\ \vdots \\ R_k^0(t) - \tilde{\rho}_k(t) \end{pmatrix}, \quad \boldsymbol{V} = \begin{pmatrix} -\varepsilon_1(t) \\ -\varepsilon_2(t) \\ \vdots \\ -\varepsilon_k(t) \end{pmatrix}。$$

依据最小二乘原理，有

$$\hat{\boldsymbol{y}}(t) = -\left(\boldsymbol{A}^{\mathrm{T}} \boldsymbol{W} \boldsymbol{A}\right)^{-1} (\boldsymbol{A}^{\mathrm{T}} \boldsymbol{W} \boldsymbol{L}) \tag{9-6}$$

则

$$\hat{\boldsymbol{Y}}(t) = \boldsymbol{Y}_0(t) + \hat{\boldsymbol{y}}(t) \tag{9-7}$$

解的协因数阵为

$$\boldsymbol{Q}_{\hat{Y}} = \left(\boldsymbol{A}^{\mathrm{T}} \boldsymbol{W} \boldsymbol{A}\right)^{-1} \tag{9-8}$$

以上过程可以迭代进行，直到相邻两次结果之差小于一定的门限值为止，因此即使给定的 t 时刻卫星近似位置不够精确，通常也不会对解算结果精度造成影响。

以上讨论基于卫星钟差利用外部资源进行改正，处理中仅估计卫星位置，若考虑同时估计卫星钟差，则式(9-4)变为

$$\tilde{\rho}_j'(t) = R_j^0(t) + l_j(t) \cdot x(t) + m_j(t) \cdot y(t) + n_j(t) \cdot z(t) - \delta\hat{\rho}(t) + \varepsilon_j \tag{9-9}$$

式中，$\delta\hat{\rho}(t) = c \cdot \delta\hat{t}^{\mathrm{S}}$ 为卫星钟差对应的等效距离；$\tilde{\rho}_j'(t) = \rho_j(t) - c \cdot \delta t_j - \Delta D$ 为经过各项误差改正的距离观测量；其他各项含义与式(9-4)相同。

相应的观测方程形式不变：

$$\boldsymbol{V}=\boldsymbol{A}'\cdot\boldsymbol{y}'(t)+\boldsymbol{L}'\quad\boldsymbol{W} \tag{9-10}$$

式中，$\boldsymbol{A}'=\begin{pmatrix} l_1(t) & m_1(t) & n_1(t) & -1 \\ l_2(t) & m_2(t) & n_2(t) & -1 \\ \vdots & \vdots & \vdots & \vdots \\ l_k(t) & m_k(t) & n_k(t) & -1 \end{pmatrix}$，$\boldsymbol{y}'(t)=\begin{pmatrix} x(t) \\ y(t) \\ z(t) \\ \delta\hat{\rho}(t) \end{pmatrix}$，$\boldsymbol{L}'=\begin{pmatrix} R_1^0(t)-\tilde{\rho}_1'(t) \\ R_2^0(t)-\tilde{\rho}_2'(t) \\ \vdots \\ R_k^0(t)-\tilde{\rho}_k'(t) \end{pmatrix}$，其他符号意义同式(9-5)。

其解及相应协因数阵的形式与式(9-6)～式(9-8)相同。

此外，在实际数据处理中，还涉及不同测站同步观测量获取的问题，这是导航卫星几何法定轨需要解决的关键问题之一。导航系统观测量不仅可以应用在导航卫星定轨中，也广泛应用于用户定位。为便于理解，这里采用对比说明的方式来阐述该问题。

以 GNSS 伪距单点定位为例，为了获取当前观测时刻用户位置，需要首先获取两个量：当前观测时刻各星观测量及对应的卫星位置。其中，观测量可以直接采用当前时刻接收机接收到的观测量，但困难之处在于卫星位置的获取，原因在于我们需要的是各星信号发出时刻对应的卫星位置。由 3.1 节相关知识可知，GNSS 信号发出时刻在观测时是未知的，因此，就需要根据当前观测时刻减去各星的信号传播延迟，然后再通过广播星历计算获取相应卫星位置。然而，各星信号传播延迟的计算首先需要知道卫星位置，很明显，这里涉及一个迭代问题，也就是说，在用户定位中，实质上是通过迭代计算卫星位置来有效处理光行差问题。

与用户定位相比，在导航卫星几何法定轨中，需要首先获取的两个量是：卫星信号发出时刻用以定轨的各测站位置和相应的各站同步观测量。其中，测站作为“静态”已知点，其位置确定已知，此时，仅剩下一个问题，即获取信号发出时刻各站同步观测量。然而，实际中，我们只能获得观测时刻各站观测量，直接获取信号发出时刻各站的同步观测量是存在困难的，下面我们详细说明一下该问题。

导航系统观测量作为一种单程测距观测量，当接收机接收到观测量时，只能知道信号接收时的接收机钟面时 t_{R}。设对应的系统时为 $T_{\mathrm{R}}=t_{\mathrm{R}}-\delta t_{\mathrm{R}}$（$\delta t_R$ 为接收机钟差），但是，并不知道信号从卫星发出时的系统时 T^{S}，有关系式 $T^{\mathrm{S}}=T_{\mathrm{R}}-\tau$（$\tau$ 为信号传播延迟，通常为未知量）。以 $t_{\mathrm{R}j}$ 表示各站接收到观测量时的接收机钟面时，如果直接以各站 $t_{\mathrm{R}j}$ 相同为条件来提取同步观测量，因为

$$T_j^{\mathrm{S}}=T_{\mathrm{R}j}-\tau_j=t_{\mathrm{R}j}-\delta t_{\mathrm{R}j}-\tau_j \tag{9-11}$$

式中，T_j^{S} 为 j 测站观测量对应的卫星信号发出时刻的系统时；$T_{\mathrm{R}j}$ 为 j 测站接收到观测量时接收机的系统时；$t_{\mathrm{R}j}$ 为 j 测站接收到观测量时接收机的钟面时；$\delta t_{\mathrm{R}j}$ 为 j 测站的接收机钟差，不同测站其值一般不同；τ_j 为 j 测站到卫星的信号传播延迟，与站星距离有关，通常不同测站也不同。所以，在仅保证 $t_{\mathrm{R}j}$ 相同的条件下，并不能保证从各站得到的观测量对应的 T_j^{S} 相同，即不能保证这些观测量是卫星在同一时刻发出而被不同测站接收的。

这里介绍一种作者提出的导航卫星几何法定轨同步观测量获取方法。作者据此设计了利用多个地面测站对同一导航卫星的观测量进行几何法定轨的具体实现步骤，其中，测站的位置坐标和接收机钟差认为事先已知，这在定轨中经常是满足的，具体步骤如下。

(1) 首先确定要计算卫星位置的系统时间 T^{S}。该时间可根据观测时段，以一定间隔的形式给出，或者直接将观测量对应的接收机钟面时作为几何法定轨的系统时间。值得注意的是，这里与用户定位不同，我们实质上首先确定了几何法定轨需要输出卫星位置的一组系统时间。

(2) 由各测站对应的星地几何距离 ρ_j（第一次计算时，各测站可先取同一近似值。对 MEO 卫星，$\rho_j^0 \approx 20000\mathrm{km}$；对 GEO/IGSO 卫星，$\rho_j^0 \approx 36000\mathrm{km}$），利用式(9-12)计算各测站对应的 t_j^a（相当于 T^{S} 时刻卫星发出信号时对应的各站系统时），利用 t_j^a 可以获得对应的各测站接收机钟差 $\delta t_{\mathrm{R}j}$，进而利用式(9-13)求得各测站对应的 t_j^b（相当于 T^{S} 时刻发出观测量时对应的各测站接收机钟面时）。

$$t_j^a = T^{\mathrm{S}} + \frac{\rho_j^0}{c} \tag{9-12}$$

$$t_j^b = T^{\mathrm{S}} + \frac{\rho_j^0}{c} + \delta t_{\mathrm{R}j} \tag{9-13}$$

式中，c 为光速；$\delta t_{\mathrm{R}j}$ 为 j 测站的接收机钟差。

(3) 利用 t_j^b 求定系统时为 T^{S} 时各测站的同步观测量。求取方法可采用滑动拉式插值，方法为：从 j 测站观测量序列中选定 $n+1$ 个观测量 $\tilde{\rho}_1(t_1), \tilde{\rho}_2(t_2), \cdots, \tilde{\rho}_{n+1}(t_{n+1})$（$n$ 为插值阶数），使 t_j^b 位于这些观测量对应时刻的中间，通过式(9-14)插值得到相应的观测量。

$$\tilde{\rho}_j(T^{\mathrm{S}}) = \sum_{i=1}^{n+1}[\prod_{m=1}^{n+1}\frac{t_j^b - t_m}{t_i - t_m}]\tilde{\rho}_i(t_i) \quad (m \neq i) \tag{9-14}$$

这一方法具有较高的插值精度，但是由于要用到当前观测时刻前后的观测量，不适用于实时处理。考虑到这里的插值时间虽然位于插值节点的边缘处，但通常距离插值节点不远，适当降低插值阶数，仅利用 t_j^b 之前的观测量进行外推，有望取得较好的插值结果，以满足实时处理的需要。下文将通过算例分析证明。

(4) 利用各测站同步观测量进行几何法定轨，得到系统时为 T^{S} 时的卫星位置，重新计算各测站对应的星地几何距离 ρ_j，回到(2)，迭代计算，直到 $\left|\hat{\boldsymbol{Y}}_k - \hat{\boldsymbol{Y}}_{k-1}\right| < 0.001\mathrm{m}$，$\hat{\boldsymbol{Y}}_k$ 表示第 k 次迭代得到的卫星位置。

通过以上步骤，即可利用几何法定轨实现单历元实时和事后快速确定导航卫星在轨位置的目的。需要指出的是，以上方法涉及观测量的内插(或外推)，因此观测量的采样间隔应尽量取得小一些(如 1s)，才能保证不因内插(或外推)过多地损失观测量的精度，以致影响几何法快速定轨的效果。

9.1.2　实验分析

1. 仿真分析

该算例利用仿真数据，初步验证 9.1.1 节所述几何法定轨算法的正确性，以及对比 MEO 与 GEO 在相似观测条件下的定轨精度差异情况。此外，该算例还可与下一算例形成对比，说明仿真结果与实测数据处理结果的差异。

MEO/GEO 卫星的轨道仿真参数如表 9-1 所示。此外，仿真中选择了 6 个 IGS 测站，测站坐标从 IGS 的最终测站坐标产品中获得，测站分布如图 9-1 所示，其中圆点代表测站位置。利用 MEO/GEO 卫星的仿真轨道和已知的各测站坐标计算得到星地几何距离，在各测站对应的星地几何距离中附加方差为 3m 的高斯白噪声，各测站附加的噪声相互独立。由此仿真得到以上 6 个测站对 MEO/GEO 卫星某天 19:33:00～19:43:00 共 10min 采样间隔为 1s 的观测数据。该时段内 MEO 卫星基本上通过 GEO 卫星的定点位置，两者仅在高度上相差 15000km 左右，具有相似的观测几何，便于分析对比。

表 9-1　仿真参数

参数		GEO	MEO
卫星质量/kg		1000	
卫星面积/m^2		5	
参考历元 GPST		19:33:00	
轨道初值	X/m	−4716400.0	−3850095.126
	Y/m	−41899600.0	−25953597.125
	Z/m	0	−2817241.857
	V_x/(m/s)	3055.360	2201.518
	V_y/(m/s)	−343.925	−643.064
	V_z/(m/s)	0	3153.193

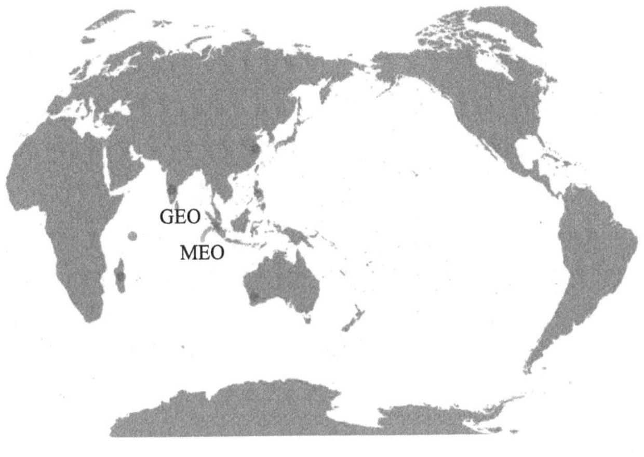

图 9-1　测站分布图

采用 9.1.1 节中的方法，利用各站的仿真观测数据仅估计卫星的位置，分别对 MEO 卫星和 GEO 卫星进行几何法定轨，将得到的卫星位置与已知的仿真轨道进行对比。为便于分析，所得到的卫星位置误差转换到 RTN 坐标系[R：径向，T：迹向(切向)，N：轨道面外法向(简称法向)]，结果如图 9-2 和表 9-2 所示。以下如无特别说明，都将卫星位置误差转换到 RTN 坐标系下进行分析。

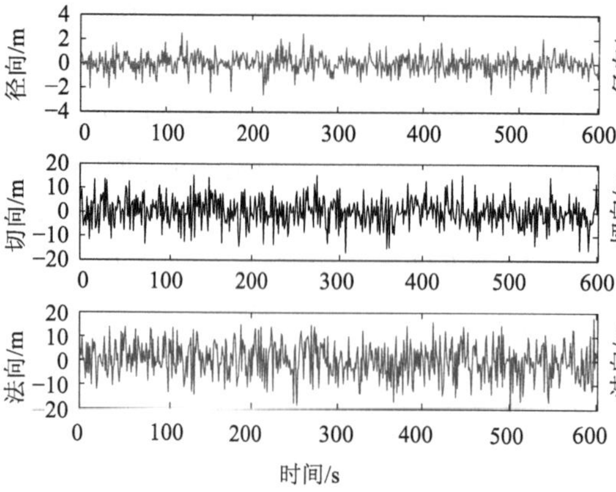

(a) MEO几何法定轨结果

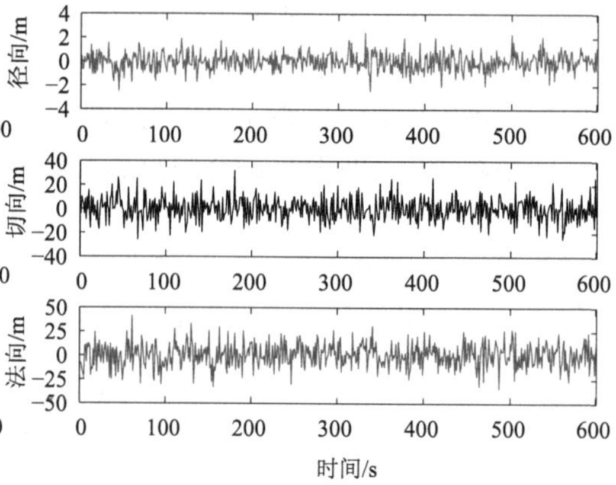

(b) GEO几何法定轨结果

图 9-2 仿真数据几何法定轨结果

表 9-2 仿真数据几何法定轨结果误差统计表 (单位：m)

统计量	MEO				GEO			
	径向(R)	切向(T)	法向(N)	三维位置	径向(R)	切向(T)	法向(N)	三维位置
最大值	2.466	15.334	17.541	19.671	2.416	31.847	41.056	41.844
最小值	−2.619	−16.755	−19.569	0.424	−2.505	−25.701	−34.428	0.939
平均值	−0.005	0.085	0.179	7.996	0.012	0.197	0.398	13.537
标准差	0.751	5.678	6.990	4.202	0.744	9.282	12.211	7.245

由图 9-2 和表 9-2 的结果可见，无论是 MEO 卫星还是 GEO 卫星 R 方向的精度明显优于 T、N 方向，这主要是由于测距观测量对 R 方向的变化更加敏感。此外，MEO 卫星和 GEO 卫星 R 方向的定轨精度基本相当，但 MEO 卫星 T、N 方向的精度要明显优于 GEO 卫星，这主要是因为 GEO 卫星的轨道高度要比 MEO 卫星高 15000km 左右，同样的地面测站分布对其 T、N 方向的约束要远小于对 MEO 卫星 T、N 方向的约束。此外，从表 9-2 可见，MEO 卫星的三维位置误差平均值为 7.996m，标准差为 4.202m；GEO 卫星的三维位置误差平均值为 13.537m，标准差为 7.245m。仿真结果证明，相同观测条件下，MEO 卫星的几何法定轨精度要高于 GEO 卫星。以上定轨结果的误差情况也基本证明了 9.1.1 节所述几何法定轨算法的正确性。

2. 实测数据处理

本算例主要是对实测数据进行分析处理，讨论实测数据处理中可能遇到的问题及处理的方案和结果情况。采用与上一算例同样的测站分布，使用各站在相同时段 19:33:00～

19:43:00 对 GPS PRN10 星（与仿真的 MEO 卫星对应）10min 采样间隔为 1s 的实测数据进行相关实验。

1）不同的同步观测量获取方法对几何法定轨结果的影响

9.1.1 节指出，在获取各测站同步观测量时，如果是事后处理，可以使用滑动拉式插值进行；如果要实时处理，则需要使用多项式进行外推。经验证，在这两种情况下，分别使用 9 阶滑动拉式插值和 4 阶多项式外推处理效果最优，插值方法见式(9-14)。下面将结合算例，对比两者的处理效果。

使用消电离层非差伪距观测量进行处理。考虑到导航系统的定轨跟踪站通常配备高精度原子钟，并可实现站间时间同步，钟差通常为已知量。这里所用的是 IGS 测站，并不是实际的定轨跟踪站，各测站钟差用 IGS 最终精密钟差文件中的值代替。卫星钟差这里暂不估计，用 IGS 最终精密卫星钟差进行改正。分别使用 9 阶滑动拉式插值和 4 阶多项式外推获取不同测站的同步观测数据，在 19:33:00～19:43:00 时间段内利用几何法定轨每秒确定一次卫星位置，使用 IGS 最终精密星历作为标准评定几何法定轨的精度，由精密星历获得任意时刻卫星位置的方法参照刘伟平等在 2010 年发表的文献。结果如图 9-3 和表 9-3 所示。

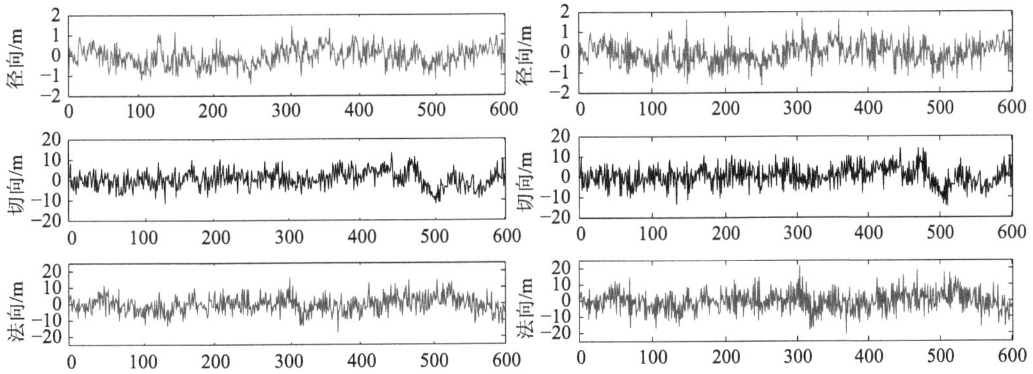

(a) 9阶滑动拉式插值　(b) 4阶多项式外推

图 9-3　不同的同步观测量获取方法几何法定轨结果

表 9-3　不同的同步观测量获取方法几何法定轨结果误差统计表　（单位：m）

统计量	9 阶滑动拉式插值				4 阶多项式外推			
	径向(R)	切向(T)	法向(N)	三维位置	径向(R)	切向(T)	法向(N)	三维位置
最大值	1.415	13.054	15.923	17.822	1.670	14.213	21.128	22.086
最小值	−1.385	−11.903	−17.703	0.355	−1.639	−14.406	−20.755	0.393
平均值	−0.060	0.152	−0.558	6.056	−0.060	0.153	−0.557	7.428
标准差	0.486	4.296	5.304	3.229	0.573	5.048	6.624	3.843

从图 9-3 和表 9-3 的结果可见，9 阶滑动拉式插值提取同步观测量的处理结果要略优于 4 阶多项式外推。前者的三维位置误差平均值为 6.056m，标准差为 3.229m；后者

的三维位置误差平均值为 7.428m，标准差为 3.843m。由图 9-3 和表 9-3 的结果也可看出，4 阶多项式外推的处理结果虽然精度有所下降，但不会产生系统误差，主要是加大了定轨结果的噪声，引入的噪声水平不大，且可以在后续的拟合或平滑中得到一定程度的消除或减弱。因此利用 4 阶多项式外推观测量以实现实时定轨是可行的。

此外，对比图 9-3、表 9-3 与图 9-2、表 9-2 中 MEO 卫星的相关结果，可以发现，实测数据处理的结果与仿真结果基本相当，事实上，实测数据处理结果的噪声水平还要略小于仿真结果，原因是仿真观测数据时，为保证仿真结果的可信性，附加的高斯白噪声的方差要稍大于消电离层非差伪距观测量的平均水平。此外，从图 9-3 中可见，实测数据处理结果的误差有轻微的“趋势”性变化，区别于仿真结果，分析认为这可能是由实测数据误差改正后的残余误差等原因引起，但是，其量级较小，不会对分析结果产生实质性影响。

2) 不同的卫星钟差处理方法对几何法定轨结果的影响

第 1) 小节的讨论中，为了不引入卫星钟差的影响，处理中使用了 IGS 最终精密钟差对卫星钟差进行改正，直接消除了其对定轨结果的影响。实际中，最终精密钟差需要滞后多天才能得到，在快速定轨中，无论是实时还是事后，都不可能使用这一产品，从这个意义上讲，第 1) 小节的结果仅是一种“理想”结果，实际的处理结果还要看对卫星钟差的处理方式与使用精密卫星钟差进行改正效果的差距大小。

如 9.1.1 节所述，对卫星钟差的处理主要有两种手段：其一，将卫星钟差当作未知参数，在求解卫星位置的同时，解算卫星钟差；其二，利用外部资源(如卫星预报钟差)来消除或减弱卫星钟差的影响。两种处理手段的效果如何将在下面进行讨论分析。

使用与第 1) 小节同样的数据，考虑实时定轨，同步观测量由 4 阶多项式外推获得，其他处理方法不变，仅在处理卫星钟差时，分别采用估计卫星钟差和使用预报钟差进行对比分析，其中预报钟差使用的是 IGS 提供的超快预报钟差。处理结果如图 9-4 和表 9-4 所示。

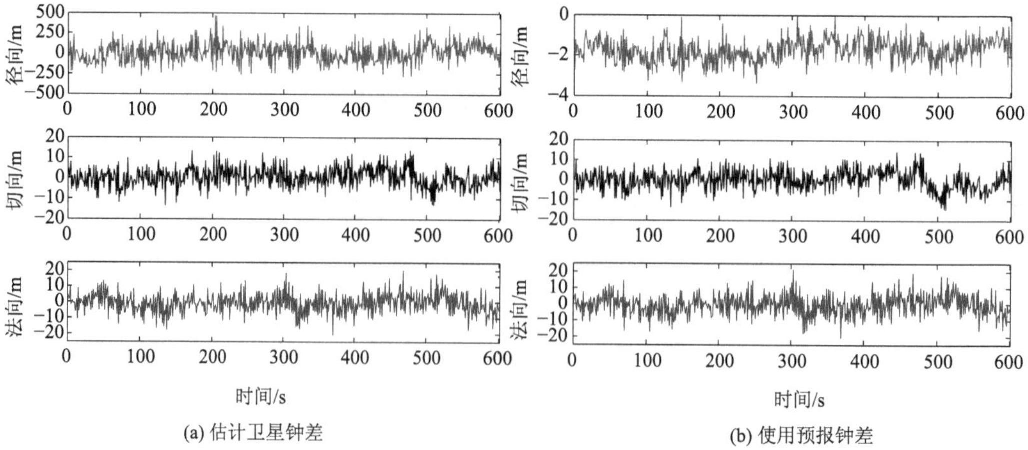

图 9-4 卫星钟差不同处理方式几何法定轨结果

表 9-4　卫星钟差不同处理方式几何法定轨结果误差统计表　（单位：m）

统计量	估计卫星钟差				使用预报钟差			
	径向(R)	切向(T)	法向(N)	三维位置	径向(R)	切向(T)	法向(N)	三维位置
最大值	463.813	13.571	19.921	463.827	–0.015	14.185	21.150	22.166
最小值	–281.781	–13.456	–20.696	2.640	–3.350	–14.435	–20.735	1.382
平均值	12.944	0.399	–0.685	102.591	–1.730	0.129	–0.536	7.701
标准差	125.519	4.936	6.332	73.793	0.588	5.048	6.624	3.688

由图 9-4 和表 9-4 的结果可见，在估计卫星钟差条件下进行几何法定轨，三维位置误差的平均值为 102.591m，标准差为 73.793m，径向方向的误差明显大于另外两个方向；使用预报钟差进行几何法定轨三维位置误差的平均值为 7.701m，标准差为 3.688m，径向方向有一定的系统误差，但其量级较小、波动不大，其他两个方向的误差与估计卫星钟差的结果相当；使用预报钟差在径向上引入的系统误差大小与预报钟差本身的精度有关。事实上，卫星钟差的预报精度有望得到进一步提高。从以上的分析结果来看，仅在 IGS 超快预报钟差的精度条件下，使用预报钟差的处理策略也要明显优于估计卫星钟差。

3）*几何法快速轨道确定事后处理精度*

第 2）小节以实时定轨为例，考察了不同的卫星钟差处理策略对几何法定轨结果的影响。实际应用中，并非总是需要实时定轨，有时为了进一步提高定轨精度，也会需要事后处理。在这里，几何法快速轨道确定事后处理与实时定轨的不同之处主要在于：①可使用消电离层非差相位平滑伪距观测量；②可使用 9 阶滑动拉式插值获得各站同步观测量。

使用与上两小节同样的数据，以 9 阶滑动拉式插值获得各站同步的消电离层非差相位平滑伪距观测量，其他处理策略与第二部分相同。其处理结果中估计卫星钟差的结果与第 2）小节类似，会使几何法定轨精度急剧降低，达到数十米的量级水平。这里不再给出，仅给出使用预报钟差的处理结果，如图 9-5 和表 9-5 所示。

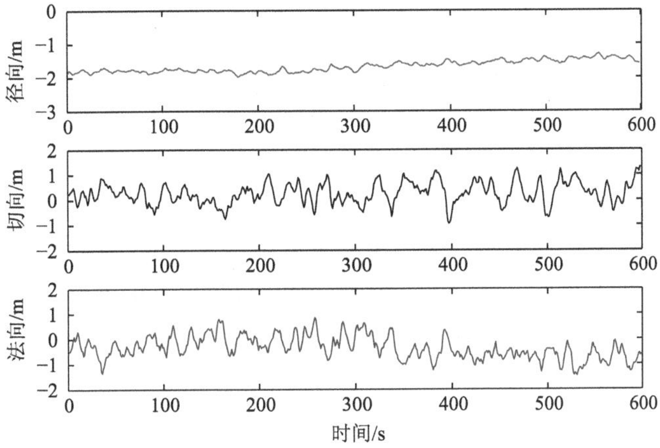

图 9-5　几何法快速轨道确定事后处理误差图

表 9-5　几何法快速轨道确定事后处理误差统计表　　（单位：m）

统计量	径向(R)	切向(T)	法向(N)	三维位置
最大值	–1.300	1.303	0.851	2.370
最小值	–1.978	–0.950	–1.466	1.403
平均值	–1.677	0.257	–0.360	1.844
标准差	0.153	0.423	0.465	0.162

与图 9-4 和表 9-4 中实时定轨结果相比，从图 9-5 和表 9-5 事后处理结果可见：几何法快速轨道确定事后处理三维位置误差平均值为 1.844m，标准差为 0.162m。事后处理各方向误差的波动明显降低，其中径向方向的误差波动最小，但有系统差，系统差是由卫星预报钟差引入的。事后处理精度与实时定轨相比有了较大的提高，主要原因是相位平滑伪距降低了观测数据的噪声水平，从而有效地改善了几何法定轨的精度。

总之，通过以上对实测数据的处理分析，可以获得如下结论。

(1)在各站同步观测量获取方面，实时定轨中采用 4 阶多项式进行外推，事后处理中采用 9 阶滑动拉式插值，都可以取得较好的效果。

(2)对于卫星钟差的处理，如果采用估计卫星钟差的方式，会在径向方向引入较大的误差，并最终使得几何法定轨实时处理的三维位置误差达到百米量级，事后处理达到数十米的量级；如果采用预报钟差进行卫星钟差改正，与使用精密钟差相比，会在径向方向上引入系统误差，其大小与预报钟差的精度有关，可以通过提高钟差预报的精度等手段得到一定程度的改善。

(3)即使是在 IGS 快速预报钟差精度的条件下，从实验结果来看，使用预报钟差的处理方式，几何法快速轨道确定实时处理的三维位置误差也可以达到平均值优于 10m，标准差优于 5m 的精度水平；事后处理更可以提高到平均值优于 2m，标准差优于 0.5m 的精度水平。

3. 观测几何构型影响

由以上分析可以看出：采用本书的仿真方法，仿真结果可在一定程度上反映实测处理水平，仿真处理的结果可以为实际情况提供参考。鉴于几何法定轨中，定轨监测站观测几何构型对最终定轨结果有直接影响，为简化分析，这里采用仿真的方法，通过特定算例，直观展示其对几何法定轨精度的重要影响。

采用与以上同样的仿真条件，仅将地面测站替换为如图 9-6 所示的测站，其中圆点代表测站位置。分析中首先考察仅有国内布站条件下 MEO/GEO 卫星几何法快速轨道确定的精度情况，在此基础上，附加一个南极站 dav1(位于中国南极中山站附近)，再次进行处理，并与之前的结果进行对比。MEO 卫星的结果如图 9-7 和表 9-6 所示，GEO 卫星的结果如图 9-8 和表 9-7 所示。

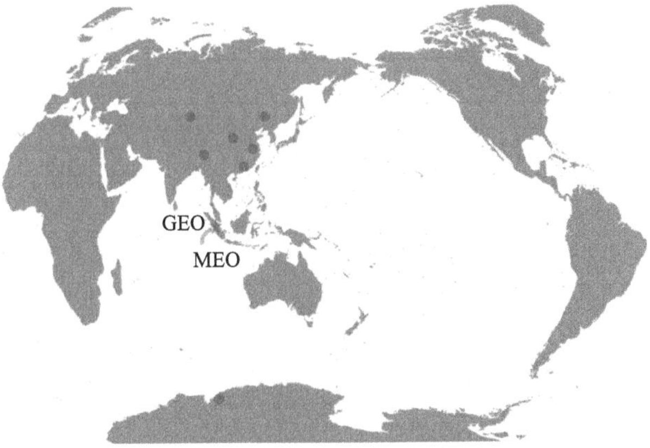

图 9-6　国内/南极站分布图

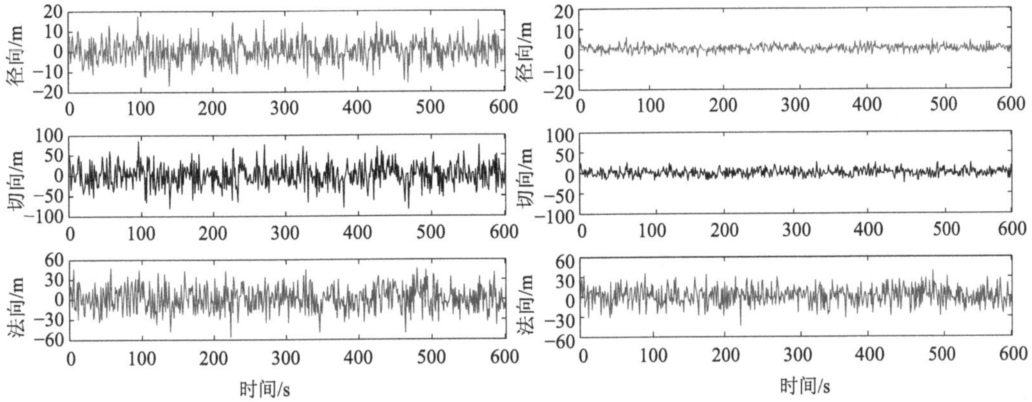

(a) MEO国内站定轨结果　　(b) MEO国内站加南极站定轨结果

图 9-7　MEO 卫星不同布站条件下几何法定轨结果

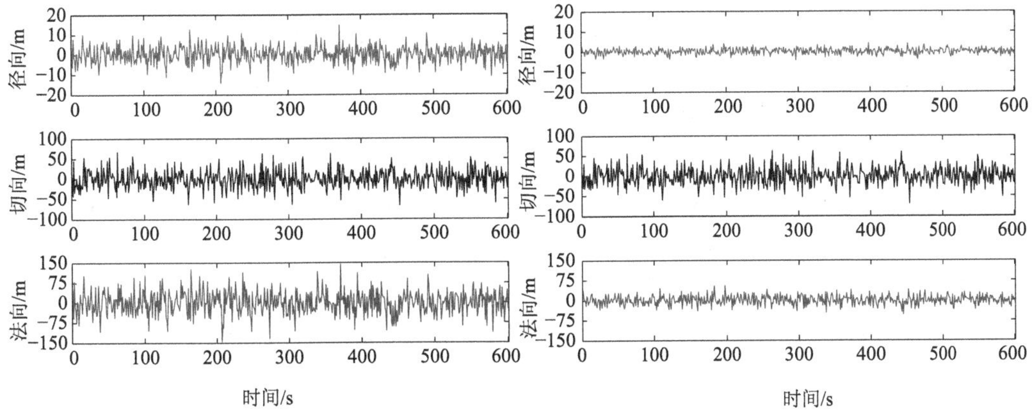

(a) GEO国内站定轨结果　　(b) GEO国内站加南极站定轨结果

图 9-8　GEO 卫星不同布站条件下几何法定轨结果

表 9-6 MEO 卫星不同布站条件下几何法定轨结果误差统计表 （单位：m）

统计量	国内站				国内站加南极站			
	径向(R)	切向(T)	法向(N)	三维位置	径向(R)	切向(T)	法向(N)	三维位置
最大值	17.464	85.517	47.373	97.758	5.941	25.519	38.271	43.859
最小值	−16.905	−83.073	−55.920	0.649	−4.350	−24.839	−43.628	0.240
平均值	0.309	1.066	1.222	28.883	0.111	0.087	0.769	14.259
标准差	5.562	27.335	18.433	16.884	1.542	8.737	13.519	7.644

表 9-7 GEO 卫星不同布站条件下几何法定轨结果误差统计表 （单位：m）

统计量	国内站				国内站加南极站			
	径向(R)	切向(T)	法向(N)	三维位置	径向(R)	切向(T)	法向(N)	三维位置
最大值	14.680	66.538	143.519	148.232	4.125	62.784	55.747	77.159
最小值	−14.236	−66.713	−145.262	1.953	−4.318	−69.579	−53.137	1.102
平均值	0.059	−0.499	0.707	42.312	0.056	−0.505	0.675	23.893
标准差	4.222	22.700	43.169	24.579	1.392	21.480	16.979	13.435

从图 9-7 和表 9-6 及图 9-8 和表 9-7 的结果中可以看到，在仅有图 9-6 中的国内站参与定轨的条件下，MEO 卫星三维位置误差平均值为 28.883m，标准差为 16.884m；GEO 卫星三维位置误差平均值为 42.312m，标准差为 24.579m。附加一个南极站，MEO 卫星三维位置误差平均值达到 14.259m，标准差达到 7.644m；GEO 卫星三维位置误差平均值达到 23.893m，标准差达到 13.435m。由此可见，相同布站条件下，MEO 卫星的几何法定轨精度优于 GEO 卫星，且主要差别在 T、N 方向；无论是 MEO 卫星还是 GEO 卫星，附加南极站都对几何法快速轨道确定的精度改善效果明显，尤其对 GEO 卫星的定轨精度改善更加明显。进一步分析发现，附加南极站虽对 MEO 卫星和 GEO 卫星径向、切向和法向的定轨精度都有不同程度的改善，但是对 MEO 卫星径向和切向的改善更加明显，又以切向改善最为显著；对 GEO 卫星径向和法向的改善更加明显，又以法向改善最为显著。究其原因，主要是因为在以上弧段内，对 MEO 卫星，附加的南极站主要位于其行进(切向)方向(此时 MEO 卫星正横穿赤道，与赤道夹角在 55° 左右)，由此增强了对 MEO 卫星切向方向的约束；而对 GEO 卫星，附加的南极站改善了国内布站条件下对 GEO 卫星轨道面仅有北向约束的状况。由此可见，观测几何结构对几何法定轨精度有较大影响。需要指出的是，MEO 相对地面是运动的，导致其观测几何结构不断变化，几何法定轨精度会随着 MEO 卫星与地面测站相对位置的变化而有较大差异；但 GEO 卫星相对地面静止，地面测站固定的条件下，其观测几何结构基本不会有较大变化，几何法定轨精度相对比较稳定。

9.2 导航卫星单星短弧法定轨

在导航卫星定轨中，通常采用较长弧段的观测数据(通常为 3～7 天)进行轨道解算。长弧观测量更能反映轨道特点，而且可以通过大量的多余观测更好地消除随机噪声对解算过程的影响，因此精度较高，得到广泛应用(刘伟平和郝金明，2016a；郝金明等，2015)。但是，当导航卫星发生机动等情况，有可能会“中断”常规动力定轨过程，为了在短时间内恢复含动力学信息的卫星轨道，只能通过一定的处理手段利用短弧段内的观测数据进行快速定轨，并据此进行一定弧长的轨道预报(刘伟平，2011)。这里提出一种导航卫星单星短弧法定轨方法，考虑到工程应用的需求，同时为了保证定轨过程的收敛，短弧定轨通常对弧段长度有一定的要求。结合分析试算的结果，这里将短弧定轨的弧段长度选定为 5 分钟，下面将对其具体实现进行论述。

需要说明的是，本节方法实质是对第 8 章介绍的卫星轨道改进的具体应用。这里从动力学模型、观测模型、参数估计三方面介绍该方法，也可以据此将本节方法与通常的轨道改进进行对比。同时，这里也介绍了基于短弧定轨的轨道预报方法，方便大家理解定轨与预报之间的关系。最后，结合实验分析说明方法的处理效果。

9.2.1　基本原理

1. 动力模型

动力模型主要包括卫星运动方程和变分方程。在定轨数据处理中，前者用来提供参考轨道，后者用以参与构建观测方程的设计矩阵。

经分析，在 5 分钟弧段内，对于 MEO 卫星和 GEO 卫星，只考虑中心引力就可以满足米级定轨对力学模型的精度要求。在仅考虑中心引力的条件下，有

$$\boldsymbol{a}^*(t) = \ddot{\boldsymbol{r}}^*(t) = -\frac{GM_{\oplus}}{\left|\boldsymbol{r}(t)\right|^3}\boldsymbol{r}(t) \tag{9-15}$$

式中，$\ddot{\boldsymbol{r}}^*(t)$ ($\boldsymbol{a}^*(t)$)为仅考虑中心引力条件下，t 时刻卫星在惯性系的加速度向量；$\boldsymbol{r}(t)$ 为 t 时刻卫星在惯性系下的位置向量；$GM_{\oplus}$ 为地球引力常数。

相应的卫星运动方程为

$$\begin{cases} \dfrac{\mathrm{d}}{\mathrm{d}t}\boldsymbol{X}(t) = \boldsymbol{f}(t,\boldsymbol{X}) \\ \boldsymbol{X}(t_0) = \boldsymbol{X}_0 \end{cases} \tag{9-16}$$

式中，$\boldsymbol{X}(t) = \begin{pmatrix} \boldsymbol{r}(t) \\ \boldsymbol{v}(t) \end{pmatrix}$为 t 时刻卫星在惯性系下的状态向量；$\boldsymbol{v}(t)$ 为 t 时刻卫星在惯性系下的速度向量；$\boldsymbol{f}(t,\boldsymbol{X}) = \begin{pmatrix} \boldsymbol{v}(t) \\ \boldsymbol{a}^*(t) \end{pmatrix}$，$\boldsymbol{a}^*(t)$ 的含义同式(9-15)。

短弧定轨中，不用估计相关的力学参数，变分方程可由与 8.1.2 节类似的推导过程得到

$$\begin{cases} \dfrac{\mathrm{d}}{\mathrm{d}t}\boldsymbol{\Phi}(t,t_0) = \boldsymbol{A}^* \cdot \boldsymbol{\Phi}(t,t_0) \\ \boldsymbol{\Phi}(t_0,t_0) = \boldsymbol{I}_{6\times 6} \end{cases} \tag{9-17}$$

式中，$\boldsymbol{A}^* = \dfrac{\partial \boldsymbol{f}(t,\boldsymbol{X})}{\partial \boldsymbol{X}(t)}$。

对于运动方程和变分方程的求解可以采用 7.2 节介绍的数值法进行。此外，考虑到

短弧定轨的动力学模型中仅包含中心引力，可以得到严格的解析解，采用解析解更具优势。解析解的形式可由第 4 章的相关知识获得，这里不再给出。

2. 观测模型

与几何法定轨不同，动力法定轨通常在地心惯性系下进行。此外，定轨处理中无需获得各测站的同步观测量，各测站的所有观测量通过动力学信息(主要是状态转移矩阵)联系起来，统一进行轨道解算。

设 t 时刻 j 测站对卫星的距离观测量为 $\tilde{\rho}_j(t)$，则有

$$\tilde{\rho}_j(t) = R_j(t, \boldsymbol{X}(t)) + \varepsilon_j(t) \tag{9-18}$$

式中，$\varepsilon_j(t)$ 为观测误差；$\tilde{\rho}_j(t)$ 为包含了各项误差改正的距离观测量，含义与式(9-3)相同；$R_j(t, \boldsymbol{X}(t))$ 为星地几何距离；$\boldsymbol{X}(t)$ 为卫星状态矢量。

设卫星状态矢量的初值为 $\boldsymbol{X}_0(t_0)$，该初值可以由几何法定轨提供。积分卫星运动方程式(9-16)，可以得到参考轨道，将式(9-18)在参考轨道邻域展开，取到一阶项，有

$$\tilde{\rho}_j(t) = R_j^*(t, \boldsymbol{X}(t))\Big|_{\boldsymbol{X}^*(t)} + \left.\frac{\partial R_j(t, \boldsymbol{X}(t))}{\partial \boldsymbol{X}(t)}\right|_{\boldsymbol{X}^*(t)} \cdot \boldsymbol{x}(t) + \varepsilon_j(t) \tag{9-19}$$

式中，$\boldsymbol{X}^*(t)$ 为 t 时刻卫星在地心惯性系下的状态矢量参考值，通过积分运动方程得到；$R_j^*(t, \boldsymbol{X}(t))\Big|_{\boldsymbol{X}^*(t)}$ 为相应的理论观测值；$\boldsymbol{x}(t)$ 为卫星状态矢量参考值的改正量；$\left.\dfrac{\partial R_j(t, \boldsymbol{X}(t))}{\partial \boldsymbol{X}(t)}\right|_{\boldsymbol{X}^*(t)}$ 为观测量理论值对 t 时刻卫星状态向量的偏导数。

积分变分方程式(9-17)，得到 t 时刻的状态转移矩阵 $\boldsymbol{\Phi}(t, t_0)$，有

$$\boldsymbol{x}(t) = \boldsymbol{\Phi}(t, t_0) \cdot \boldsymbol{x}(t_0) \tag{9-20}$$

式中，$\boldsymbol{x}(t_0)$ 为初始时刻卫星状态矢量的改正量，是定轨中的待估参数。

将式(9-20)代入式(9-19)，可得到对应的观测方程：

$$\tilde{\rho}_j(t) = R_j^*(t, \boldsymbol{X}(t))\Big|_{\boldsymbol{X}^*(t)} + \boldsymbol{h}_j(t) \cdot \boldsymbol{x}(t_0) + \varepsilon_j(t) \tag{9-21}$$

式中，$\boldsymbol{h}_j(t) = \left.\dfrac{\partial R_j(t, \boldsymbol{X}(t))}{\partial \boldsymbol{X}(t)}\right|_{\boldsymbol{X}^*(t)} \cdot \boldsymbol{\Phi}(t, t_0)$。

上述观测模型中，仅考虑估计卫星初始轨道，对卫星钟差的处理主要是考虑利用外部资源直接进行改正。若考虑估计卫星钟差，式(9-18)变形为

$$\tilde{\rho}_j'(t) = R_j(t, \boldsymbol{X}(t)) - c \cdot \delta t^{\mathrm{S}} + \varepsilon_j(t) \tag{9-22}$$

式中，$\tilde{\rho}_j'(t) = \rho_j(t) - c \cdot \delta t_j - \Delta D$，各项含义与式(9-3)相同。

此外，可在全弧段内将卫星钟差考虑为如下二次多项式的形式：

$$\delta t^{\mathrm{S}} = a_0 + a_1(t - t_0) + a_2(t - t_0)^2 \tag{9-23}$$

式中，多项式的系数 $\boldsymbol{a} = (a_0, a_1, a_2)^{\mathrm{T}}$ 为待估参数。

则相应的观测方程为

$$\tilde{\rho}_j'(t) = R_j^*(t, \boldsymbol{X}(t))\Big|_{\boldsymbol{X}^*(t)} + \left(\boldsymbol{h}_j(t), \boldsymbol{m}(t)\right) \cdot \boldsymbol{y}(t_0) + \varepsilon_j(t) \tag{9-24}$$

式中，$\boldsymbol{m}(t)=\left(c,c\left(t-t_0\right),c\left(t-t_0\right)^2\right)$，$c$ 为光速；$\boldsymbol{y}(t_0)=\begin{pmatrix}\boldsymbol{x}(t_0)\\ \boldsymbol{a}\end{pmatrix}$为待估参数，包含初始时刻卫星状态向量改正量及全弧段一组卫星钟差参数；$\tilde{\rho}_j'(t)$ 的含义与式(9-22)中的相同，其他符号的含义同式(9-21)。

式(9-21)和式(9-24)是线性化观测方程。组合多个历元的观测方程，利用线性最优估计理论可解算卫星初始轨道或者卫星初始轨道和卫星钟差参数，具体估计方法将在第 3 小节中论述；至于在短弧定轨中，卫星钟差是否参与解算及对解算结果的影响将在 9.2.2 节的算例中结合实算效果进行说明。

3. 参数估计

在定轨的参数估计中，常用的方法有批处理和序贯处理，相关方法我们已经在 8.3 节做过介绍。其中，批处理方法是将一定弧段内的所有观测数据组成一批，一次处理，以估计相应参数的“最佳”估值。在短弧动力法定轨中，选用批处理的方法更具优势。这里仅以式(9-21)形式的观测方程为例来说明批处理参数估计方法，对于式(9-24)形式的观测方程，处理方法类似。

设在短弧段$[t_1,t_2]$内对卫星的所有观测量共有 m 个，则

$$\boldsymbol{V}_m=\boldsymbol{H}_{m\times n}\cdot\boldsymbol{x}(t_0)+\boldsymbol{L}_m\quad \boldsymbol{W}_{m\times m}\tag{9-25}$$

式中，$\boldsymbol{W}_{m\times m}$ 为观测量权矩阵；$\boldsymbol{H}_{m\times n}=\begin{pmatrix}\boldsymbol{h}_1\\ \boldsymbol{h}_2\\ \vdots\\ \boldsymbol{h}_m\end{pmatrix},\boldsymbol{L}_m=\begin{pmatrix}R_1^*-\tilde{\rho}_1\\ R_2^*-\tilde{\rho}_2\\ \vdots\\ R_m^*-\tilde{\rho}_m\end{pmatrix},\boldsymbol{V}_m=\begin{pmatrix}\varepsilon_1\\ \varepsilon_2\\ \vdots\\ \varepsilon_m\end{pmatrix}$。

组建法方程，有

$$(\boldsymbol{H}^{\mathrm{T}}\boldsymbol{W}\boldsymbol{H})\cdot\hat{\boldsymbol{x}}(t_0)=(\boldsymbol{H}^{\mathrm{T}}\boldsymbol{W}\boldsymbol{L})\tag{9-26}$$

根据最小二乘理论，得

$$\hat{\boldsymbol{x}}(t_0)=(\boldsymbol{H}^{\mathrm{T}}\boldsymbol{W}\boldsymbol{H})^{-1}\left(\boldsymbol{H}^{\mathrm{T}}\boldsymbol{W}\boldsymbol{L}\right)\tag{9-27}$$

$$\textstyle\sum_{\hat{\boldsymbol{x}}(t_0)}=(\boldsymbol{H}^{\mathrm{T}}\boldsymbol{W}\boldsymbol{H})^{-1}\hat{\sigma}_0^2\tag{9-28}$$

$$\hat{\sigma}_0^2=\boldsymbol{V}^{\mathrm{T}}\boldsymbol{W}\boldsymbol{V}/(m-n)\tag{9-29}$$

式中，n 为待估参数个数。

考虑到短弧条件下，卫星与测站的相对空间关系变化不大，如果测站分布也不佳的话，很可能出现近奇异的情况。此时如果按照上述方法直接组建法方程进行求解，极易导致奇异，从而使解算结果发散。为了方便说明这一问题，先假设权矩阵为单位阵$\boldsymbol{W}=\boldsymbol{I}$，若有

$$\boldsymbol{H}=\begin{pmatrix}1&1\\ \delta&0\\ 0&\delta\end{pmatrix}\tag{9-30}$$

式中，δ 为一小量。则

$$\boldsymbol{H}^{\mathrm{T}}\boldsymbol{H}=\begin{pmatrix}1+\delta^2 & 1\\ 1 & 1+\delta^2\end{pmatrix}\approx\begin{pmatrix}1 & 1\\ 1 & 1\end{pmatrix} \tag{9-31}$$

导致了奇异的出现。

为了避免由于组建法方程而“加剧”奇异，同时为了节省存储空间，提高运算效率，这里采用不必开平方根的GIVENS变换求解上述问题(Givens, 1958)。

引入正交矩阵$\boldsymbol{Q}$，对式(9-26)进行变形：

$$(\boldsymbol{H}^{\mathrm{T}}\boldsymbol{W}^{\frac{1}{2}}\boldsymbol{Q}\boldsymbol{Q}^{\mathrm{T}}\boldsymbol{W}^{\frac{1}{2}}\boldsymbol{H})\cdot\hat{\boldsymbol{x}}(t_0)=(\boldsymbol{H}^{\mathrm{T}}\boldsymbol{W}^{\frac{1}{2}}\boldsymbol{Q}\boldsymbol{Q}^{\mathrm{T}}\boldsymbol{W}^{\frac{1}{2}}\boldsymbol{L}) \tag{9-32}$$

式(9-32)进一步变形为

$$(\boldsymbol{Q}^{\mathrm{T}}\boldsymbol{W}^{\frac{1}{2}}\boldsymbol{H})\cdot\hat{\boldsymbol{x}}(t_0)=(\boldsymbol{Q}^{\mathrm{T}}\boldsymbol{W}^{\frac{1}{2}}\boldsymbol{L}) \tag{9-33}$$

于是，式(9-26)的求解问题转换为对式(9-33)的求解。

设$\boldsymbol{B}=\boldsymbol{W}^{\frac{1}{2}}\boldsymbol{H}$，$\boldsymbol{b}=\boldsymbol{W}^{\frac{1}{2}}\boldsymbol{L}$，式(9-33)可写为

$$(\boldsymbol{Q}^{\mathrm{T}}\boldsymbol{B})\cdot\hat{\boldsymbol{x}}(t_0)=(\boldsymbol{Q}^{\mathrm{T}}\boldsymbol{b}) \tag{9-34}$$

定义$\boldsymbol{Q}^{\mathrm{T}}$为

$$\boldsymbol{Q}^{\mathrm{T}}=(\boldsymbol{U}_m\boldsymbol{U}_{m-1}\cdots\boldsymbol{U}_3\boldsymbol{U}_2) \tag{9-35}$$

式中，$\boldsymbol{U}_i=\boldsymbol{U}_{i,\max(i-1,m)}\cdots\boldsymbol{U}_{i,2}\boldsymbol{U}_{i,1}$。

$\boldsymbol{U}_{i,k}$定义为

$$\boldsymbol{U}_{ik}=\begin{pmatrix}1 & & & & & \\ & \ddots & & & & \\ & & +c & & +s & \\ & & & \ddots & & \\ & & -s & & +c & \\ & & & & & \ddots \\ & & & & & & 1\end{pmatrix}\begin{matrix} \\ \\ i \\ \\ k \\ \\ \\ \end{matrix} \tag{9-36}$$

式中，$\begin{pmatrix}c\\ s\end{pmatrix}=\dfrac{1}{\sqrt{\boldsymbol{B}_{ii}^2+\boldsymbol{B}_{ki}^2}}\begin{pmatrix}\boldsymbol{B}_{ii}\\ \boldsymbol{B}_{ki}\end{pmatrix}$。

采用如上定义的$\boldsymbol{Q}^{\mathrm{T}}$，则式(9-34)可转化为

$$\begin{pmatrix}\boldsymbol{R}_{n\times n}\\ \boldsymbol{0}_{(m-n)\times n}\end{pmatrix}\cdot\hat{\boldsymbol{x}}(t_0)=\begin{pmatrix}\boldsymbol{d}_n\\ \boldsymbol{r}_{m-n}\end{pmatrix} \tag{9-37}$$

式中，$\boldsymbol{R}_{n\times n}$为上三角阵。

对式(9-37)的求解直接采用回代的方法进行即可：

$$\begin{cases}\hat{\boldsymbol{x}}(t_0)[n]=\boldsymbol{d}[n]/\boldsymbol{R}[n,n]\\ \hat{\boldsymbol{x}}(t_0)[i]=\left(\boldsymbol{d}[i]-\sum\limits_{j=i+1}^{6}(\boldsymbol{R}[i,j]\cdot\hat{\boldsymbol{x}}(t_0)[j])\right)\Big/\boldsymbol{R}[i,i]\quad(i=n-1,\cdots,1)\end{cases} \tag{9-38}$$

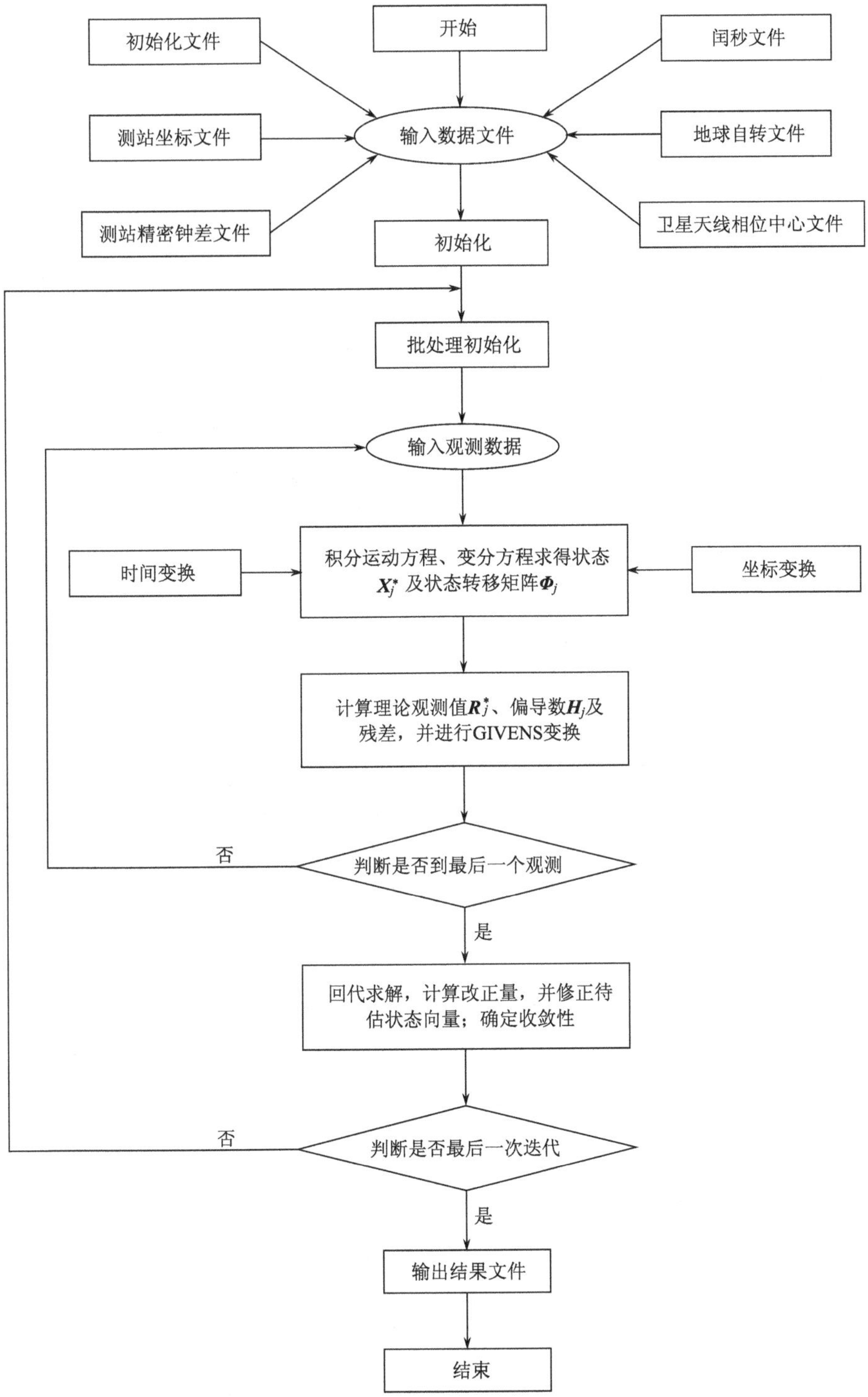

图 9-9　短弧动力法快速定轨数据处理流程图

完成上述求解即可得到 t_0 时刻卫星状态矢量的估值 $\hat{\boldsymbol{X}}(t_0)=\boldsymbol{X}_0(t_0)+\hat{\boldsymbol{x}}(t_0)$ 。

解的协因数阵为

$$\boldsymbol{Q}_{\hat{X}}=\left(\boldsymbol{R}^{\mathrm{T}}\boldsymbol{R}\right)^{-1} \tag{9-39}$$

利用得到的卫星状态估值，重新积分运动方程式(9-16)，完成轨道更新，即可得到 $[t_1,t_2]$ 弧段内短弧动力法轨道确定的定轨结果。需要指出的是，短弧动力法虽不像几何法定轨那样对观测量的采样间隔提出严格要求，但是，由于观测弧段较短，高采样率的观测数据将更有利于定轨解算。

综上所述，短弧动力法快速定轨的数据处理流程如图 9-9 所示。

4. 轨道预报

按照动力学定轨理论，轨道预报是利用定轨获得的相关参数估值通过积分卫星运动方程来完成的，这里的卫星运动方程与定轨中使用的运动方程相同。利用图 9-9 给出的方法获得初始时刻状态矢量最优估值之后，就可以对式(9-15)或式(9-16)给出的卫星运动方程进行重新积分，以得到任意时刻的卫星状态矢量(位置、速度)，从而完成短弧定轨的轨道预报。但是，短弧定轨中使用的参考轨道本质上是密切轨道，只能在短时间内与真实轨道比较好地吻合，进行长时间的轨道预报会遇到困难。

9.2.2 实验分析

1. 仿真分析

为验证短弧动力法的可行性，同时考虑方便与几何法定轨进行对比分析，这里利用短弧动力法对 9.1.2 节同样的仿真数据进行定轨处理。短弧定轨中仅考虑 5min 时长的弧段，相应地仅对各站 19:33:00～19:38:00 时段内 1s 间隔的仿真数据进行处理。处理中将参考历元选为弧段中央，初值由几何法定轨提供。MEO 卫星和 GEO 卫星的定轨结果如图 9-10、表 9-8 和表 9-9 所示。

表 9-8　卫星位置误差统计表　　(单位：m)

统计量	MEO				GEO			
	径向(R)	切向(T)	法向(N)	三维位置	径向(R)	切向(T)	法向(N)	三维位置
最大值	0.441	0.828	1.197	1.499	0.142	1.186	2.840	2.864
最小值	–0.165	0.086	0.844	0.946	–0.067	–0.344	–2.468	0.379
平均值	0.025	0.489	1.079	1.208	–0.004	0.374	0.163	1.475
标准差	0.171	0.215	0.107	0.173	0.063	0.444	1.540	0.747

表 9-9　卫星速度误差统计表　　(单位：cm/s)

统计量	MEO				GEO			
	$\mathrm{d}V_x$	$\mathrm{d}V_y$	$\mathrm{d}V_z$	三维速度	$\mathrm{d}V_x$	$\mathrm{d}V_y$	$\mathrm{d}V_z$	三维速度
最大值	0.217	0.739	–0.065	0.866	0.599	0.226	1.814	1.868
最小值	–0.112	–0.727	–0.438	0.271	0.385	0.093	1.723	1.827
平均值	0.048	–0.001	–0.266	0.494	0.492	0.158	1.769	1.844
标准差	0.095	0.425	0.108	0.173	0.062	0.039	0.026	0.012

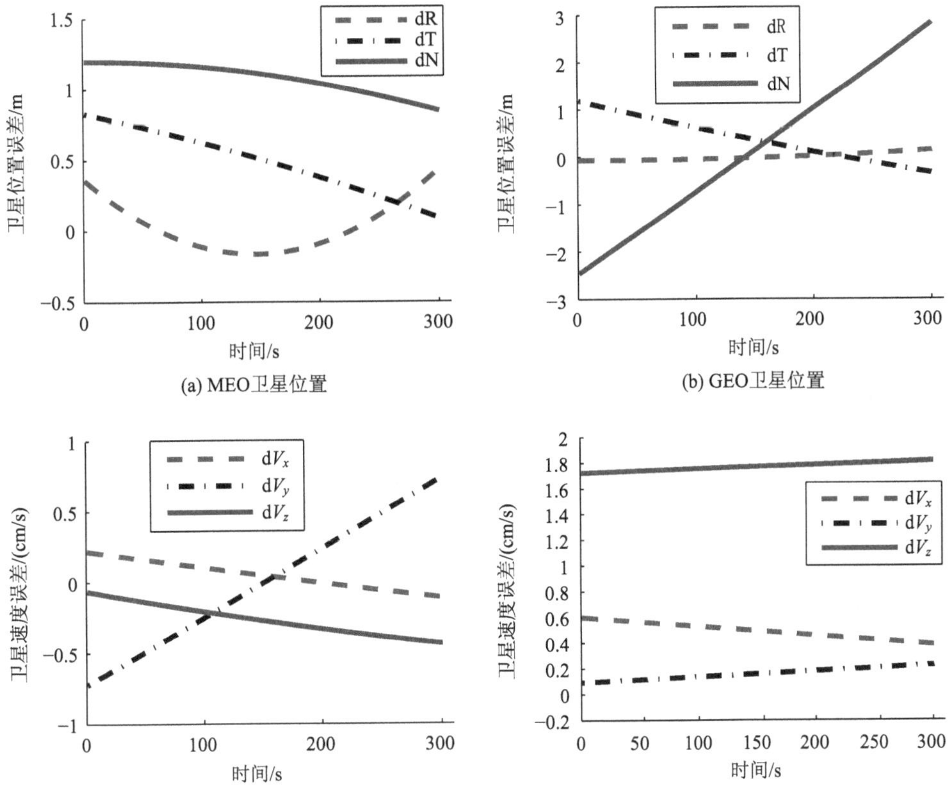

(a) MEO卫星位置　(b) GEO卫星位置

(c) MEO 卫星速度　(d) GEO卫星速度

图 9-10　MEO/GEO 卫星短弧动力法处理结果

从以上 MEO/GEO 卫星短弧动力法定轨的结果中可见，在算例仿真条件下，MEO 卫星三维位置误差最大值小于 2m，GEO 小于 3m，两者径向方向的精度都优于切向和法向；三维速度精度 MEO 在 mm/s 的量级，GEO 优于 2cm/s。两者的定轨精度基本相当，MEO 卫星略优于 GEO 卫星。

将短弧动力法定轨与几何法定轨(图 9-2 和表 9-2 所示)的结果进行比较，可以看到，短弧动力法定轨的精度比几何法定轨有较大程度的改善，同时短弧动力法定轨可以提供光滑的含动力学信息的轨道，并可直接估计得到卫星速度，而几何法定轨直接获取的是离散历元的卫星位置，虽然可以通过多项式拟合等后处理模式得到光滑轨道和卫星速度，但与短弧动力法获得的轨道信息有着本质区别。此外，几何法定轨结果中，MEO 卫星的精度要明显优于 GEO 卫星，而在短弧动力法中两者的精度差异并没有如此显著，主要原因是短弧动力法定轨能够利用动力学信息积累足够的多余观测对卫星轨道进行估计，从而在一定程度上减弱了观测噪声通过观测几何构型对定轨结果的影响。

2. 实测数据处理

利用短弧动力法处理各站 19:33:00～19:38:00 5 分钟弧段的实测数据，探讨实测数据处理中可能遇到的问题及对定轨结果的影响。同时与几何法相应结果进行对比，进一步说明短弧动力法快速定轨的特点。

1) 卫星钟差处理策略的比较分析

为了对比分析不同的卫星钟差处理策略对短弧动力法定轨结果的影响，这里分别采用三种方案进行解算。

方案 1：使用消电离层非差伪距观测量进行处理，测站钟差使用 IGS 提供的最终测站钟差。利用 IGS 最终精密卫星钟差直接对卫星钟差延迟进行改正处理，这在实际的数据处理中通常无法做到，在这里主要是作为一种“理想”结果，是不同卫星钟差处理方式的目标。方案的处理结果如图 9-11 和表 9-10 所示。

方案 2：各项处理措施同方案 1，区别仅在于取消利用最终精密卫星钟差直接对卫星钟差延迟进行改正，而是在全弧段内利用二次多项式对卫星钟差进行估计。方案的处理结果如图 9-12 和表 9-11 所示。

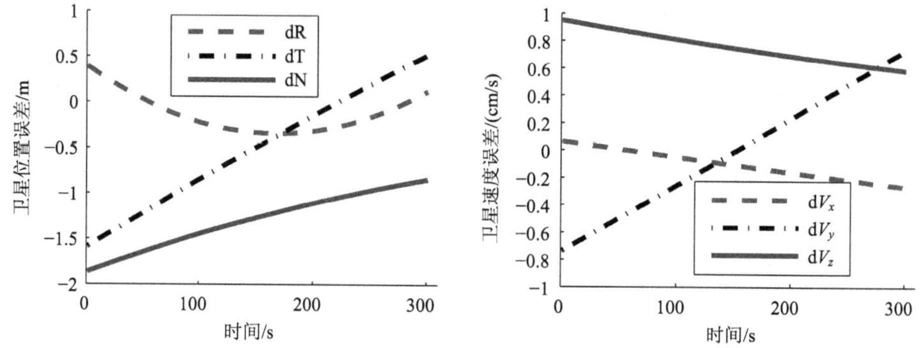

(a) 卫星位置　　(b) 卫星速度

图 9-11　方案 1 短弧动力法定轨结果

表 9-10　方案 1 短弧动力法定轨结果误差统计表

统计量	位置/m				速度/(cm/s)			
	径向(R)	切向(T)	法向(N)	三维位置	dV_x	dV_y	dV_z	三维速度
最大值	0.393	0.518	−0.844	2.478	0.063	0.734	0.948	1.203
最小值	−0.347	−1.586	−1.863	0.974	−0.269	−0.738	0.583	0.736
平均值	−0.139	−0.504	−1.296	1.498	−0.107	−0.008	0.752	0.873
标准差	0.196	0.611	0.295	0.456	0.096	0.427	0.106	0.128

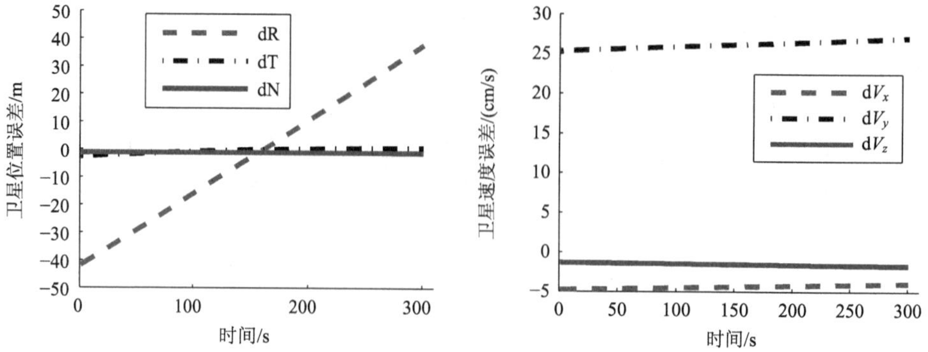

(a) 卫星位置　　(b) 卫星速度

图 9-12　方案 2 短弧动力法定轨结果

表 9-11　方案 2 短弧动力法定轨结果误差统计表

统计量	位置/m				速度/(cm/s)			
	径向(R)	切向(T)	法向(N)	三维位置	dV_x	dV_y	dV_z	三维速度
最大值	37.696	0.551	−1.207	41.955	−3.967	26.999	−1.326	27.341
最小值	−41.845	−2.757	−1.305	1.212	−4.780	25.343	−1.691	25.824
平均值	−2.478	−0.493	−1.238	20.150	−4.377	26.159	−1.522	26.568
标准差	23.077	0.997	0.027	11.580	0.236	0.480	0.106	0.440

方案 3：各项处理措施同方案 1，利用 IGS 提供的超快预报卫星钟差替换最终精密卫星钟差对卫星钟差延迟进行改正。方案的处理结果如图 9-13 和表 9-12 所示。

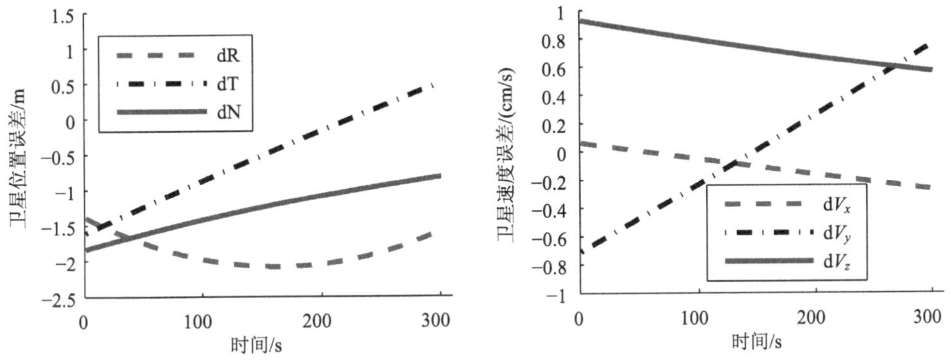

(a) 卫星位置　　(b) 卫星速度

图 9-13　方案 3 短弧动力法定轨结果

表 9-12　方案 3 短弧动力法定轨结果误差统计表

统计量	位置/m				速度/(cm/s)			
	径向(R)	切向(T)	法向(N)	三维位置	dV_x	dV_y	dV_z	三维速度
最大值	−1.393	0.500	−0.819	2.812	0.060	0.760	0.926	1.169
最小值	−2.084	−1.610	−1.838	1.847	−0.271	−0.710	0.561	0.720
平均值	−1.881	−0.525	−1.271	2.420	−0.110	0.019	0.730	0.855
标准差	0.187	0.613	0.295	0.264	0.096	0.426	0.106	0.123

从以上三种方案的处理结果可以看到：相比使用最终卫星精密钟差的“理想”结果，若估计卫星钟差，会在径向上引入较大的误差，对切向和法向基本没有影响，速度的估值也会受到较大影响；若使用卫星预报钟差，主要会在径向方向引入一定的系统误差，引入大小与预报钟差精度有关。总体来讲，使用精密卫星钟差处理，短弧动力法定轨三维位置误差最大值可达到小于 3m 的水平，三维速度误差基本在 mm/s 的量级；估计卫星钟差，则三维位置误差增大到几十米的量级且由此引入的误差主要是在径向，三维速度误差在 dm/s 的量级；使用卫星预报钟差，虽然会在径向上引入一定的系统差，但是三维位置误差最大值仍然维持在小于 3m 的水平，对速度估值基本没有影响。由此，短弧动

力法定轨中使用卫星预报钟差来改正卫星钟差延迟的处理方式要优于直接估计卫星钟差。但是也应看到，在短弧动力法定轨中，在全弧段内估计一组卫星钟差参数的定轨精度虽然不如使用卫星预报钟差，但是也取得了较好的定轨效果(三维位置误差最大值小于45m，三维速度误差最大值小于3dm/s)。因此，在无法获得预报钟差等条件下，这种处理方法是可行的。

此外，对比方案1与第1小节仿真分析中MEO卫星的结果可以看到，两者的精度情况基本相当。本书的仿真方法能够在一定程度上反映实测数据的处理效果。

2) 不同定轨观测量对精度的影响

以上的处理中使用了消电离层非差伪距观测量，事实上，我们还可以使用精度更高的消电离层非差相位平滑伪距观测量。在短弧定轨中使用这一观测量，并采用与以上方案3中相同的处理策略。处理结果如图9-14和表9-13所示。

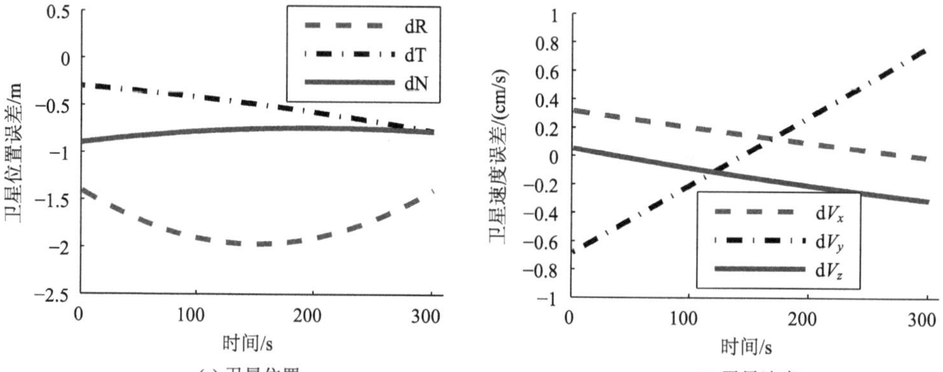

(a) 卫星位置　　(b) 卫星速度

图9-14　平滑伪距观测量短弧动力法定轨结果

表9-13　平滑伪距观测量短弧动力法定轨结果误差统计表

统计量	位置/m				速度/(cm/s)			
	径向(R)	切向(T)	法向(N)	三维位置	dV_x	dV_y	dV_z	三维速度
最大值	−1.397	−0.300	−0.738	2.161	0.316	0.775	0.051	0.837
最小值	−1.967	−0.772	−0.895	1.694	−0.014	−0.683	−0.315	0.210
平均值	−1.778	−0.504	−0.777	2.012	0.147	0.039	−0.146	0.457
标准差	0.170	0.137	0.043	0.132	0.096	0.423	0.106	0.185

将图9-14和表9-13的结果与上一算例方案3的处理结果进行比较，不难发现，使用消电离层非差相位平滑伪距观测量进行短弧动力法定轨的精度虽然优于使用消电离层非差伪距观测量，但两者的精度差别较小，基本相当。由9.1节的分析，我们可知：几何法定轨中，使用消电离层非差相位平滑伪距观测量相比使用消电离层非差伪距观测量的定轨精度要有较大程度的改善，这与短弧动力法定轨中的处理结果是不同的。分析认为：由于短弧动力法定轨利用动力学信息“集合”了弧段内所有的观测量来改进参考历元的卫星状态，这一过程能较好地降低测量噪声对定轨结果的影响；而相位平滑伪距主

要的作用也就是利用精度较高的相位观测量来降低伪距观测量的噪声水平，这一处理对单历元的几何法定轨当然具有较大的影响，但是由前所述，对于“集合”全弧段数据进行状态估计的短弧动力学定轨，其作用就比较小了。

3. 观测几何构型影响

利用仿真数据考察观测几何构型对短弧动力法定轨精度的影响。图 9-15 给出了 MEO 卫星在国内布站及附加南极站条件下，短弧动力法定轨的结果；表 9-14 和表 9-15 对 MEO 卫星短弧动力法定轨结果的位置误差和速度误差进行了统计。图 9-16 给出了 GEO 卫星在国内布站及附加南极站条件下短弧动力法定轨的结果；表 9-16 和表 9-17 对相应结果进行了统计。

表 9-14　MEO 卫星位置误差统计表　（单位：m）

统计量	国内站				国内站加南极站			
	径向(R)	切向(T)	法向(N)	三维位置	径向(R)	切向(T)	法向(N)	三维位置
最大值	1.254	3.790	2.835	4.896	0.627	0.611	1.365	1.613
最小值	–0.049	–2.054	0.142	1.039	–0.001	0.044	1.115	1.215
平均值	0.306	0.890	1.546	2.350	0.191	0.358	1.293	1.373
标准差	0.386	1.695	0.783	1.176	0.174	0.164	0.075	0.115

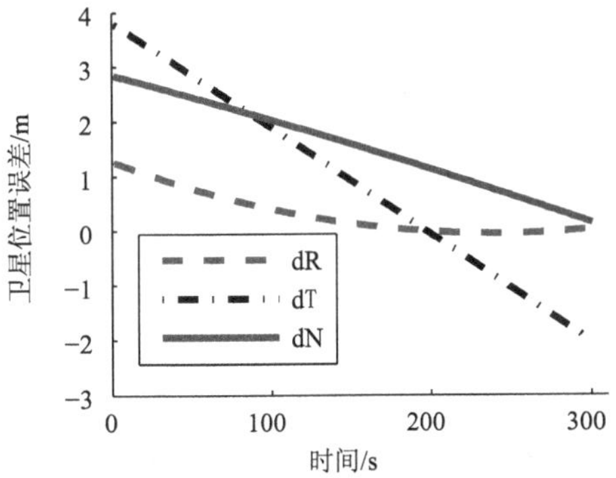

(a) 国内站定轨卫星位置

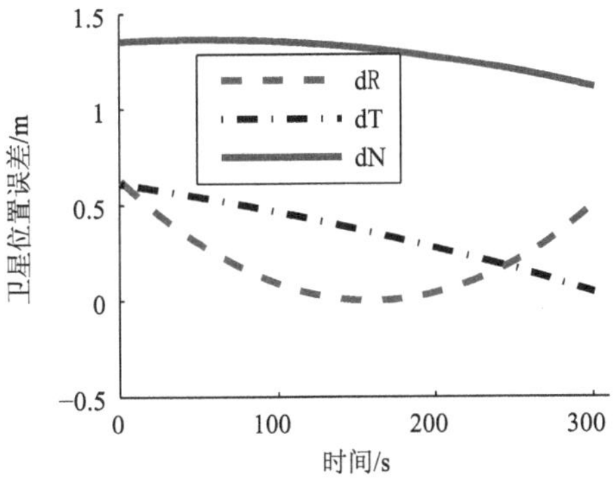

(b) 国内站加南极站定轨卫星位置

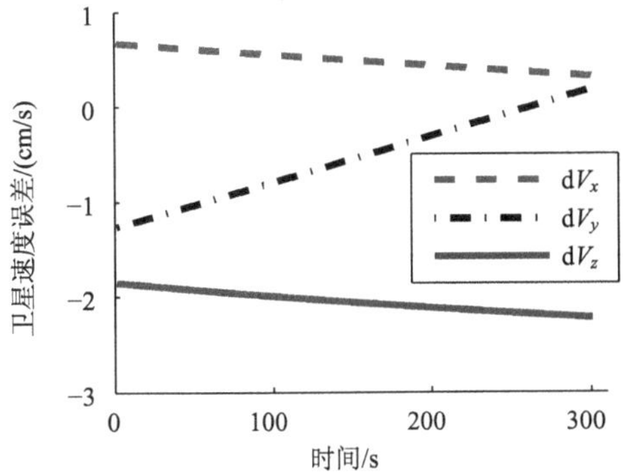

(c) 国内站定轨卫星速度

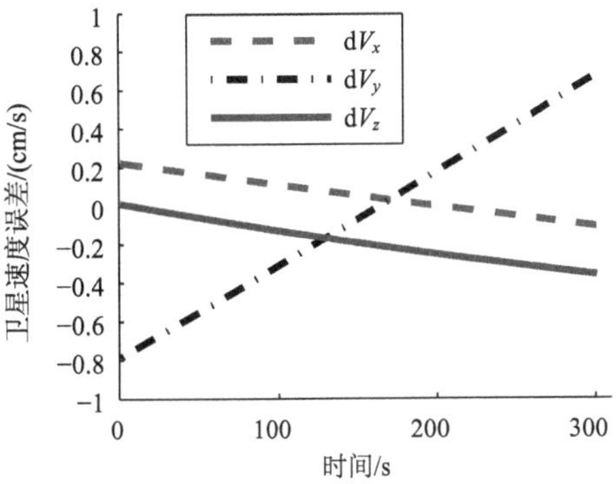

(d) 国内站加南极站定轨卫星速度

图 9-15　MEO 卫星不同布站条件下短弧动力法的定轨结果

表 9-15　MEO 卫星速度误差统计表　　　　（单位：cm/s）

统计量	国内站				国内站加南极站			
	dV_x	dV_y	dV_z	三维速度	dV_x	dV_y	dV_z	三维速度
最大值	0.664	0.183	−1.852	2.339	0.224	0.679	0.012	0.818
最小值	0.311	−1.264	−2.225	2.182	−0.108	−0.786	−0.361	0.211
平均值	0.484	−0.547	−2.053	2.224	0.054	−0.060	−0.189	0.458
标准差	0.102	0.420	0.108	0.042	0.096	0.425	0.108	0.183

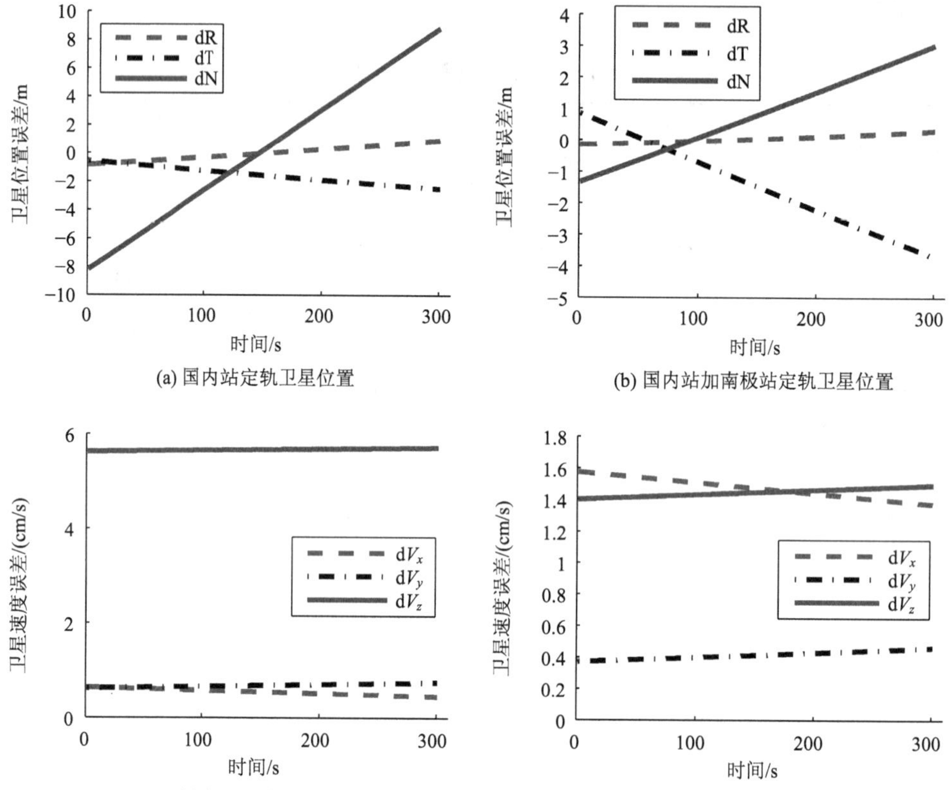

(a) 国内站定轨卫星位置　　(b) 国内站加南极站定轨卫星位置

(c) 国内站定轨卫星速度　　(d) 国内站加南极站定轨卫星速度

图 9-16　GEO 卫星不同布站条件下短弧动力法的定轨结果

表 9-16　GEO 卫星位置误差统计表　　　　（单位：m）

统计量	国内站				国内站加南极站			
	径向（R）	切向（T）	法向（N）	三维位置	径向（R）	切向（T）	法向（N）	三维位置
最大值	0.898	−0.556	8.804	9.198	0.300	0.856	3.013	4.787
最小值	−0.839	−2.508	−8.197	1.555	−0.151	−3.709	−1.335	0.436
平均值	−0.011	−1.573	0.281	4.728	0.043	−1.472	0.816	2.096
标准差	0.504	0.567	4.932	2.245	0.131	1.324	1.261	1.342

表 9-17　GEO 卫星速度误差统计表　（单位：cm/s）

统计量	国内站				国内站加南极站			
	dV_x	dV_y	dV_z	三维速度	dV_x	dV_y	dV_z	三维速度
最大值	0.641	0.752	5.711	5.778	1.575	0.461	1.493	2.141
最小值	0.450	0.622	5.621	5.691	1.372	0.371	1.402	2.079
平均值	0.545	0.685	5.666	5.734	1.473	0.414	1.447	2.108
标准差	0.056	0.038	0.026	0.025	0.059	0.026	0.026	0.018

由以上结果可见，MEO/GEO 卫星在国内布站观测的条件下附加南极观测站，对短弧动力法快速轨道确定的精度有一定的改善，但改善效果不如在几何法定轨中那样明显。对 MEO 卫星，三维位置误差平均值由 2.350m 减小到 1.373m，三维速度误差平均值由 2.224cm/s 减小到 0.458 cm/s；对 GEO 卫星，三维位置误差平均值由 4.728m 减小到 2.096m；三维速度误差平均值由 5.734cm/s 减小到 2.108cm/s。在算例弧段条件下，附加南极站对 MEO 卫星改善效果主要体现在切向，对 GEO 卫星改善效果主要体现在法向。

4. 轨道预报分析

由 9.2.1 节介绍的轨道预报原理，我们知道这里的预报效果主要取决于运动方程中采用的力学模型与卫星实际受力的差异情况以及短弧动力法定轨结果的质量。前者已经做过讨论并指出，仅考虑中心引力在较短的弧段内可行，如果弧段过长，这种处理会与卫星实际受力相差较大，从根本上限制了短弧动力法定轨的预报弧长。而对于短弧动力法定轨结果的质量已经结合具体算例进行了比较全面的分析。仅以实测数据处理结果为基础，来说明基于短弧动力法定轨的预报弧长问题，并在本节最后给出了国内布站并附加南极站条件下，MEO/GEO 卫星短弧动力法定轨的轨道预报情况。

这里分别给出了对应于本节“实测数据处理”算例中第 1）小节方案 3 及第 2）小节短弧动力法定轨结果的轨道预报情况，以考察基于消电离层非差伪距观测量和消电离层非差相位平滑伪距观测量短弧动力法定轨结果的轨道预报精度差异情况。图 9-17 和图 9-18 分别给出了两种情况下的轨道预报情况，实心短粗线之后的部分为预报弧段；表 9-18 给出了不同预报弧长位置处三维位置和三维速度的误差情况，与图 9-17 和图 9-18 中长虚线标示位置相对应。

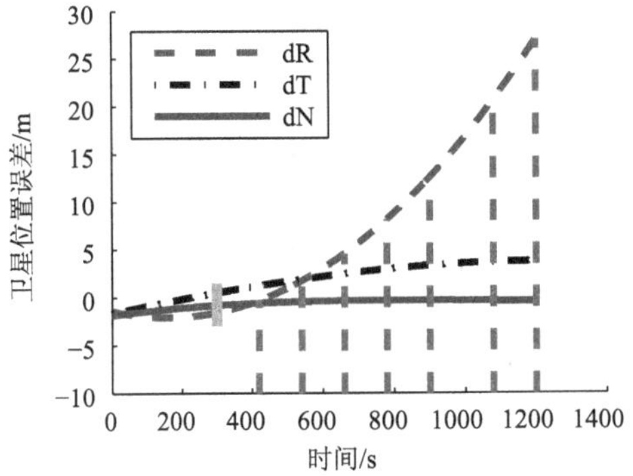

(a) 卫星位置

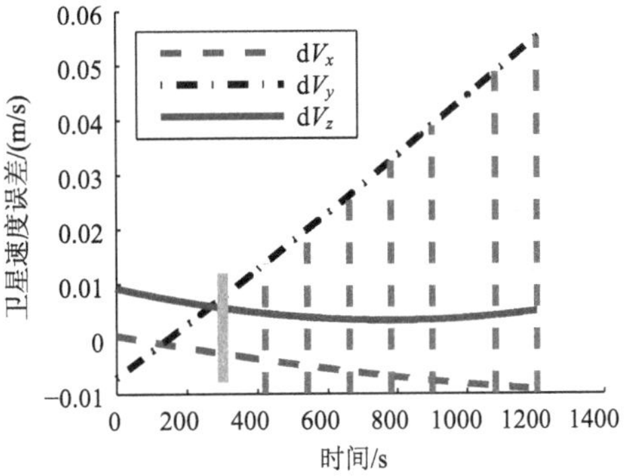

(b) 卫星速度

图 9-17　消电离层非差伪距观测量短弧动力法定轨的轨道预报

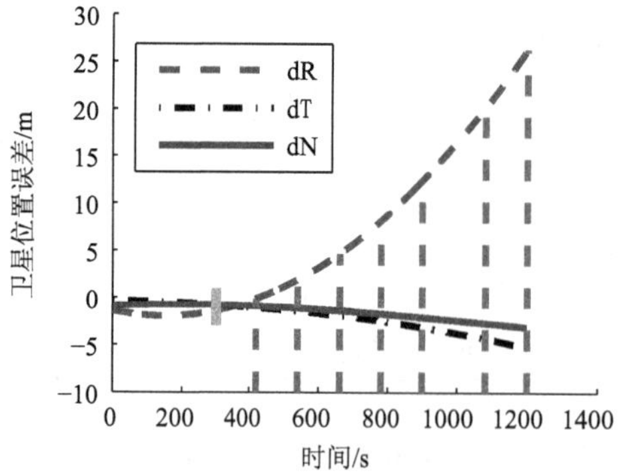

(a) 卫星位置

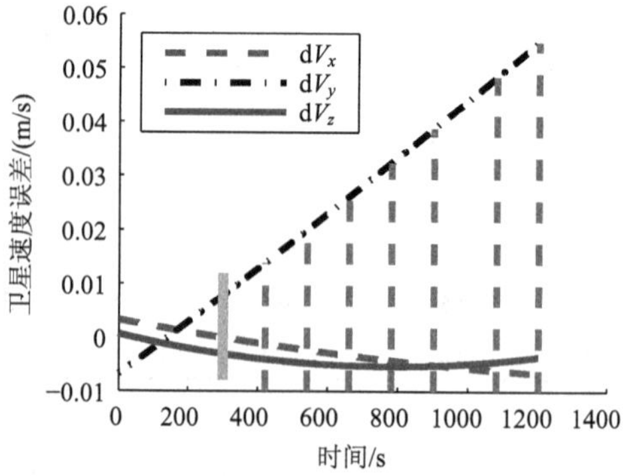

(b) 卫星速度

图 9-18　消电离层非差相位平滑伪距观测量短弧动力法定轨的轨道预报

表 9-18　不同观测量短弧动力法定轨的轨道预报误差情况

预报弧长	P_3		$\hat{P}_3$	
	三维位置/m	三维速度/(m/s)	三维位置/m	三维速度/(m/s)
2min	1.403	0.015	1.410	0.014
4min	2.593	0.021	2.637	0.021
6min	5.172	0.027	5.220	0.027
8min	8.650	0.033	8.691	0.033
10min	12.946	0.040	12.960	0.040
13min	20.886	0.050	20.816	0.049
15min	27.176	0.056	27.016	0.055

从以上结果可见，两种轨道预报的精度相当，这与两种短弧动力法定轨结果一致的结论相吻合。由此进一步证明，在短弧动力法定轨中采用消电离层非差伪距观测量即可满足应用需求，引入消电离层非差相位平滑伪距观测量对精度改进意义不大。

从表 9-18 中可见，短弧动力法定轨预报 10min 三维位置误差小于 15m，三维速度误差在 4cm/s 左右，预报 15min 三维位置误差在 30m 以内，三维速度误差在 5cm/s 左右。基于短弧动力法定轨的预报中含有卫星动力学信息，能够较好地反映卫星实际运动趋势，但是，也应看到基于短弧动力法定轨的轨道预报在较短时间内的预报精度更具优势，长时间预报精度不高。

此外，这里还给出了国内站附加南极站条件(图 9-6)下，MEO/GEO 卫星基于短弧动力法定轨结果的轨道预报精度情况，见图 9-19。从图中可见，短期内 MEO 卫星优于 GEO 卫星，但随着弧段变长，GEO 卫星的预报效果会好于 MEO 卫星，这主要是由于中心引力在 GEO 卫星的受力中比在 MEO 卫星的受力中占据更大的优势。因此仅考虑中心引力，对 GEO 卫星来讲可以在更长的弧段内具有更好的力学模型精度。

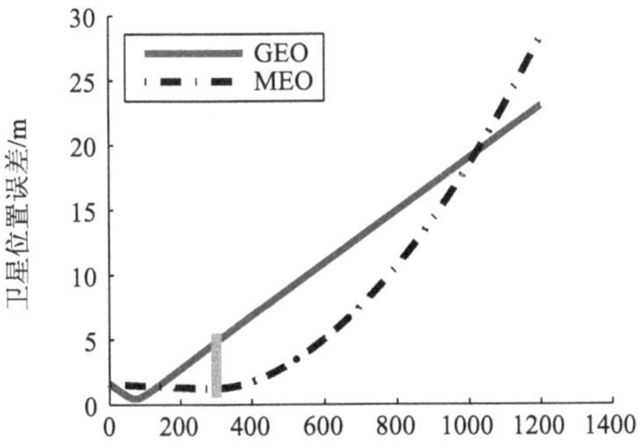

(a) 卫星位置

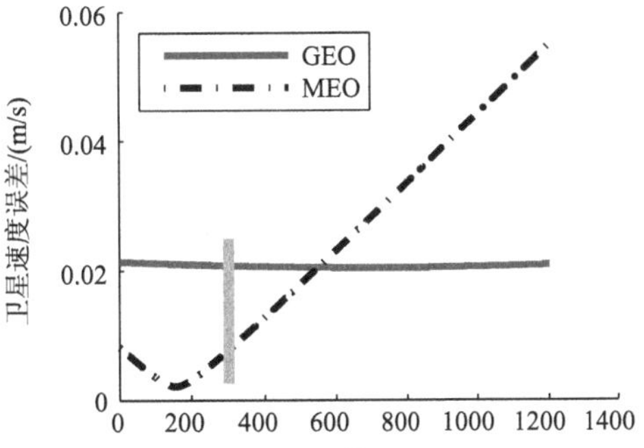

(b) 卫星速度

图 9-19　国内站加南极站的轨道预报精度情况

9.3　导航卫星星座精密定轨

卫星导航系统都是通过建立空间星座从而正常提供导航定位服务的。因此，在导航系统精密定轨中，通常也不是单独考虑一颗卫星，而是统筹考虑整个星座来完成数据处理。同时，由于卫星轨道和钟差关系紧密，两者一般需要协调处理，实际上，精密轨道与钟差确定是卫星导航系统的核心技术，一直是导航领域的研究重点。随着 BDS/GPS/GLONASS/Galileo 四大卫星导航系统的建设运行，相关技术方法得到了长足的发展和进步(刘伟平和郝金明，2016b; 郝金明等，2015)，特别是 1994 年 IGS 成立以来，导航卫星的精密轨道与钟差确定精度不断提高。目前 IGS 提供的最终星历精度已经优于 2.5cm，最终钟差精度优于 0.075ns。

利用 GNSS 观测数据实现导航卫星星座精密轨道与钟差确定，主要有两种方法：①采用非差数据处理模式，将轨道与钟差一起估计(刘伟平等，2014c)；②首先采用双差数据处理，消去钟差，仅估计轨道，而后将估计的轨道固定，再采用非差数据处理，估计钟差(刘伟平等，2014d；刘伟平等，2016)。前者无需组差，观测量间的独立性较好，可避免处理复杂的相关权问题，但是需要同时估计轨道和钟差，此外还包括对流层延迟参数、力学模型参数等，如此多的参数一同估计，特别是包含数目庞大的钟差等历元参数，会降低参数估计的数值稳定性；后者联合使用双差与非差方法，将钟差参数独立出来单独处理，可有效地减少待估参数个数，同时通过组差可消除或减弱部分误差源，降低对误差模型精度的要求，但是也会给数据处理引入复杂的相关权等问题。此外，由于双差会消除卫星钟差，如果需要对卫星钟差进行估计，需要额外的非差数据处理。总之，两种处理方法各有利弊，通过合理运用，均可取得良好的参数估计效果，在 Bernese、Gamit、Panda 等 GNSS 精密数据处理软件中各有应用。本节以第 2 种处理模式为例，探讨卫星定轨理论在导航卫星星座精密轨道确定中的具体应用方法，需要说明的是，这里仅是简要介绍导航星座精密定轨方法，目的是说明定轨理论在该场景下的典型应用方法，但实际中导航星座精密定轨还涉及许多具体问题，需要深刻理解方法细节，可参考刘伟平和郝金明在 2016 年出版的学术著作《北斗卫星导航系统精密轨道确定》。

9.3.1 基本原理

具体的处理策略如下：首先，利用双差方法消除钟差项，强约束测站坐标，估计卫星轨道和对流层参数，并以广播星历作为轨道初值；然后，将卫星轨道、测站坐标、对流层参数固定，采用非差方法估计卫星钟差。在估计卫星钟差时，因为初始模糊度参数与卫星钟差不可分离，如果仅利用相位观测数据，只能估计卫星钟差相对于参考历元的变化值，所以联合使用伪距和相位数据进行卫星钟差的估计。为进一步提高处理精度，在联合处理之前，首先对伪距进行相位平滑。图 9-20 给出了数据处理流程图，数据处理中先执行①标识的步骤，然后执行②标识的步骤。

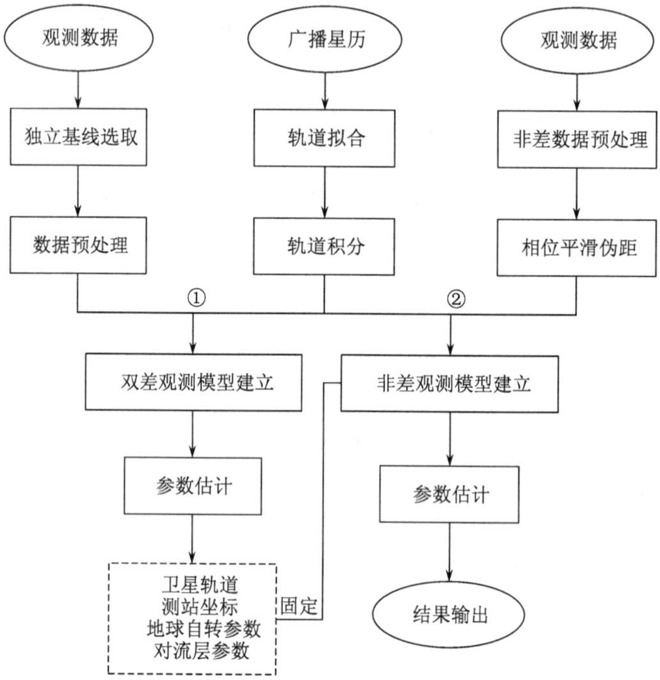

图 9-20　导航卫星星座精密定轨数据处理流程图

在精密轨道与钟差确定中，通常使用相位和伪距的消电离层组合观测量，基本观测方程为

$$\begin{aligned}\mathrm{PC}(t) &= \left(f_1^2 P_1 - f_2^2 P_2\right)\Big/\left(f_1^2 - f_2^2\right) \\ &= \rho(t) - cdt^{\mathrm{s}}(t) + cdt_{\mathrm{r}}(t) \\ &\quad + d\rho_{\mathrm{trop}}(t) + \varepsilon_P\end{aligned} \tag{9-40}$$

$$\begin{aligned}\mathrm{LC}(t) &= \left(f_1^2 \Phi_1 - f_2^2 \Phi_2\right)\Big/\left(f_1^2 - f_2^2\right) \\ &= \rho(t) - cdt^{\mathrm{s}}(t) + cdt_{\mathrm{r}}(t) \\ &\quad + d\rho_{\mathrm{trop}}(t) + N\cdot\lambda_c + \varepsilon_\Phi\end{aligned} \tag{9-41}$$

式中，t 为观测历元；f_1、f_2 为双频观测量的两个频率；P_1、P_2 为伪距观测量；Φ_1、Φ_2 为相位观测量；$\rho(t)$ 为星地几何距离；$dt^{\mathrm{s}}(t)$、$dt_{\mathrm{r}}(t)$ 分别为卫星钟差和接收机钟差；$d\rho_{\mathrm{trop}}(t)$ 为对流层延迟；N 为相位模糊度；λ_c 为消电离层组合相位观测量的波长；c 为光速；ε_P、ε_Φ 为其他未模型化的误差。

1. 双差处理

进行双差处理时，仅使用相位观测量，组成的双差观测方程为

$$\mathrm{LC}_{kl}^{ij}(t)=\rho_{kl}^{ij}(t)+d\rho_{kl\,\mathrm{trop}}^{ij}(t)+N_{kl}^{ij}\cdot\lambda_c+\varepsilon_\Phi' \tag{9-42}$$

式中，LC_{kl}^{ij} 为测站 k、l 与卫星 i、j 形成的双差消电离层组合相位观测量；ε_Φ' 为双差观测量的观测噪声；其他量为式(9-41)中对应量的双差形式。经过组双差之后，卫星钟差和测站钟差被消除。

对式(9-42)进行线性化，得

$$\begin{aligned}\mathrm{LC}_{kl}^{ij}(t)=&\rho_{kl0}^{ij}[t,\boldsymbol{X}_{r0},\boldsymbol{X}^{\mathrm{s}}(t)]+\boldsymbol{B}\cdot\delta\boldsymbol{X}_r\\&+\boldsymbol{H}\cdot\delta\boldsymbol{X}^{\mathrm{s}}(t_0)+d\rho_{kl\,\mathrm{trop}}^{ij}(t)+N_{kl}^{ij}\cdot\lambda_c+\varepsilon_\Phi'\end{aligned} \tag{9-43}$$

式中，$\boldsymbol{X}_{r0}$ 为测站近似坐标，在定轨中，通常已知的跟踪站坐标精度较高，可对其进行强约束；$\delta\boldsymbol{X}_r$ 为测站坐标改正量；$\boldsymbol{X}^{\mathrm{s}}(t)$ 为卫星在 t 时刻的状态，通过求解卫星运动微分方程获得(初始条件为 $\boldsymbol{X}^{\mathrm{s}}(t_0)=\boldsymbol{X}_0^{\mathrm{s}}$)；$\delta\boldsymbol{X}^{\mathrm{s}}(t_0)$ 为参考时刻卫星状态改正量；$\boldsymbol{B}=\dfrac{\partial\rho_{kl}^{ij}}{\partial\bar{\boldsymbol{X}}_r}$；$\boldsymbol{H}=\dfrac{\partial\rho_{kl}^{ij}}{\partial\boldsymbol{X}^{\mathrm{s}}(t)}\cdot\boldsymbol{\Phi}(t,t_0)$，$\boldsymbol{\Phi}(t,t_0)$ 为状态转移矩阵，通过求解变分方程获得。

式(9-43)中，测站坐标、轨道参数、对流层参数为待估参数，按照最小二乘批处理方法，可以对相关参数进行估计，不再赘述。

2. 非差处理

因为相位观测方程中模糊度参数与钟差参数的不可分离性，在进行非差处理时，需要联合使用相位与伪距数据，并首先使用相位数据对伪距进行平滑。固定由双差处理获得的轨道、坐标、对流层参数，则式(9-40)和式(9-41)转化为

$$\mathrm{PC}'(t)=\rho'(t)-cdt^{\mathrm{s}}(t)+cdt_{\mathrm{r}}(t)+\varepsilon_P \tag{9-44}$$

$$\mathrm{LC}'(t)=\rho'(t)-cdt^{\mathrm{s}}(t)+cdt_{\mathrm{r}}(t)+N\cdot\lambda_c+\varepsilon_\Phi \tag{9-45}$$

式中，$\mathrm{PC}'(t)$、$\mathrm{LC}'(t)$ 为经对流层延迟改正之后的观测量；$\rho'(t)$ 为由引入的测站坐标和轨道参数计算得到的星地距离；其他符号意义不变。

式(9-44)和式(9-45)的待估参数仅包括卫星钟差 dt^{s}、测站钟差 dt_{r} 和模糊度参数 N，经过一定处理之后，可根据最小二乘原理进行参数估计。

至此，即完成了精密轨道与钟差的确定。

9.3.2 实验分析

为了验证以上方法的实际处理效果，采用全球均匀分布的 33 个测站全天的 GPS 观

测数据进行试算，数据采样率为 30s。首先进行双差处理，然后进行非差处理，最终确定精密轨道与钟差。定轨策略见表 9-19。

表 9-19　导航星座精密定轨策略

类别	模型与参数
观测值	消电离层组合相位和伪距观测量
高度截止角	10°
解算弧长/采样间隔	1d/30s
地球自转参数	IERS
模糊度	双差固定解、非差浮点解
跟踪站坐标	IGS05，双差强约束，非差固定
对流层	双差估计，非差固定
电离层	消电离层组合消除
卫星钟差	双差消除，非差估计
接收机钟差	双差消除，非差估计
轨道动力学参数	6 个卫星状态参数+9 个光压参数

解算的轨道与 IGS 最终星历进行对比，以均方根误差(RMS)为标准考察定轨精度，参见式(9-46)；解算的钟差与 IGS 最终钟差进行对比，以确定钟差估计精度。为避免由于解算钟差与 IGS 最终钟差的参考钟选取方法不同而引入系统差，这里使用“二次差比对”方法来评定钟差精度。其方法为：首先选择同一个参考卫星，将解算钟差与 IGS 最终钟差分别与各自的参考卫星钟差作差，消除基准钟不同对钟差结果的影响，然后再在各自消除基准钟影响的计算结果之间作差，所得的“二次差”能够较好地反映钟差参数的估计效果。此外，因为钟差系统差部分对精密定位的影响可以被模糊度参数吸收，所以考察钟差解算结果的波动情况更具实际意义。这里采用“二次差”的标准差(standard deviation, SD)作为考察钟差解算效果的标准，参见式(9-47)。

$$\mathrm{RMS}=\sqrt{\frac{\sum_{i=1}^{n}\Delta_i\Delta_i}{n}} \tag{9-46}$$

$$\mathrm{SD}=\sqrt{\frac{\sum_{i=1}^{n}\left(\Delta_i-\bar{\Delta}\right)\left(\Delta_i-\bar{\Delta}\right)}{n}} \tag{9-47}$$

式中，Δ_i 为第 i 历元的误差；$\bar{\Delta}$ 为所有误差的均值；n 为历元总数。

图 9-21 给出了各卫星 R、T、N 方向的定轨均方根误差(RMS)；图 9-22 给出了 G2 星 R、T、N 方向的定轨误差变化情况，表 9-20 对 G2 星 R、T、N 方向的定轨误差进行了统计，其他卫星的情况与 G2 星类似，不再逐一给出。

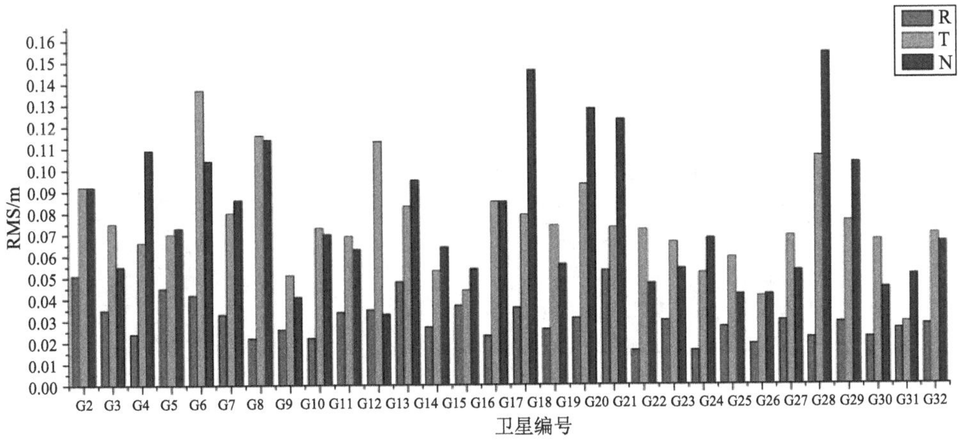

图 9-21　导航卫星星座精密定轨结果

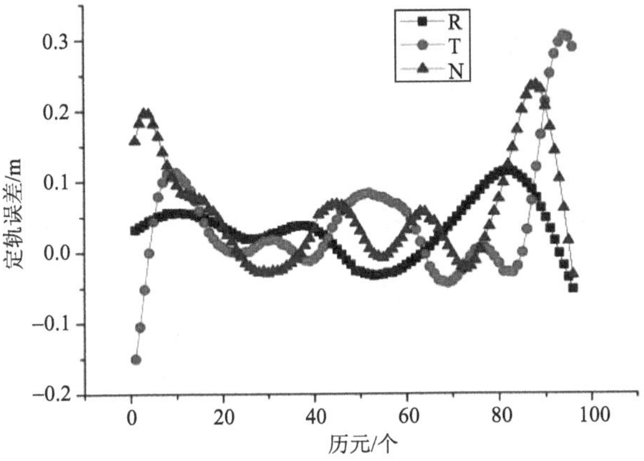

图 9-22　G2 星定轨结果

表 9-20　G2 星定轨结果统计表

统计量	R/m	T/m	N/m
最大值	0.115	0.305	0.235
最小值	−0.053	−0.150	−0.033
平均值	0.032	0.042	0.057
RMS	0.051	0.092	0.092

由图 9-21 可见，R 方向的定轨精度普遍高于 T、N 方向，这是由于 GNSS 观测量对 R 方向轨道运动更为敏感。经计算，所有卫星 R、T、N 方向的平均 RMS 为 0.031m、0.074m、0.077m。由图 9-22 和表 9-20 可见，在单天解弧段的边界处卫星定轨精度较差，R 方向定轨精度明显更优。

选择 G2 星的星钟作为参考钟，图 9-23 给出了各卫星钟差“二次差”的标准差(SD)。由图 9-23 可见，各卫星钟差确定结果精度比较均匀，所有卫星钟差“二次差”的平均 SD 为 0.22ns。

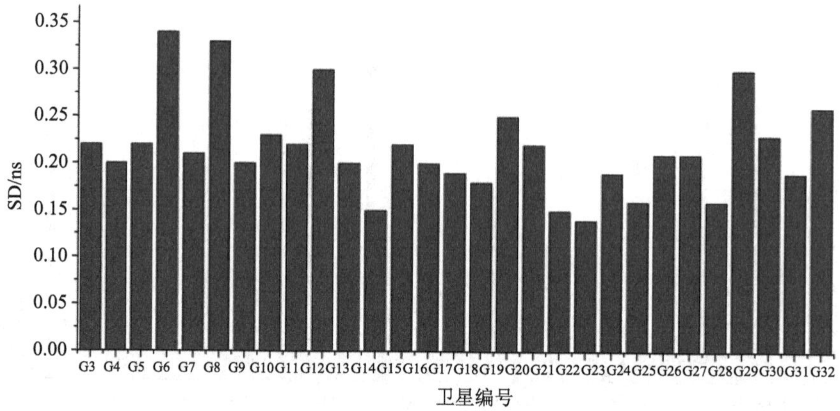

图 9-23　导航卫星星座钟差确定结果

需要说明的是，这里数据分析主要是为了说明定轨理论在导航星座精密轨道和钟差确定中的应用方法，解得的轨道、钟差精度相比 IGS 最终产品还有一定差距，主要原因是选择的测站数量较少及观测数据时段较短。但是，IGS 在生成相关精密产品时所用的基本方法与本节讨论的是相似的。

9.4　广播星历设计及星历参数拟合

导航卫星的广播星历设计是将一段时间(一般 2～4h)的预报轨道高效拟合表达为一组简要参数(一般取 16 个或 18 个参数)，以便减少导航电文发播信息比特位数。因此，星历参数是连接导航系统与用户之间的关键桥梁，其精度直接影响着导航系统服务性能，是卫星导航领域的核心技术之一。

广播星历是实现用户定位的基础。对于广播星历的设计，既要考虑业务计算的合理性和精度，又要顾及卫星播发能力和播发频度，同时，还需要考虑星上有限存储资源的现状，体现出高精度、易计算、易播发的特点(陈刘成等，2007)。

北斗系统为了确保中国及周边地区的服务性能，同时兼顾 RDSS 等特色服务，设计采用了 GEO/IGSO/MEO 异构星座。为了与 GPS 等其他系统保持兼容互操作，其星历参数参考采用了 GPS 的 16 和 18 参数星历参数模型(即 NAV 和 CNAV)；考虑到 GEO 卫星静地特性，采用了 GEO 旋转 5°倾角的特殊设计(阮仁桂等，2011)，因此，北斗星座建立了差异化星历参数模型。

本节首先介绍北斗卫星星历参数定义、用户算法，接着根据不同类型卫星的特点分别给出了 GEO 卫星和 IGSO/MEO 卫星星历参数拟合方法和拟合精度评定方法。

9.4.1　卫星星历参数定义

轨道根数型星历参数的设计，重点是摄动特性的表征方式。按照 7.1 节的分析，通常轨道根数的变化依据时变特性分为三类：长期项、长周期项和短周期项。

对于数小时内的轨道变化，NAV 和 CNAV 利用 16 和 18 个参数对短期轨道变化进行参数化表达。其处理方法为：①将长期项和长周期项合并为长期项，且保留为根数的变率形式；②将根数的各种短周期项影响分别投影到径向、迹向和轨道面外法向上(RTN)，且保留综合后的主项。

上述设计既可以用有限数量的参数表征主要的轨道变化，同时用户仍能够采用简便的解析公式计算卫星的受摄位置向量(刘林等，2006；韩星远等，2011)。

以 GPS 卫星轨道的 16 参数标准星历为例，针对其小偏心率特点轨道，采用开普勒根数和无奇点根数(参见 6.2.3 节)的综合表示法：

$$\boldsymbol{x}_{\mathrm{NAV}}=\left(t_{\mathrm{oe}},\sqrt{A},e,i_0,\Omega_0,\omega,M_0,\Delta n,\mathrm{IDOT},\dot{\Omega},C_{\mathrm{rc}},C_{\mathrm{rs}},C_{\mathrm{uc}},C_{\mathrm{us}},C_{\mathrm{ic}},C_{\mathrm{is}}\right)^{\mathrm{T}} \tag{9-48}$$

(1)轨道参数采用类开普勒根数形式，其中，将升交点赤经 Ω 修改为升交点经度 $\Omega_k=\Omega-\mathrm{GAST}$（GAST 表示格林尼治恒星时角）。由于吸收了一阶地球自转效应，反映了星下点的运动特征。

(2)摄动参数中采用纬度幅角 u 而非真近点角 f，以避免圆轨道的近地点概念模糊引起的奇点问题。在数小时拟合弧段中，考虑了径向、迹向和轨道面外法向上的主要摄动项，包括一阶长期摄动项 $\left(\dot{\Omega},\mathrm{IDOT},\Delta n\right)$ 和三方向上各自的半轨道周期的短周期摄动主项 $\left(C_{\mathrm{rs}},C_{\mathrm{rc}},C_{\mathrm{us}},C_{\mathrm{uc}},C_{\mathrm{is}},C_{\mathrm{ic}}\right)$。此外，压缩的摄动参数也被用来吸收摄动高阶项和地球定向旋转变换的高阶项影响。

因此，16 个标准星历参数的具体定义见表 9-21。

表 9-21　16 参数标准星历参数定义表

参数	定义	说明
t_{oe}	卫星星历参数参考时刻	—
$\sqrt{A}$	轨道长半轴的平方根	卫星星历参考时刻对应的开普勒根数
e	轨道偏心率	
i_0	卫星星历参考时刻的轨道倾角	
Ω_0	卫星星历参考时刻升交点相对于北斗时本周 0 时格林尼治子午线之间的经度	
ω	轨道近地点幅角	
M_0	卫星星历参考时刻的平近点角	
Δn	卫星平均运动速率与计算值之差	长期项改正数
$\dot{\Omega}$	升交点赤经变化率	
IDOT	卫星星历参考时刻的轨道倾角变化率	
C_{rs}	轨道半径的正弦调和改正项的振幅	短周期调和改正项振幅
C_{rc}	轨道半径的余弦调和改正项的振幅	
C_{us}	纬度幅角的正弦调和改正项的振幅	
C_{uc}	纬度幅角的余弦调和改正项的振幅	
C_{is}	轨道倾角的正弦调和改正项的振幅	
C_{ic}	轨道倾角的余弦调和改正项的振幅	

相对于 16 参数星历，18 参数星历主要增加了两个长期项参数，即半长轴变率和平运动变率(黄华等，2012)。此外，还有若干参数的表征也略有修改，对比参见表 9-22。

表 9-22　两种 GPS 星历的对比

	GPS NAV	GPS CNAV
参考时刻	t_{oe}	t_{oe}
轨道根数	$(\sqrt{a}, e, i_0, \Omega_0, \omega_0, M_0)$	$(\Delta a_0, e, i_0, \Delta\Omega_0, \omega_0, M_0)$
长期改正参数	$(\Delta n, \mathrm{IDOT}, \dot{\Omega})$	$(\Delta n_0, \mathrm{IDOT}, \Delta\dot{\Omega}, \dot{a}, \dot{n})$
短周期改正参数	$(C_{rc}, C_{rs}, C_{uc}, C_{us}, C_{ic}, C_{is})$	$(C_{rc}, C_{rs}, C_{uc}, C_{us}, C_{ic}, C_{is})$

注：CNAV 中 $\Delta\dot{\Omega}$ 的参考值为 $\dot{\Omega} = -2.6\times10^{-9}\ \pi/\mathrm{s}$

此外，表 9-23 列出了 GPS、QZSS 和北斗系统的 CNAV 星历参数的参考值或参考范围对比。其中 QZSS 大偏心率 IGSO 卫星，对偏心率参数无限制。此外，各个系统的卫星轨道半长轴的参考值也不尽相同。

表 9-23　18 参数星历参数的参考值

参数	GPS CNAV	QZSS CNAV	BDS CNAV
轨道半长轴的参考值/m	26559710	42164200	MEO：27906100 GEO/IGSO：42162200
偏心率	0.00～0.03	0.00～0.5	0.00～0.5

9.4.2　北斗系统星历用户算法

北斗卫星导航系统中，若采用包含参考历元 t_{oe} 在内的 16 参数来描述卫星轨道，其星历用户算法包含以下步骤。

1) 计算卫星运行的平均角速度 n

根据开普勒第三定律，卫星运行的平均运动角速度 n_0 计算方法为

$$n_0 = \sqrt{\mu / a^3} \tag{9-49}$$

式中，μ 为 BDCS 坐标系的地球引力常数。平均运动角速度 n_0 加上卫星导航电文给出的摄动改正数 Δn，便得到修正后的卫星平均运动角速度 n，即

$$n = n_0 + \Delta n \tag{9-50}$$

2) 计算归化时间 t_k

轨道根数是相对于参考时间 t_{oe} 而言的，因此，待计算卫星位置时刻 t 应归化为

$$t_k = t - t_{oe} \tag{9-51}$$

式中，t 为信号发射时刻的北斗时；t_k 为相对于参考时刻 t_{oe} 的归化时间。考虑到一个星期的开始和结束，当 $t_k > 302400\mathrm{s}$ 时，t_k 应减去 604800s，当 $t_k < -302400\mathrm{s}$ 时，t_k 应加上 604800s。

3）观测时刻卫星平近点角 M_k 的计算

卫星导航电文给出的是参考时刻 t_{oe} 的平近点角 M_0，故 t 时刻卫星平近点角 M_k 为

$$M_k = M_0 + nt_k \tag{9-52}$$

4）计算偏近点角 E_k

根据卫星导航电文中给出的偏心率 e 和算得的 M_k，由开普勒方程

$$E_k = M_k + e\sin E_k \tag{9-53}$$

进行迭代解算出 E_k，即先令 $E_k = M_k$ 代入式(9-53)，求出 E_k 再代入式(9-53)计算。因为导航卫星轨道的偏心率 e 通常较小，所以收敛很快，只需迭代计算两次便可求得偏近点角 E_k。

5）真近点角 f_k 的计算

$$\begin{cases} \sin f_k = \dfrac{\sqrt{1-e^2}\sin E_k}{1-e\cos E_k} \\ \cos f_k = \dfrac{\cos E_k - e}{1-e\cos E_k} \end{cases} \tag{9-54}$$

6）卫星纬度角 $\varPhi_k$ 的计算

$$\varPhi_k = f_k + \omega \tag{9-55}$$

式中，ω 为卫星电文给出的近地点幅角。

7）摄动改正项的计算

$$\begin{cases} \delta u = C_{uc}\cos(2\varPhi_k) + C_{us}\sin(2\varPhi_k) \\ \delta r = C_{rc}\cos(2\varPhi_k) + C_{rs}\sin(2\varPhi_k) \\ \delta i = C_{ic}\cos(2\varPhi_k) + C_{is}\sin(2\varPhi_k) \end{cases} \tag{9-56}$$

式中，δu、δr、δi 分别为卫星纬度角 u、卫星矢径 r、轨道倾角 i 的摄动量。

8）计算经过摄动改正的卫星纬度角 u_k，卫星矢径 r_k，轨道倾角 i_k

$$\begin{cases} u_k = \varPhi_k + \delta u \\ r_k = a(1-e\cos E_k) + \delta r \\ i_k = i_0 + \delta i + \mathrm{IDOT}\cdot t_k \end{cases} \tag{9-57}$$

9）计算卫星在轨道平面坐标系的坐标

卫星在轨道平面坐标系（X 轴指向升交点）中的坐标为

$$\begin{cases} x_k = r_k\cos u_k \\ y_k = r_k\sin u_k \end{cases} \tag{9-58}$$

10）观测时刻升交点经度 $\varOmega_k$ 的计算

升交点经度 $\varOmega_k$ 等于观测时刻升交点赤经 $\varOmega$ 与格林尼治恒星时角（GAST）之差：

$$\varOmega_k = \varOmega - \mathrm{GAST} \tag{9-59}$$

又因为观测时刻的升交点赤经：

$$\varOmega = \varOmega_{oe} + \dot{\varOmega}t_k \tag{9-60}$$

式中，$\varOmega_{oe}$ 为参考时刻 t_{oe} 的升交点的赤经；$\dot{\varOmega}$ 为升交点赤经的变化率，卫星导航电文每

小时更新一次$\dot{\Omega}$和t_{oe}。

此外，卫星导航电文中提供了一个星期的开始时刻的格林尼治视恒星时角（$GAST_W$）。由于地球自转，GAST不断增加，有

$$GAST = GAST_W + \omega_e t \tag{9-61}$$

式中，$\omega_e = 7.2921150 \times 10^{-5} rad/s$，为地球自转的速率。

由式(9-59)～式(9-61)，得

$$\Omega_k = \Omega_{oe} + \dot{\Omega} t_k - GAST_W - \omega_e t \tag{9-62}$$

令$\Omega_0 = \Omega_{oe} - GAST_W$，顾及式(9-62)则得

$$\Omega_k = \Omega_0 + (\dot{\Omega} - \omega_e) t_k - \omega_e t_{oe} \tag{9-63}$$

其中，$\Omega_0, \dot{\Omega}, t_{oe}$的值可以从卫星导航电文中获得。注意：$\Omega_0$不是参考时刻$t_{oe}$时的升交点赤经$\Omega_{oe}$，而是始于格林尼治子午圈到卫星轨道升交点的准经度。

11）计算卫星在BDCS中的位置

把卫星在轨道平面直角坐标系中的坐标进行旋转变换，便可得出BDCS坐标系下MEO/IGSO卫星的位置坐标：

$$\begin{bmatrix} x \\ y \\ z \end{bmatrix} = \begin{bmatrix} x_k \cos\Omega_k - y_k \cos i_k \sin\Omega_k \\ x_k \sin\Omega_k + y_k \cos i_k \cos\Omega_k \\ y_k \sin i_k \end{bmatrix} \tag{9-64}$$

需要注意，对于GEO卫星，计算卫星的坐标略有不同，公式为

$$\Omega_k = \Omega_0 + \dot{\Omega} t_k - \omega_e t_{oe} \tag{9-65}$$

$$\begin{bmatrix} x_{GK} \\ y_{GK} \\ z_{GK} \end{bmatrix} = \begin{bmatrix} x_k \cos\Omega_k - y_k \cos i_k \sin\Omega_k \\ x_k \sin\Omega_k + y_k \cos i_k \cos\Omega_k \\ y_k \sin i_k \end{bmatrix} \tag{9-66}$$

$$\begin{bmatrix} x \\ y \\ z \end{bmatrix} = R_Z(\omega_e t_k) R_X(-5^\circ) \begin{bmatrix} x_{GK} \\ y_{GK} \\ z_{GK} \end{bmatrix} \tag{9-67}$$

CNAV的18参数星历的用户算法类似，具体可以参见相应的ICD文档，这里不再赘述。

需要说明的是，各大导航系统的ICD文档，均未给出官方卫星速度的计算公式，但是，由以上卫星位置计算公式可以推导获得相应的卫星速度计算方法(刘伟平等，2010)。

9.4.3　北斗卫星星历参数拟合方法

1. MEO/IGSO卫星星历参数求解

北斗星历参数拟合在准惯性系下进行。将星历参考时刻t_{oe}的地心地固坐标系作为准惯性系，将其余历元时刻地固系中的卫星位置序列通过绕Z轴顺时针旋转θ_k转换到准惯性坐标系下：

$$\begin{cases} \theta_k = \omega_{\mathrm{e}} * t_k \\ t_k = t - t_{\mathrm{oe}} \end{cases} \tag{9-68}$$

我们知道，在小偏心率情况下，用开普勒轨道根数描述近圆轨道具有奇异性。由于椭圆的拱线(即近地点和远地点连线)几何意义模糊，近点角距 ω 和平近点角 M 难以分离，两参数具有强负相关性。

为此，引入无奇点根数[见式(6-19)]，并表示为 $\boldsymbol{\sigma}_1 = (a, \boldsymbol{e}_1, i, \Omega, u)$，其与开普勒根数的关系为(刘林等，2006)

$$\begin{cases} \boldsymbol{e}_1 = \left(e_x, e_y\right)^{\mathrm{T}} = \left(e\cos\omega, -e\sin\omega\right)^{\mathrm{T}} \\ u = \omega + M \end{cases} \tag{9-69}$$

式中，二维偏心率矢量 $\boldsymbol{e}_1$ 的大小等于偏心率，方向指向近地点，并且沿迹方向椭圆运动的快变量采用新的组合量 $u = \omega + M$，组合量去除了 ω 和 M 的负相关性。

若采用先计算无奇点根数形式的拟合参数再转换为标准星历参数的两步法，既能保证拟合算法的稳定性，同时又具有转换简单的优点(韩星远等，2011)。

除了星历参考时刻 t_{oe} 外，对应的无奇点根数及其摄动的拟合参数为

$$\hat{\boldsymbol{x}}_{15} = \left(a, e_x, e_y, i_0, \Omega_{0\mathrm{e}}, u_0, \Delta n, \mathrm{idot}, \dot{\Omega}, C_{\mathrm{rc}}, C_{\mathrm{rs}}, C_{\mathrm{uc}}, C_{\mathrm{us}}, C_{\mathrm{ic}}, C_{\mathrm{is}}\right)^{\mathrm{T}} \tag{9-70}$$

为了便于星历拟合过程偏导数求解，直接用半长轴 a 替代 $\sqrt{A}$，e_x, e_y 为偏心率向量的二维分量，u_0 为 t_{oe} 时刻的纬度幅角，$\Omega_{0\mathrm{e}}$ 为 t_{oe} 时刻的升交点赤经，其他参数含义不变。

拟合参数解算得到后，可方便地通过式(9-69)将无奇点拟合参数 $\left(e_x, e_y, u_0\right)$ 转换到星历参数 (e, ω, M_0)，再将 a 转化为 $\sqrt{A}$；此外，还需要把准惯性系下的升交点赤经转换为导航电文对应的升交点经度。

将 15 个拟合参数作为待求量，对观测方程进行展开，舍去二阶和二阶以上的小量即可得到线性化的观测方程，其矢量形式为

$$\boldsymbol{r} = \frac{\partial \boldsymbol{r}}{\partial a}\delta a + \frac{\partial \boldsymbol{r}}{\partial e_x}\delta e_x + \cdots + \frac{\partial \boldsymbol{r}}{\partial C_{\mathrm{is}}}\delta C_{\mathrm{is}} + \boldsymbol{r}_0 \tag{9-71}$$

式中，$\boldsymbol{r} = (x \quad y \quad z)^{\mathrm{T}}$ 为观测历元 t 时刻准惯性坐标系下的卫星位置向量；$\boldsymbol{r}_0$ 为广播星历算法计算的卫星位置向量近似值，其中星历参数的概略初值采用如下值：轨道参数采用二体问题的轨道值，摄动参数则全部取为 0；δa、δe_x、…、δC_{is} 分别为相应星历参数的改正值；$\frac{\partial \boldsymbol{r}}{\partial a}$、$\frac{\partial \boldsymbol{r}}{\partial e_x}$、…、$\frac{\partial \boldsymbol{r}}{\partial C_{\mathrm{is}}}$ 分别为位置向量对星历拟合参数的偏导数向量。对于 k 个历元的离散轨道，可得如下误差方程：

$$\boldsymbol{V} = \boldsymbol{H} \cdot \boldsymbol{X} + \boldsymbol{L} \tag{9-72}$$

式中，$\boldsymbol{V}$ 为 $3k$ 维残差向量；$\boldsymbol{H}$ 为 $3k \times 15$ 维系数矩阵；$\boldsymbol{L}$ 为 $3k$ 维观测向量。当满足 $3k \geqslant 15$ 时，即可由最小二乘估计原理计算出星历参数的修正值。

参数收敛条件设置为

$$\frac{|\sigma_{i+1}-\sigma_i|}{\sigma_i}<1e-3 \tag{9-73}$$

式中，σ_i 为第 i 次迭代的单位权中误差。

2. GEO 卫星星历参数求解过程

北斗 GEO 卫星还具有小倾角特性，导致轨道升交点赤经 Ω 和近地点角距 ω 无法严格区分。小倾角奇点是非本质奇点，是因为坐标系的选取导致该奇点的出现，所以，北斗 GEO 卫星采用基于旋转坐标面的星历拟合的方法，消除 GEO 卫星轨道小倾角的奇异性问题。

以北斗二号为例，其 ICD 规定，用户计算 GEO 卫星位置时，需要顺时针(即反向)旋转 5°，以恢复 GEO 轨道的正确定向。

因此，对于 GEO 卫星的星历拟合过程，需要将准惯性系下的原始坐标序列，绕 X 轴逆时针(即正向)旋转 5° 得到新惯性系下的卫星位置序列，在新的惯性系下按照上节方法进行 GEO 卫星星历拟合。

3. 星历拟合偏导数计算

1) 对轨道根数的偏导数

$$\frac{\partial \boldsymbol{r}}{\partial a}=-\frac{3\boldsymbol{r}'}{2a}t_k+\frac{\boldsymbol{r}}{a} \tag{9-74}$$

$$\begin{cases}\dfrac{\partial \boldsymbol{r}}{\partial e_x}=AA\cdot\tilde{\boldsymbol{r}}+BB\cdot\boldsymbol{r}'\\[2ex]\dfrac{\partial \boldsymbol{r}}{\partial e_y}=CC\cdot\tilde{\boldsymbol{r}}+DD\cdot\boldsymbol{r}'\end{cases} \tag{9-75}$$

其中，

$$\begin{cases}AA=-\dfrac{a}{p}\left[\cos u+e_x+\dfrac{r}{p}(e_y+\sin u)(e_x\sin u-e_y\cos u)\right]\\[2ex]BB=\dfrac{ar}{\sqrt{\mu p}}\left[\sin u+\dfrac{\beta a}{(1+\beta)r}e_y+\dfrac{r}{p}(e_y+\sin u)\right]\\[2ex]CC=-\dfrac{a}{p}\left[\sin u+e_y-\dfrac{r}{p}(e_x+\cos u)(e_x\sin u-e_y\cos u)\right]\\[2ex]DD=-\dfrac{ar}{\sqrt{\mu p}}\left[\cos u+\dfrac{\beta a}{(1+\beta)r}e_x+\dfrac{r}{p}(e_x+\cos u)\right]\end{cases} \tag{9-76}$$

$$\begin{cases}\tilde{\boldsymbol{r}}=r\cos u\hat{\boldsymbol{P}}+r\sin u\hat{\boldsymbol{Q}}\\[2ex]\boldsymbol{r}'=-\sqrt{\dfrac{\mu}{p}}\left[\sin u\hat{\boldsymbol{P}}-(\cos u+e)\hat{\boldsymbol{Q}}\right]\end{cases} \tag{9-77}$$

$$\hat{\boldsymbol{P}}=\begin{pmatrix}\cos\Omega\\ \sin\Omega\\ 0\end{pmatrix},\quad \hat{\boldsymbol{Q}}=\begin{pmatrix}-\sin\Omega\cos i\\ \cos\Omega\cos i\\ \sin i\end{pmatrix} \tag{9-78}$$

$$\frac{\partial \boldsymbol{r}}{\partial \Omega}=r\begin{pmatrix}-\cos u\sin\Omega-\sin u\cos i\cos\Omega\\ \cos u\cos\Omega-\sin u\cos i\sin\Omega\\ 0\end{pmatrix} \tag{9-79}$$

$$\frac{\partial \boldsymbol{r}}{\partial i}=r\sin u\begin{pmatrix}\sin i\sin\Omega\\ -\sin i\cos\Omega\\ \cos i\end{pmatrix} \tag{9-80}$$

$$\frac{\partial \boldsymbol{r}}{\partial u_0}=\frac{1}{n}\boldsymbol{r}' \tag{9-81}$$

2) 对摄动参数的偏导数

$$\frac{\partial \boldsymbol{r}}{\partial(\Delta n)}=-\frac{\boldsymbol{r}'t_k}{n} \tag{9-82}$$

$$\frac{\partial \boldsymbol{r}}{\partial(idot)}=-\frac{\partial \boldsymbol{r}}{\partial i}t_k \tag{9-83}$$

$$\frac{\partial \boldsymbol{r}}{\partial \dot{\Omega}}=-\frac{\partial \boldsymbol{r}}{\partial \Omega}t_k \tag{9-84}$$

$$\frac{\partial \boldsymbol{r}}{\partial C_{\mathrm{rs}}}=\sin 2u\begin{pmatrix}\cos u\cos\Omega-\sin u\cos i\sin\Omega\\ \cos u\sin\Omega+\sin u\cos i\cos\Omega\\ \sin u\sin i\end{pmatrix} \tag{9-85}$$

$$\frac{\partial \boldsymbol{r}}{\partial C_{\mathrm{rc}}}=\cos 2u\begin{pmatrix}\cos u\cos\Omega-\sin u\cos i\sin\Omega\\ \cos u\sin\Omega+\sin u\cos i\cos\Omega\\ \sin u\sin i\end{pmatrix} \tag{9-86}$$

$$\frac{\partial \boldsymbol{r}}{\partial C_{\mathrm{us}}}=r\sin 2u\begin{pmatrix}-\sin u\cos\Omega-\cos u\cos i\sin\Omega\\ -\sin u\sin\Omega+\cos u\cos i\cos\Omega\\ \cos u\sin i\end{pmatrix} \tag{9-87}$$

$$\frac{\partial \boldsymbol{r}}{\partial C_{\mathrm{uc}}}=r\cos 2u\begin{pmatrix}-\sin u\cos\Omega-\cos u\cos i\sin\Omega\\ -\sin u\sin\Omega+\cos u\cos i\cos\Omega\\ \cos u\sin i\end{pmatrix} \tag{9-88}$$

$$\frac{\partial \boldsymbol{r}}{\partial C_{\mathrm{is}}}=r\cos 2u\sin u\begin{pmatrix}\sin i\sin\Omega\\ -\sin i\cos\Omega\\ \cos i\end{pmatrix} \tag{9-89}$$

$$\frac{\partial \boldsymbol{r}}{\partial C_{\mathrm{ic}}}=r\sin 2u\sin u\begin{pmatrix}\sin i\sin\Omega\\ -\sin i\cos\Omega\\ \cos i\end{pmatrix} \tag{9-90}$$

式(9-82)～式(9-90)右端的 $\boldsymbol{r}$ 为由星历参数理论计算的卫星位置矢量。

4. 星历拟合精度

星历的拟合精度，用拟合用户测距误差(user range error, URE)的 RMS 进行评估。

URE 是星历和钟差误差对定位影响的一个重要评价指标。URE 的来源主要是外推的轨道和钟差误差，此外还包括星历参数和钟参数的拟合误差。这里，仅分析星历参数拟合的影响，故称为拟合 URE。

需要说明的是，北斗混合星座计算 URE 的投影系数不同。计算公式为

$$\mathrm{URE}=\begin{cases}\sqrt{0.96R^2+0.04(A^2+C^2)} & \mathrm{GEO/IGSO}\\ \sqrt{R^2+0.017(A^2+C^2)} & \mathrm{MEO}\end{cases} \tag{9-91}$$

式中，$A=\mathrm{RMS}(\Delta T)$；$C=\mathrm{RMS}(\Delta N)$；$R=\mathrm{RMS}(\Delta R)$ 分别为卫星径向、沿迹、轨道面外法向位置分量误差的 RMS。这里，星历数据将作为轨道位置真值，用于评定拟合星历和拟合 URE 的精度。

通常，拟合 URE 的精度要求与导航卫星的定轨预报性能紧密相关。以 GPS 为例，其 NAV 星历的最初设计指标是 4h(及其以上)拟合时段的拟合 URE 精度优于 0.2m，之后的 CNAV 则规定 3h(及其以上)拟合时段的拟合 URE 精度优于 0.01m，我国北斗的星历拟合 URE 的精度要求优于 0.1m。

基于上述北斗 16 参数星历拟合方法，进行了北斗二号卫星星历拟合试验。利用 4h 的预报弧段进行星历拟合，每 1h 滑动一次拟合窗口，连续进行 7 天共计 168 组精密定轨和星历拟合。以预报轨道为基准，统计星历拟合的轨道表达精度，取 168 组结果的 RMS 值作为最终拟合精度结果。

利用 2019 年 11 月 18~24 日连续 7 天的星历数据，计算北斗二号 14 颗卫星的星历拟合 URE 结果。试验结果如表 9-24 所示，C9 和 C11 卫星的拟合残差见图 9-24。从结果可以看出，连续 7 天，北斗二号卫星星历拟合 URE 不确定度结果均值约为 0.051m。

表 9-24　北斗二号卫星 16 参数星历拟合 URE 不确定度结果

卫星类型	卫星编号	拟合 URE 不确定度/m
GEO	C1	0.058
	C2	0.045
	C3	0.059
	C4	0.048
	C5	0.054
IGSO	C6	0.051
	C7	0.050
	C8	0.046
	C9	0.049
	C10	0.051
MEO	C11	0.052
	C12	0.049
	C13	0.047
	C14	0.053
	平均	0.051

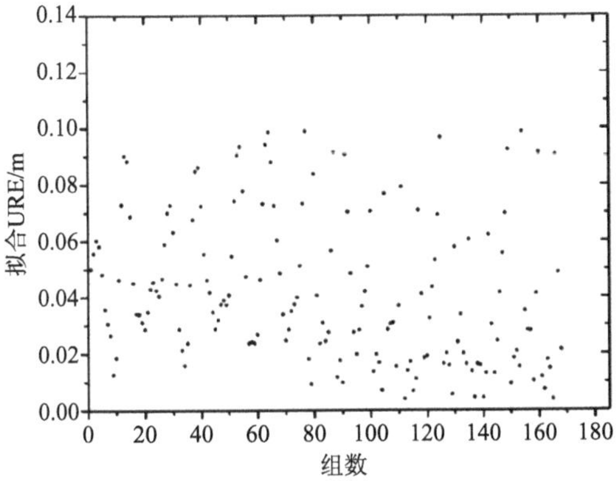

(a) C9星16参数广播星历拟合误差RMS=0.049m

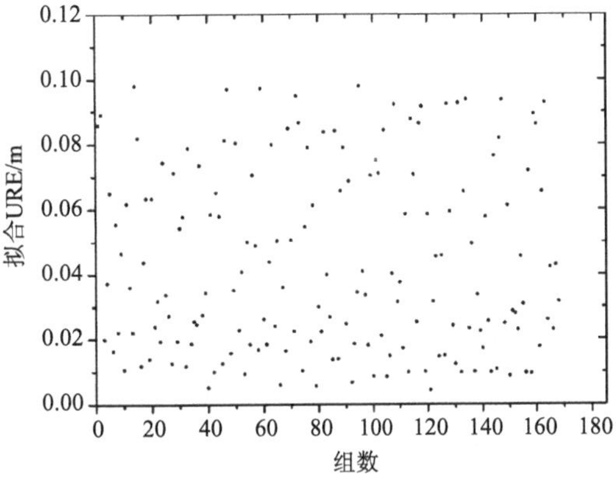

(b) C11星16参数广播星历拟合误差RMS=0.052m

图 9-24　卫星星历拟合 URE

主要参考文献

陈宏宇，吴会英，周美江，等. 2016. 微小卫星轨道工程应用与 STK 仿真. 北京：科学出版社.
陈刘成，韩春好，陈金平. 2007. 广播星历参数拟合算法研究. 测绘科学, 32(3): 12-14.
杜兰. 2006. GEO 卫星精密定轨技术研究. 郑州：解放军信息工程大学.
龚学文，王甫红. 2017. 海洋二号 A 与资源三号卫星星载 GPS 自主轨道确定. 武汉大学学报(信息科学版), 42(3): 309-313.
郭靖，赵齐乐，李敏，等. 2013. 利用星载 GPS 观测数据确定海洋 2A 卫星 cm 级精密轨道. 武汉大学学报(信息科学版), 38(1): 52-55.
韩星远，向开恒，王海红. 2011. 第一类无奇点变量的广播星历参数拟合算法. 航天器工程, 20(4): 54-59.
郝金明，刘伟平，杨力，等. 2015. 北斗卫星导航系统精密定轨技术研究现状. 测绘科学技术学报, 32(3): 221-225, 230.
郝金明，吕志伟. 2015. 卫星定位理论与方法. 北京：解放军出版社.
黄华，刘林，周建华，等. 2012. 18 参数广播星历分析研究. 飞行器测控学报, 31(3): 80-84.
黄维彬. 1992. 近代平差理论及其应用. 北京：解放军出版社.
黄文德，康娟，张利云，等. 2019. 北斗卫星导航定位原理与方法. 北京：科学出版社.
蒋志浩，刘经南，王凡，等. 2018. 全球 CGCS2000 坐标框架的构建理论研究. 武汉大学学报(信息科学版), 43(2): 167-174.
李济生. 1995. 人造卫星精密轨道确定. 北京：解放军出版社.
李征航，黄劲松. 2024. GPS 测量与数据处理. 4 版. 武汉：武汉大学出版社.
刘林. 1992. 人造地球卫星轨道力学. 北京：高等教育出版社.
刘林. 1998. 天体力学方法. 南京：南京大学出版社.
刘林. 2019. 卫星轨道力学算法. 南京：南京大学出版社.
刘林，侯锡云. 2012. 深空探测器轨道力学. 北京：电子工业出版社.
刘林，胡松杰，王歆. 2006. 航天动力学引论. 南京：南京大学出版社.
刘林，王海红，胡松杰. 2005. 卫星定轨综述. 飞行器测控学报, 24(2): 28-34.
刘林，张巍. 2009. 关于各种类型数据的初轨计算方法. 飞行器测控学报, 28(3): 70-76.
刘伟平. 2011. 导航卫星快速定轨和预报方法研究. 郑州：信息工程大学.
刘伟平. 2014. 北斗卫星导航系统精密轨道确定方法研究. 郑州：信息工程大学.
刘伟平，郝金明. 2016a. 北斗卫星导航系统精密轨道确定. 北京：测绘出版社.
刘伟平，郝金明. 2016b. 国外卫星导航系统精密定轨技术的研究现状及发展趋势. 测绘通报, (3): 1-6.
刘伟平，郝金明，符京杨，等. 2014b. 导航卫星观测量精度评定方法研究. 海洋测绘, 34(1): 21-23.
刘伟平，郝金明，李作虎. 2010. 由广播星历解算卫星位置、速度及精度分析. 大地测量与地球动力学, 30(2): 144-147.
刘伟平，郝金明，吕志伟，等. 2020. 北斗三号空间信号测距误差评估与对比分析. 测绘学报, 49(9):

1213-1221.
刘伟平, 郝金明, 钱龙, 等. 2012. GPS 轨道实时预报对比研究. 大地测量与地球动力学, 32(1): 94-96.
刘伟平, 郝金明, 田亮. 2013. 考虑机动过程的 GEO 卫星"两步法"实时定轨研究. 武汉: 第四届中国卫星导航学术年会.
刘伟平, 郝金明, 田英国, 等. 2016. 北斗卫星导航系统双差动力法精密定轨及其精度分析. 测绘学报, 45(2): 131-139.
刘伟平, 郝金明, 王智明. 2014a. 几种 LEO 星载 GNSS 精密定轨方法的对比分析. 测绘科学技术学报, 31(2): 140-144.
刘伟平, 郝金明, 于合理, 等. 2014c. 利用非差观测量确定导航卫星精密轨道与钟差的方法研究. 大地测量与地球动力学, 34(1): 169-172.
刘伟平, 郝金明, 于合理, 等. 2014d. 导航卫星精密轨道与钟差确定方法研究及精度分析. 测绘通报, (5): 5-7, 49.
宁津生, 王华, 程鹏飞, 等. 2015. 2000 国家大地坐标系框架体系建设及其进展. 武汉大学学报(信息科学版), 40(5): 569-573.
阮仁桂, 贾小林, 吴显兵, 等. 2011. 关于坐标旋转法进行地球静止轨道导航卫星广播星历拟合的探讨. 测绘学报, 40(S1): 145-150.
隋立芬, 宋力杰. 2004. 误差理论与测量平差基础. 北京: 解放军出版社.
师一帅. 2018. 低轨卫星实时运动学精密定轨方法研究. 郑州: 信息工程大学.
田英国. 2017. Swarm 卫星精密定轨关键技术研究. 郑州: 信息工程大学.
王树志, 朱光武, 白伟华, 等. 2015. 风云三号 C 星全球导航卫星掩星探测仪首次实现北斗掩星探测. 物理学报, 64(8): 089301.
许厚泽, 周旭华, 彭碧波. 2005. 卫星重力测量. 地理空间信息, 3(1): 1-3.
许其凤. 1989. GPS 卫星导航与精密定位. 北京: 解放军出版社.
赵春梅, 唐新明. 2013. 基于星载 GPS 的资源三号卫星精密定轨. 宇航学报, 34(9): 1202-1206.
张洪波. 2015. 航天器轨道力学理论与方法. 北京: 国防工业出版社.
张玉祥. 2007. 人造卫星测轨方法. 北京: 国防工业出版社.
中国人民解放军总装备部军事训练教材编辑工作委员会. 2003. 航天器轨道确定. 北京: 国防工业出版社.
周建华, 陈俊平, 胡小工. 2020. 北斗卫星导航系统原理及其应用. 北京: 科学出版社.
周建华, 徐波. 2015. 异构星座精密轨道确定与自主定轨的理论和方法. 北京: 科学出版社.
Battin R H. 2018. 航天动力学的数学方法(修订版). 倪彦硕, 蒋方华, 李俊峰, 译. 北京: 中国宇航出版社.
Beutler G, Brockmann E, Gurtner W, et al. 1994. Extended orbit modeling techniques at the CODE processing center of the international GPS service for geodynamics (IGS) theory and initial results. Manuscripta Geodaetica, 19(6): 367-385.
Beutler G, Moore A W, Mueller I I. 2009. The International global navigation satellite systems service (IGS): development and achievements. Journal of Geodesy, 83(3-4): 297-307.
Brouwer D. 1959. Solution of the problem of artificial satellite theory without drag. The Astronomical Journal, 64: 378.
Bucy R S, Senne K D. 1971. Digital synthesis of nonlinear filters. Automatica, 7(3): 287-298.

Cai Y R, Bai W H, Wang X Y, et al. 2017. In-orbit performance of GNOS on-board FY3-C and the enhancements for FY3-D satellite. Advances in Space Research, 60(12): 2812-2821.

Caissy M, Agrotis L, Weber G, et al. 2013. The IGS real-time service. Vienna: EGU General Assembly.

Coffey S L, Deprit A, Miller B R. 1986. The critical inclination in artificial satellite theory. Celestial Mechanics, 39(4): 365-406.

Dach R, Hugentobler U, Fridez P, et al. 2007. Bernese GPS software version 5. 0. Berne: University of Berne.

Fehlberg E. 1968. Classical fifth-, sixth-, seventh-, and eighth-order Runge-Kutta formulas with stepsize control. Washington: Technical Report NASA TR R-287.

Givens W. 1958. Computation of plain unitary rotations transforming a general matrix to triangular form. Journal of the Society for Industrial and Applied Mathematics, 6(1): 26-50.

Griffiths J, Ray J R. 2009. On the precision and accuracy of IGS orbits. Journal of Geodesy, 83(3): 277-287.

Guier W, Weiffenbach G. 1998. Genesis of satellite navigation. Johns Hopkins APL Technical Digest, 18(2): 178-181.

Kalman R E. 1960. A new application to linear and prediction problems. Journal of Basic Engineering, 82(1): 35-46.

Kalman R E, Bucy R S. 1961. New results in linear filtering and prediction theory. Journal of Basic Engineering, 83(1): 95-108.

Kaplan E D, Hegarty C J. 2005. Understanding GPS principles and applications. Second Edition. London: Artech House.

Kozai Y. 1959. The motion of a close earth satellite. The Astronomical Journal, 64: 367.

Liu W P, Jiao B, Hao J M, et al. 2022. Signal-in-space range error and positioning accuracy of BDS-3. Scientific Reports, 12(1): 8181.

Liu W, Liu J, Xie J, et al. 2023. Signal-in-space range error of the global BeiDou navigation satellite system and comparison with GPS, GLONASS, Galileo, and QZSS. Journal of Surveying Engineering, 149(1): 04022013.

Lyddane R H. 1963. Small Eccentricities or inclinations in the brouwer theory of artificial satellites. The Astronomical Journal, 68: 555.

Montenbruck O, Gill E. 2000. Satellite orbits: models, methods and applications. New York: Springer- Verlag.

Vetter J R. 2007. Fifty years of orbit determination: development of modern astrodynamics methods. Johns Hopkins APL Technical Digest, 27(3): 239-252.

Weiffenbach G. 1960. Measurement of the Doppler shift of radio transmissions from satellites. Proceedings of the IRE, 48(4): 750-754.